U0427181

国家自然科学基金项目(41877200)资助
中央高校基金项目(CUGL150818)资助

浅层地温能调查评价方法及工程应用实例

QIANCENG DIWENNENG DIAOCHA PINGJIA FANGFA
JI GONGCHENG YINGYONG SHILI

骆 进 项 伟 著

图书在版编目(CIP)数据

浅层地温能调查评价方法及工程应用实例/骆进,项伟著.—武汉:中国地质大学出版社,2020.12

ISBN 978-7-5625-4707-5

Ⅰ.①浅…

Ⅱ.①骆… ②项…

Ⅲ.①地热能-调查研究-中国

Ⅳ.①P314.3

中国版本图书馆 CIP 数据核字(2020)第 007519 号

浅层地温能调查评价方法及工程应用实例 骆 进 项 伟 **著**

责任编辑:谢媛华 选题策划:韦有福 谢媛华 责任校对:周 旭

出版发行:中国地质大学出版社(武汉市洪山区鲁磨路 388 号) 邮政编码:430074

电 话:(027)67883511 传 真:(027)67883580 E-mail:cbb @ cug. edu. cn

经 销:全国新华书店 http://cugp. cug. edu. cn

开本:787 毫米×1092 毫米 1/16 字数:301 千字 印张:11.75

版次:2020 年 12 月第 1 版 印次:2020 年 12 月第 1 次印刷

印刷:武汉中远印务有限公司

ISBN 978-7-5625-4707-5 定价:78.00 元

前 言

近年来，随着社会经济的快速发展，工业化进程脚步不断加快，能源需求加剧成为了各个国家和地区日益关注的焦点问题。现有能源结构主要依靠煤、石油、天然气等传统的化石能源，占据能源消耗总量的一半以上。化石能源燃烧后排放大量的粉尘以及 CO_2 和 SO_2 等有害气体，造成当地的空气质量下降、雾霾天气频发、酸雨频降等环境问题。以我国北方地区为例，冬季居民集中供暖燃烧大量颗粒烟煤给当地环境带来巨大压力。据北京地区 2018 年空气质量报告显示，全年空气质量不达标有 138d，主要集中在冬季供暖期，占比 37.8%。同时，空气中 $PM_{2.5}$ 含量超过国家标准的 46%，极大地增加了呼吸道疾病的发病率。因此，调整我国能源生产和消费结构，大力发展清洁能源已迫在眉睫。

2017 年 1 月份国家发展和改革委员会、国家能源局和国土资源部（现为自然资源部）联合发布的《地热能开发利用“十三五”规划》当中明确指出：“在‘十三五’时期，要新增浅层地热能供暖（制冷）面积 7 亿平方米，要组织开展地热资源潜力勘察和选区评价，大力推广浅层地热能利用，预计拉动投资约 1400 亿元”。这一措施为浅层地热能的调查评价及其开发利用带来了更大的发展空间。生态环境部于 2019 年 10 月针对居民冬季供暖方式提出“因地制宜、多元政策、宜电则电、宜气则气、宜煤则煤、宜热则热”的供暖原则，其中“宜热则热”主要是指地热能。由此可见，在调整供暖方式中，“煤改地热”将成为我国未来清洁供暖中不可或缺的重要途径之一，这也为地热能的应用和发展带来了新的机遇和挑战。

地热能是一种以热的形式储存在地球内部的资源，根据赋存条件可以将地热能分为浅层地温能、水热型地热能和干热岩型地热能 3 种类型。浅层地温能是指赋存于地表及以下一定深度范围内的岩土体和水体中的热能（一般小于 25℃）。据统计，中国大陆 336 个主要城市浅层地温能可采资源量折合标准煤约 7×10^8 t/a，可替代标准煤 11.7×10^8 t/a，节煤量 4.1×10^8 t/a，可实现供暖（制冷）建筑面积 320×10^8 m^2，储量十分丰富，应用前景十分广阔。因此，浅层地温能的开发利用不仅对环境改善有所帮助，在经济性方面相比传统的化石能源也具有非常大的优势。地源热泵技术是目前浅层地温能开发利用的主要技术，应用于建筑供暖、制冷和提供生活用水。地源热泵技术可分为地埋管地源热泵系统、地表水地源热泵系统和地下水地源热泵系统 3 种类型。地质体的复杂性给地热系统的效果和成本带来了很多不确定性，缺乏场地地质信息常常造成设计上的浪费。为了合理设计地热系统，必须进行地热资源量勘察以及潜力评价等工作。

本书基于地热勘察与评价方面的资料搜集，并结合作者工作中开展的一些工程实例编写。第一章对地热能进行了基本介绍，对地球的热分布、传递形式以及地热能分类等进行了说明。第二章介绍了浅层地温能赋存特征以及地源热泵系统特点及分类。第三章对浅层地温能的调查内容和方法进行了阐述。第四章介绍了浅层地温能的评价方法，首先是区域浅层地温能适宜性分区目的、原则、依据、类型和方法；其次，对3种不同地源热泵系统的浅层地温能评价内容及评价方法进行了介绍。第五章是浅层地温能调查评价实例，包括武汉市浅层地温能调查评价、德国纽伦堡市区某地源热泵系统调查与评价以及湖北钟祥农青花园地下水源热泵系统调查与评价。本书的编写可对今后浅层地温能的调查、评价以及合理开发利用提供一定的理论和实例参考。

全书共分为五章，第一章、第四章、第五章由骆进、项伟撰写，第二章、第三章由骆进撰写，全书由骆进统稿。本书的编写获得了国家自然科学基金项目(41877200)和中央高校基金项目(CUGL150818)的资助，向他们的资助表示感谢。同时，在本书的编写过程中，张琦、薛伟和张玉豪3位研究生参与了资料收集以及图件绘制等方面的工作，向他们的辛勤付出表示感谢。本书的出版也得到了中国地质大学出版社的大力支持，谨此向出版社致以诚挚的谢意！

由于作者水平有限，书中难免存在不足之处，敬请广大读者批评指正。

著　者

2019年12月于南望山

目　录

第一章　地热能简介

第一节　地热能

一、地热能概念

地热能是指以热的形式赋存于地球内部的能量，通常以火山爆发、地震、温泉等形式不断由地球内部向地表传送的天然能量（袁清等，2013）。地热能资源相对于传统化石能源来说具有较大的环保优势，其发电利用系数可达74%以上，是太阳能（14%）的5.3倍、风能（21%）的3.5倍、生物质能（52%）的1.4倍，不受季节、昼夜变化影响且系统运行稳定，具有长期开发利用的潜力，是当前可再生能源发展的亮点领域（卢予北等，2018；李德威，2012；李德威等，2015）。

二、地球热量来源

1. 放射性同位素衰变产生的热

在地球壳幔岩石圈物质组成中，存在多种放射性元素（主要是^{238}U、^{235}U、^{232}Th和^{40}K等）。这些元素衰变时会产生热量，构成了地球内热的主要热源（汪集旸，2015）。这些放射性元素满足3个基本条件：

（1）放射性元素在地球岩石中具有足够的丰度；

（2）放射性元素在衰变时能产生足够的热量；

（3）放射性元素的半衰期要与地球年龄相当。

2. 地球重力位能转化热

地球内热状态与地球的起源紧密相关。Laplace-Herschel星云假说认为，大约46亿年前，很多伴随原始太阳热气团冷却、旋转的块体，开始收缩形成行星。其中一个未曾分异的均质低温“混合体”聚集了尘埃、气体、陨石等硅化物和铁镁氧化物，收缩形成原始地球。原始地球在收缩过程中，在重力作用下物质向地心集中，同时释放的重力位能转化为热能，地球加热。此外，在地球长期演化过程中，重力作用也促使地核与地幔物质分异，形成同心球层状地幔与地核，释放重力位能，加热地球。

第二节　地球的温度分布

一、地球内部结构与温度分布

根据地震波在地球内部传播的速率不同将地球内部由内向外分为地壳、地幔和地核 3 个部分。地壳是与人类活动关系最为密切的一部分，厚度一般在 30km 左右，相比于地球半径而言是非常薄的一层；地幔主要由致密的造岩物质组成，可以细分为上地幔与下地幔两部分，深度范围一般在 30～2900km 之间，也是地球内部体积和质量最大的一层；地核又称铁镍核心，其物质组成以铁、镍为主，细分为内核和外核。内核的顶界面距地表约 5200km，约占地核直径的 1/3，可能是固态的，其密度为 10.5～15.5g/cm^3。外核的顶界面距地表 2900km，可能是液态的，其密度为 9～11g/cm^3。

地球内部随着深度的增加，温度和压力也不断增加。理论认为，地壳部分在 3km 以内内部深度每增加 100m 温度升高 1℃；在深达 3km 以上时，每深入 100m 温度升高 2.5℃。我国大陆科学钻探松科二号温度测井曲线显示，在深度为 4400m 时地球内部的温度大于 150℃，地温梯度为 3.4℃/100m(侯贺晟等，2018)；地幔温度范围在 1000～3700℃之间，地核温度在 3700～6000℃之间。地球内部结构及温度分布如图 1-1 所示。

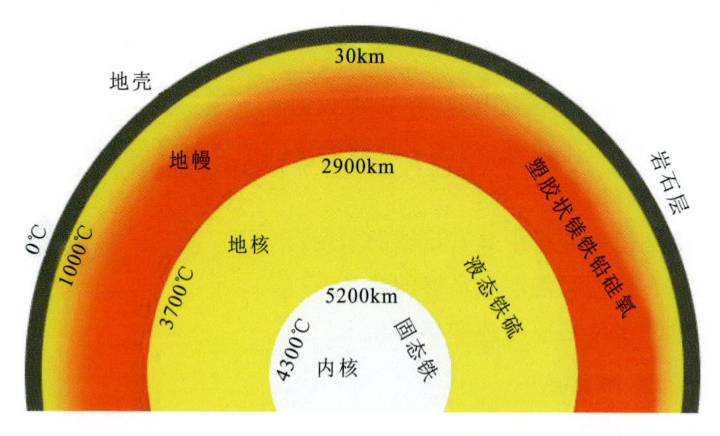

图 1-1　地球内部结构及温度分布图(图片来源于网络)

二、浅层地温场分布

根据深度和温度变化的特征，在地表 200m 范围内可以将浅层地温场分为变温层、恒温层和增温层 3 个部分。

1. 变温层

变温层是指地下温度明显地受到地表大气温度影响的地带，深度范围一般在 0～20m 之间。地球表面的温度几乎完全受控于从太阳辐射来的能量流和从地球辐射回太空的能量流之间的平衡。大地热流导致的温升不超过 0.02℃。由于太阳辐射存在周期性变化，所以地表温度也出现昼夜变化（日变化）、季节变化（年变化）和长周期变化（多年变化）。地表温度的各种周期变化对地壳表层的影响（穿透）深度也各不相同。深度增加，温度的变幅迅速减小。地表温度的长周期变化（如一年）的影响深度要比短周期变化（如一昼夜）的影响大。昼夜变化的深度不足 1m，年变化的影响深度接近 24m，长周期（如冰期和间冰期）变化的影响深度可达几千米。但地壳表层深度达到 50m 以后，就可以不考虑地表温度变化的影响。当温度变幅为零时，就达到了所谓的恒温层上界。在这个界面以上，地下温度明显受地表温度变化的影响，因此叫变温层。显然，日恒温层包含在年变温层以内，年恒温层则包含在多年或者世纪变温层以内（地质矿产部地质辞典办公室，2015）。

2. 恒温层

所谓恒温层通常又指常温层，是指地下温度不变化的地带（地质矿产部地质辞典办公室，2015）。该层热能受太阳能和综合热流的影响。地球内部的热能与上覆变温层的影响在这一带处于相对平衡状态。该层温度一般比当地年平均温度高 1～2℃。恒温带可利用价值较高，可作为水源热泵的稳定热源，其大部分热源来自于地球深部，深度范围一般在地下 20～50m。

3. 增温层

增温层又指内热带，是地球表面以下完全受控于地球内热活动，温度随深度增加而增加的地带（地质矿产部地质辞典办公室，2015）。一般来说，温度是稳定地向地球中心的方向递增的，但是到一定深度后增温的速度减缓。在地下 50m 以下的地温梯度全球平均为2.5℃/100m，与经纬度有关。同时，地热梯度的存在也阻止了太阳能向下传导。

浅层地温场分布特征如图 1－2 所示。

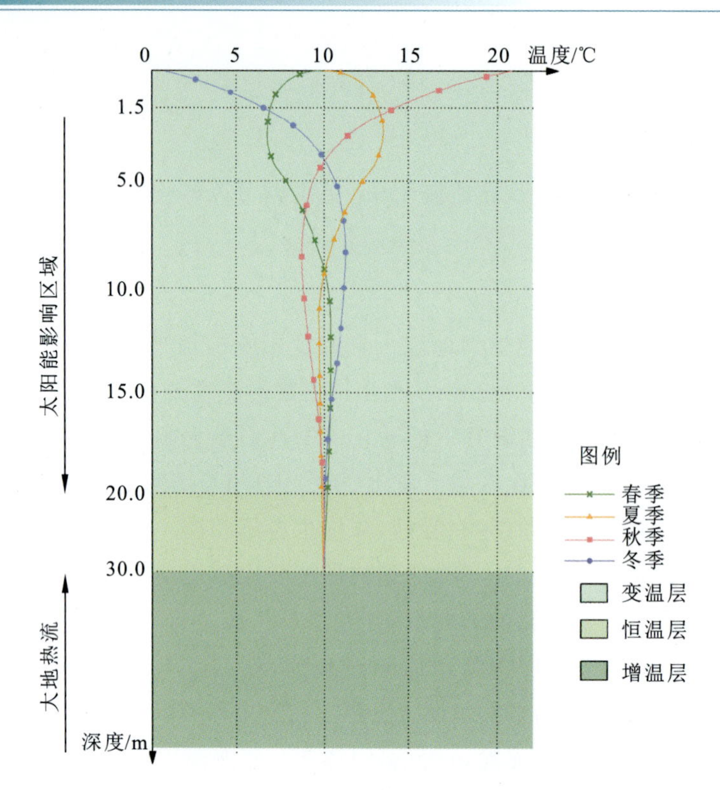

图 1-2　浅层地温场分布特征图

第三节　地热能传递形式

地球内部的高温主要通过大地热流、地热对流、岩浆活动这 3 种形式向地球表面传递（杨丽芝等，2016）。

一、大地热流

地球内部的能量主要通过大地热流的形式向地表传递。大地热流是以热传导的方式传递热量。地球内部的岩石通过直接接触将热量从高温向低温传递。地球深处的热量经过岩石间热传导到达浅层的热量需要以高温岩体或地热流体的形式储存起来，才不会消散在大气之中。

二、地热流体

地热流体是地下热水、地热蒸汽以及载热气体等存于地下，温度高于正常值的各种热流体的总称。它包括地热蒸汽、地热水和含有多种成分且浓度很大的热液。常见的载热气体有二氧化碳、硫化氢、氢、氧、氮、甲烷等气体。地热流体通常以地下热水和地热蒸汽为主。储存地热流体的地层、岩体或构造带称为热储。热储通过地热流体的对流和富集来储存地热能。地热热储十分重要的特征是热储外的冷水渗入热含水层，再经过热储层底部加热带，在强大和持续的传导热流补给的条件下，将冷水加热。地热流体经过深循环而被加热，在向浅层流动的过程中，将热量带到地表浅层或是以温泉的形式释放。地热流体深循环首先要有流体来源，其次要具备流体深循环的通道。因此，地热对流往往发生在构造部位，如断裂构造带或火山口。

三、岩浆活动

岩浆温度高达1000℃左右。当地壳运动出现破裂带时，由于局部压力降低，岩浆在强大的压力下向压力降低的方向移动，沿着破裂带上升，侵入到地壳内或喷出地面。当岩浆侵入地壳喷出地表时会释放出大量的热。深循环的地热流体遇到岩浆或是刚刚固化的侵入岩体会形成高温地热流体，热量被带到地表或在浅层储存起来。岩浆活动多发生在火山、板块分裂带和其他板块碰撞带，主要分布于环太平洋地热带、地中海-喜马拉雅地热带、大西洋洋中脊地热带、红海-亚丁湾-东非裂谷地热带（图1-3）。

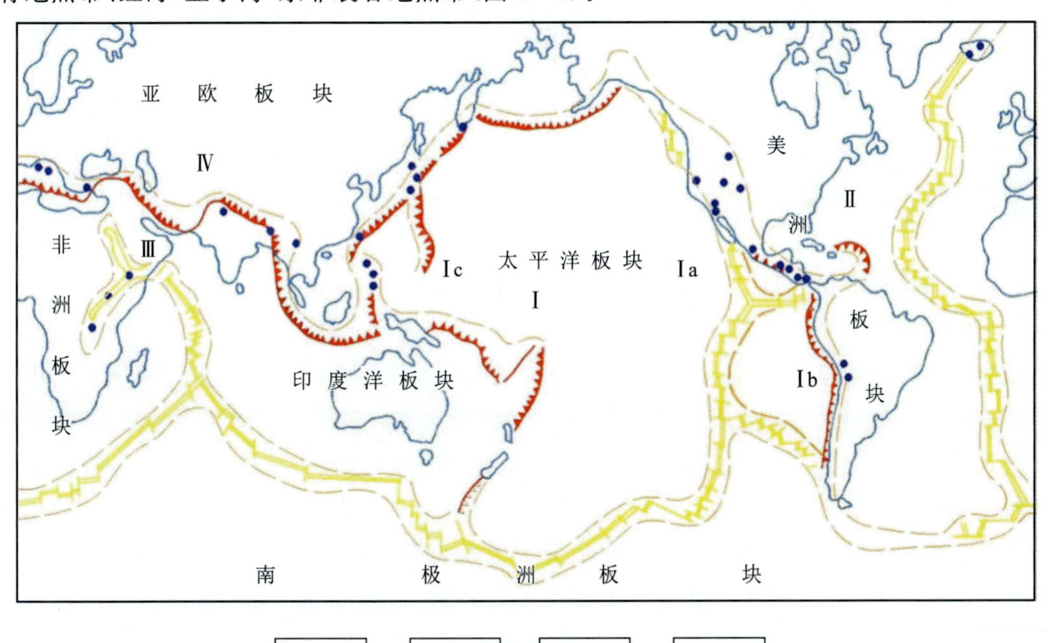

图1-3 环球地热带分布与板块构造关系图（黄尚瑶等，1983略作修改）

1. 高温地热田；2. 增生的板块边界：洋脊扩张带、大陆裂谷及转换断层；3. 俯冲消亡的板块边界：深海沟-火山岛弧界面及大陆与大陆碰撞的界面；4. 环球地热带。Ⅰ. 环太平洋地热带；Ⅰa. 东太平洋中脊型地热带；Ⅰb. 东南太平洋缝合线型地热亚带；Ⅰc. 西太平洋岛弧型地热带；Ⅱ. 大西洋洋中脊地热带；Ⅲ. 红海-亚丁湾-东非裂谷（洋中脊）地热带；Ⅳ. 地中海-喜马拉雅地热带

第四节　地热能分类

我国地热资源种类繁多，按照分布位置和赋存状态可以分为：

（1）浅层地温能。一般深度不超过 200m，赋存于土体或者地下水中的热量，采用地源热泵技术对建筑物供热或者制冷。

（2）水热型地热能。一般深度在 3km 以内，由地下水作为载体的热量，可以抽取热水或者汽水混合物提取热量。

（3）干热岩型地热能。一般深度在 3km 以下，赋存在基本上不含水的地层或者岩石体内的热量，必须采用人工建造地热储和人工流体循环的方式加以开采。

（4）岩浆型地热能。存在于未固结的岩浆中的热量（汪集旸，2015）。

一、浅层地温能

浅层地温能分布范围广，可利用性强，在世界大陆的浅部地下都有分布。浅层地温能温度一般低于 25℃，在太阳辐射、热对流和地壳内大地热流的作用下不断补充和恢复。浅层地温能是一种物质，属于矿产资源，但不同于固体矿产，是寄生在地层浅部的势能或者位能（王秉忱，2008）。

二、水热型地热能

水热型地热资源主要包括沉积盆地型和隆起山地型地热资源两种。

沉积盆地型地热资源主要为中低温地热资源，是中国水热型地热资源的主要类型，约占水热型地热资源总量的 89%，具有储集空间广、厚度大、赋存中低温地热水和资源可利用程度高等特点。沉积盆地型地热资源，特别是大型沉积盆地的热储温度随深度增加，地热资源储量大（图 1-4）。沉积盆地型地热资源利用方式多样，如地热供暖、医疗保健、温泉洗浴、水产养殖和农业灌溉等。

隆起山地型地热资源大多是由热水沿着深大断裂带形成和分布，发育在隆起山地断裂带或山间盆地中（图 1-5）。按热源和构造等综合条件，可将隆起山地型地热资源细划为火山型、非火山型和深循型 3 类。我国隆起山地型地热资源主要分布于西藏南部、云南西部、四川西部和台湾地区。

三、干热岩型地热能

干热岩型地热能埋藏于地球深部，温度较高，普遍存在于不含或含有少量水和蒸汽的热

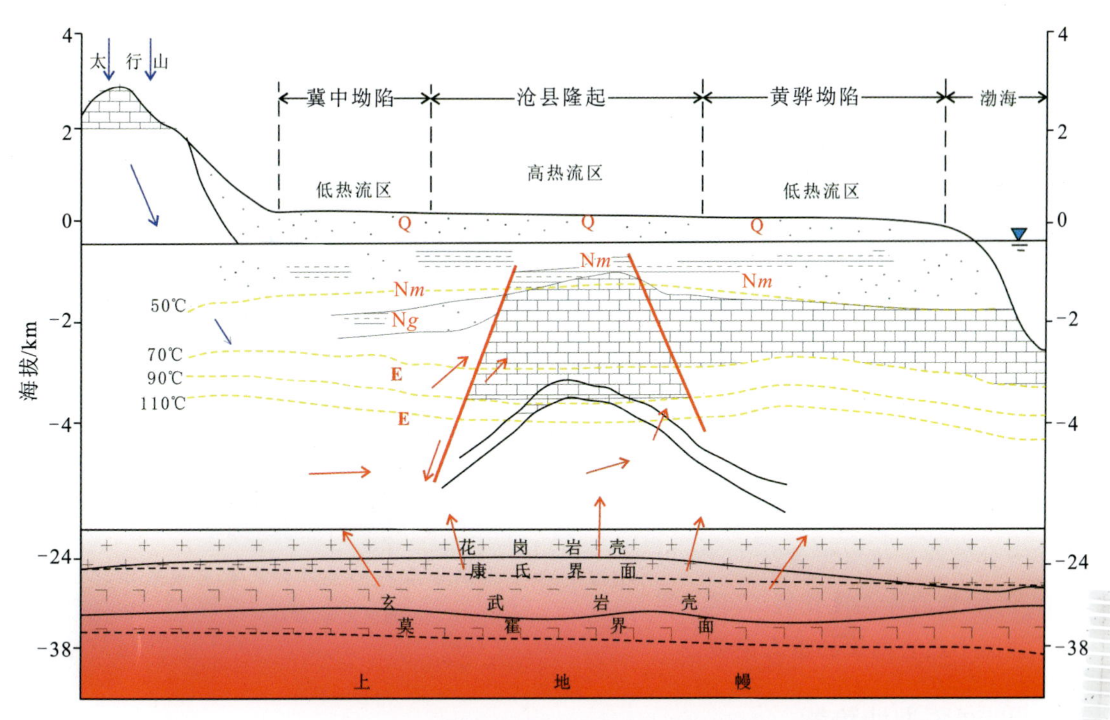

图 1-4　京津冀沉积盆地传导型地热资源成藏模式图(王贵玲等,2017a)

N*m*. 新近系明化镇组；N*g*. 新近系馆陶组；E. 古近系

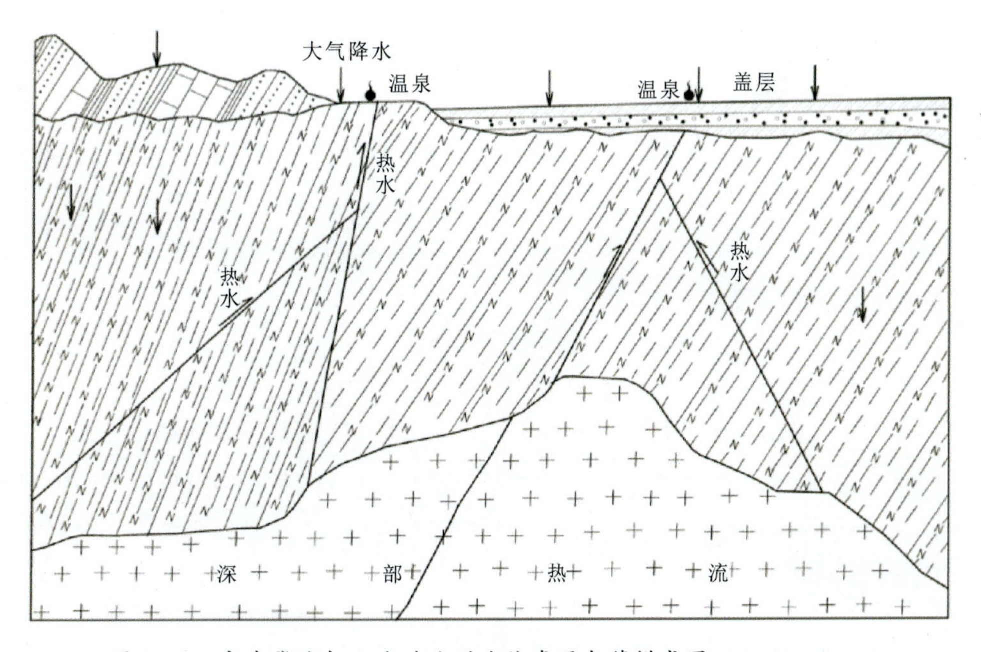

图 1-5　京津冀隆起山地对流型地热资源成藏模式图(王贵玲等,2017b)

储岩体中，其温度范围很广（150～650℃）。提取干热岩中的热量，需要有特殊的办法，技术难度大（图1-6）。就目前的技术手段和经济来看，埋藏深度3000～5000m的干热岩具有开发利用的现实可能性。现今干热岩资源开发潜力最大的是新火山活动区或地壳变薄的地区，这些地区主要位于地球板块或构造地体的边缘。我国已经在青海省共和盆地探明规模较大的花岗岩型干热岩地热储层，具有极大的商业开发价值（李德威等，2015；汪集旸等，2000）。青海省共和盆地干热岩具有温度高、埋藏浅和分布面积广的特点。在埋藏深度2735m处钻获干热岩温度达168℃以上，3705m处岩体温度接近236℃，实现了我国干热岩勘探的重大突破。

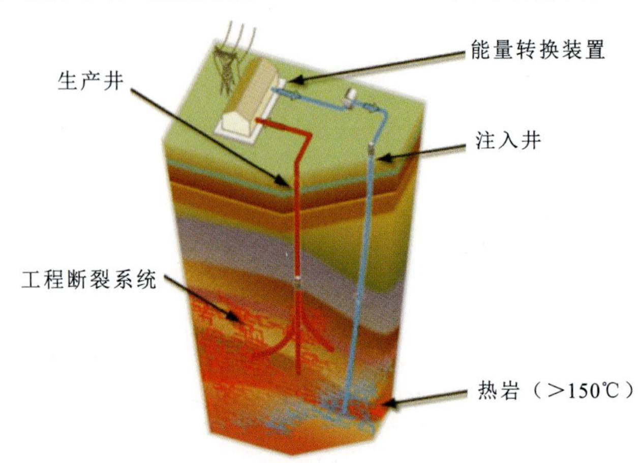

图1-6　干热岩型地热资源开发利用模式示意图

（胡俊文等，2018）

四、岩浆型地热能

岩浆型地热资源指蕴藏在地层更深处半熔状态或完全熔融状态下的高温熔岩，热储温度高达650～1500℃，可以开发的对象在一些多火山地区。这类资源可以在地表以下较浅的地层中找到，但多数存在于埋藏较深的地层中，钻探比较困难（图1-7）。火山喷发时常把这种岩浆带至地面，这种资源目前尚未被开发。在各种地热资源中岩浆型地热资源的开发难度最大，提取能量最困难。要直接利用岩浆中的热能，必须用遥感和地球物理等方法理论，

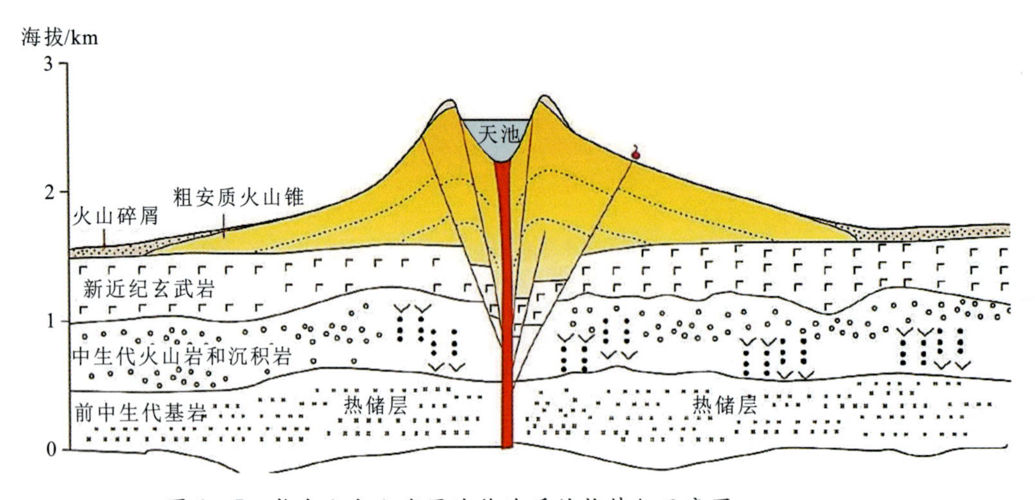

图1-7　长白山火山岩区地热地质结构特征示意图（任宪军，2018）

查明岩浆的状态、规模、埋藏深度，制造能下到岩浆一定深度的换热器，生产耐高温、耐腐蚀的材料，还需掌握地球动力学在极高压力下熔岩的对流和传热过程等，才能合理地提取地热能。

第五节 地热能开发利用

地热能作为一种清洁可再生能源逐渐受到人们的青睐。目前地热能开发利用主要分为地热能直接利用、地源热泵系统、区域供暖、地热发电和地热储能等形式。根据地热资源的类型以及自身的特点不同，其用途也不尽相同（表 1－1）。高温地热资源以及中温地热资源主要用于发电、烘干和采暖；低温地热资源即水热型地热资源，主要用于温泉洗浴、医疗、农业以及养殖业等；浅层地热资源主要用于采暖、农业和养殖等。

表 1－1 不同类型地热资源的用途表（丁永昌，2016）

温度分级		温度界限/℃	主要用途
高温地热资源		$t \geq 150$	发电、烘干、采暖
中温地热资源		$90 \leq t < 150$	烘干、发电、采暖
低温地热资源	热水	$60 \leq t < 90$	采暖、理疗、洗浴、温室
	温热水	$40 \leq t < 60$	理疗、洗浴、采暖、温室、养殖
	温水	$25 \leq t < 40$	洗浴、温室、养殖、农灌
浅层地热资源		$t < 25$	采暖、温室、养殖

注：表中温度是指主要储层代表性温度。

一、地热供暖

传统的供暖以燃煤、燃油、燃气锅炉或热电厂的热力管道为来源。一方面这些高品位能源转化为低品位的热水造成了资源的浪费，另一方面燃烧产生的废气会造成大气污染。地热能直接用于采暖、供热和供热水是仅次于地热发电的地热利用方式。因为这种利用方式简单、经济性好，因此备受各国重视，特别是位于高寒地区的西方国家。例如在 1928 年，冰岛首都建成了世界上第一个地热供热系统。现今，这一供热系统已发展得非常完善，可供全市居民使用。由于没有高耸的烟囱，冰岛首都被誉为“世界上最清洁无烟的城市”。此外，利用地热给工厂供热，如用作干燥谷物和食品的热源，用作硅藻土生产和木材、造纸、制革、纺织、酿酒、制糖等生产过程的热源也是大有前途的。

二、地热医疗

地热在医疗领域的应用有巨大的前景。人类早在旧石器时代就开始将温泉用于沐浴、医疗，如今通常是通过地热流体的天然露头或者人工钻孔来获得其热量。地下热水形成于地下深部的地球化学环境，在较高温度、压力的条件下常含有一些特殊的化学元素。热水溶解了丰富的矿物质，如偏硅酸、偏硼酸、硫化氢、氡、镭、氟等成分，形成医疗热矿水，从而使它具有一定的医疗效果。如含碳酸的矿泉水供饮用，可调节胃酸，平衡人体酸碱度；含铁矿泉水饮用后，可治疗缺铁性贫血症；氡泉、硫氢泉洗浴可治疗神经衰弱和关节炎、皮肤病等。这正是人类数千年来把温泉水用于洗浴和医疗的重要原因。温泉洗浴是地温、地热资源最普遍的利用形式。温泉的医疗作用及伴随温泉出现的特殊地质、地貌条件，使温泉常常成为旅游胜地，吸引了大批的疗养者和旅游者。我国利用地热治疗疾病历史悠久，含各种矿物元素的温泉众多。因此，充分发挥地热的医疗保健作用，发展温泉疗养行业是大有可为的。我国地热温泉中最为人熟知的是西安骊山华清宫温泉（图 1-8）。

图 1-8　西安骊山华清宫温泉

三、地热农业

中国社会经济发展、人民生活水平提高后，反季节水果蔬菜、高档花卉和鲜活水产品的需求量不断提高。不少地区出现了燃煤锅炉温室大棚，不但成本高，还造成空气污染，中低温地热资源正好具备这方面的优势。地热在农业中的应用范围十分广泛，地下热水可以直接用于温室供暖和温水养殖，使农作物早熟增产；利用地热水养鱼，在 28℃水温下可加速鱼的育肥，提高鱼的出产率；利用地热建造温室，可育秧、种菜和养花（图 1-9）；利用地热给沼气池加温，可以提高沼气的产量等。将地热能直接用于农业在我国日益普遍，北京、天津、西藏和云南等地都建有面积大小不等的地热温室。地热农业提升了地热利用的经济价值，创造了较高的经济效益。

图 1－9　湖北省钟祥市地热花卉种植现场图

四、地热发电

地热发电是地热利用的重要方式,高温地热流体首先应用于发电。地热发电的基本原理同火力发电一样,是利用蒸汽的热能在汽轮机中转变为机械能,然后带动发电机发电。地热发电不同于火力发电的是所用能源为地热能,不需要消耗燃料。地热发电的过程就是将地下热能转化为机械能,再将机械能转化为电能。用于地热发电的地热流体主要是地下的天然蒸汽和热水。根据地热流体的不同可以把地热发电方式分成两类:蒸汽型地热发电和热水型地热发电。蒸汽型地热发电,是把蒸汽田中的干蒸汽直接引入汽轮机中发电。这种发电方式操作简单,但干蒸汽地热资源十分有限,且多存在于较深的地层,开采难度较大,故发展受到限制。热水型地热发电是地热发电的主要方式,分为闪蒸式(也称扩容法)和双循环式(也称中间介质法)两种。

1. 闪蒸式地热发电系统

闪蒸式地热发电系统是从地热井输出的具有一定压力的汽水混合物,首先进入汽水分离器,将蒸汽与水分离。分离后的一次蒸汽进入汽轮机,而分离后的地热水进入减压器(也称闪蒸器或扩容器)。压力下降,一部分地热水变成二次蒸汽(压力比一次蒸汽低),被引入汽轮机低压段。一次蒸汽和二次蒸汽驱动汽轮机,推动发电机进行发电。这种发电方式的系统比较简单,一般适用于压力、温度较高的地热资源,要求地热井输出的汽水混合物温度在 150℃以上。用过后的排水(从减压器排出的地热水)温度较高,可排入回灌井或作其他用途。目前世界各国地热发电大多采用此法,应用较好的国家有日本、新西兰、美国、意大利、菲律宾、墨西哥等。

2. 双循环式地热发电系统

双循环式地热发电系统是指地热水与发电系统不直接接触,而是将地热水的热量传给某种低沸点介质(如丁烷、氟利昂等),使低沸点介质沸腾而产生蒸汽,再引至汽轮机进行发电,形成一个封闭循环。这种发电方式由地热水系统和低沸点介质系统组成,故称之为双循环式或中间介质法地热发电系统。该系统的工作过程是地热井输出的热水进入换热器，在换热器中将热量传给沸点介质，放热后温度降低了的地热水排入回灌井或作其他应用。低沸点介质在换热器中吸热后变为具有一定压力的蒸汽，推动汽轮机并带动发电机发电。从汽轮机排出的气体，在冷凝器中凝结成液体，用泵将液体送入换热器，重新吸热蒸发变成气体。如此周而复始，地热水的热量不断传给低沸点介质，便可连续发电。

这种发电方式比闪蒸式发电系统复杂。对于温度较低(一般在150℃以下)而不宜采用闪蒸式发电的地热水，可以采用此方式。从理论上讲，几十摄氏度的地热水便可用双循环式进行发电，但温度过低时经济性差。从经济性考虑，一般温度在90℃以下的地热水不宜用来发电，可直接用于供暖。

双循环式地热发电也可以采用井下换热的方法，即将换热器做成适合置于地热井中的形式(例如采用"U"形管或同轴管)，低沸点介质在管内流动，直接在井下吸热，产生具有一定压力的蒸汽，然后驱动汽轮机并带动发电机发电。这种方法不需要抽取地下热水，只要将热量取出即可。它有很多优点：不抽出地热水，无排水污染环境的问题；有利于保护地热资源；无过量开采影响地面沉降之忧；可减轻地热水的腐蚀问题。但该方法也受下列因素的限制：要求地下水的流动性(渗透性)较好；地热资源不宜太深；与抽出地热水相比，只能获取一部分热量。

西藏拉萨羊八井地热系统是我国典型的高温对流型地热系统(图1-10)。该地热系统自1976年开始勘察，1977年9月1MW实验机组开始发电，是我国最早开发的高温地热田。截止到2014年底，已经累计发电31×10^{8}kW·h左右。

图1-10　西藏拉萨羊八井高温对流地热发电系统现场图

五、地热梯级利用

在水热型地热利用中由于单组或单台供热设备所能产生的温降是有限的，导热深井抽出经一次换热后直接排放(或回灌)的温度偏高。为了提高地热能的利用效率,最好的利用方式是多梯级综合利用,使不同使用温度要求的换热设备通过串联运行的方式,将地热流体的热量由高温到低温逐渐提取利用,使地热尾水降至理想的温度后直接排放(或回灌)。与常规的供热方式相比,地热梯级利用系统较为复杂,主要有以下3个方面的原因:首先,地下水水质复杂,富含矿物质,对设备运行产生一定的损害,需要进行处理,并且在不同用途中对水质的要求也不相同;其次,热源水来自地层深处,抽水与回灌需要消耗大量的电能;最后,地热的尾水直接排放造成水资源浪费并且不符合国家规范,违背了"取热不取水"原则。地热回灌容易受到堵塞等问题严重影响。因此,地热梯级利用还需要攻克大量技术难题(丁永昌,2016)。

六、地下储热工程

地下热能储存用于能源供应系统:①桥接或补偿能源消费的热性能大小差异;②桥接热能供需之间的时间。对储热工程第一种用途需要满足的是系统具有相对较高的热提取能力,能够在较短的时间内快速吸收热能并且传递出去,减少热量损耗。对于第二种用途而言,储热系统必须能够获得大量的能量,并且能够储存相当长的一段时间,最终在需要的时候尽可能地传递出去。储热系统适用于任何季节的储能,当储热系统内的温度高于大气温度,则为热储存系统;若低于大气温度,则为冷储存系统。储热工程中热源一般为太阳能、工业废热等;冷源一般为冬季雨雪以及地表水等。

第六节　中国地热资源分布特征

一、中国地热资源分布

我国的高温地热资源主要分布在藏南、滇西、川西以及台湾省。环太平洋地热带通过我国的台湾省,高温温泉达90处以上;地中海-喜马拉雅地热带通过西藏南部、云南和四川西部。我国以中低温地热资源为主,中低温地热资源几乎遍布全国各地,主要分布于松辽平原、黄淮海平原、江汉平原、山东半岛和东南沿海地区。已发现全国共有地热温泉3000多个,其中高于25℃的约2200个。从温泉出露的情况来看,我国主要有4个水热活动密集带:藏南-川西-滇西水热活动密集带,台湾水热活动密集带,东南沿海地区水热活动密集带和胶东、辽东半岛水热活动密集带。

从浅层地温能开发利用方式来看,地埋管热泵系统适宜区占总评价面积的29%,较适宜区占53%;地下水源热泵系统适宜区占总评价面积的11%,较适宜区占27%。比较适合应用地下水地源热泵系统的地区主要分布在我国的东部平原盆地及富水性较好的地区;不适宜建立地下水地源热泵系统的地区主要位于我国西部的缺水区域以及部分炎热、寒冷的区域。地埋管地源热泵系统具有较好的适宜性，不适宜区主要是从地埋管的施工难度和建设成本上考虑的。综合考虑浅层地温能开发利用的影响因素，我国适宜开发浅层地温能的地区主要分布在中东部，包括北京、天津、河北、山东、河南、辽宁、上海、湖北、湖南、江苏、浙江、江西、安徽13个省(市)。

我国水热型地热资源以中温地热资源和低温地热资源为主。水热型中低温地热资源主要分布于华北平原、河淮平原、苏北平原、松辽盆地、下辽河平原、汾渭盆地等15个大中型平原及沉积盆地上。分布在盆地，特别是大型沉积盆地的地热资源储集条件好、储层多、厚度大、分布广；分布在山地的断裂带上的地热资源一般规模较小，热储温度随深度增加，是地热资源开发潜力最大的地区。

从干热岩地热资源可开采储量和温度状态来看，中国大陆地区有利的干热岩开发区是藏南、青海共和盆地、云南西部(腾冲)、东南沿海(浙江—福建—广东)、华北(渤海湾盆地)、鄂尔多斯盆地东南缘汾渭地堑、东北(松辽盆地)等地区。

二、中国地热资源储量

中国大陆336个主要城市浅层地温能年可采资源量折合7×10^8t标准煤，可替代标准煤11.7×10^8t/a，节煤量4.1×10^8t/a，可实现供暖(制冷)建筑面积320×10^8m^2。中国部分省(区、市)中心城区浅层地热资源估算量以及可利用资源量与效益见表1-2。

表1-2 中国部分省(区、市)中心城区浅层地热资源估算量及可利用资源量与效益一览表(王贵玲等，2017a)

编号	省(区、市)	中心城区规划面积/km^2	总资源量		可利用资源量与效益		
			$\times10^{15}$W·h	标准煤/$\times10^8$t	$\times10^{15}$W·h	标准煤/$\times10^8$t	减排CO_2量/$\times10^8$t
1	北京	2 580.00	3.01	3.70	11.3	0.14	0.36
2	天津	1 450.00	1.75	2.15	6.56	0.08	0.21
3	上海	1 700.00	2.30	2.83	8.64	0.11	0.28
4	重庆	1 000.00	1.54	1.89	5.79	0.07	0.19
5	河北	1 820.00	2.32	2.85	8.70	0.11	0.28
6	山西	1 208.31	1.67	2.05	6.27	0.08	0.20
7	内蒙古	1 586.26	1.80	2.21	6.77	0.08	0.22
8	辽宁	3 566.83	3.30	4.06	12.4	0.15	0.40
9	吉林	2 070.00	1.84	2.26	6.91	0.09	0.22
10	黑龙江	3 318.00	3.31	4.07	12.4	0.15	0.40

续表 1-2

编号	省(区、市)	中心城区规划面积/km^2	总资源量		可利用资源量与效益		
			$\times 10^{15}$ W·h	标准煤/$\times 10^8$ t	$\times 10^{15}$ W·h	标准煤/$\times 10^8$ t	减排 CO_2 量/$\times 10^8$ t
11	江苏	4 080.00	7.13	8.77	26.8	0.33	0.86
12	浙江	2 739.00	4.57	5.62	17.1	0.21	0.55
13	安徽	2 560.06	3.83	4.71	14.4	0.18	0.46
14	福建	2 450.00	3.49	4.29	13.1	0.16	0.42
15	新疆	450.00	0.486	0.60	1.82	0.02	0.06
16	西藏	295.00	0.33	0.41	1.24	0.02	0.04
17	青海	128.40	0.16	0.20	0.60	0.01	0.02
18	宁夏	810.00	0.974	1.20	3.65	0.04	0.12
19	甘肃	1 266.21	1.21	1.49	4.55	0.06	0.15
20	陕西	2 087.00	2.24	2.76	8.42	0.10	0.27
21	云南	730.00	0.972	1.20	3.65	0.04	0.12
22	贵州	482.00	0.687	0.85	2.58	0.03	0.08
23	四川	2 080.00	3.10	3.81	11.6	0.14	0.37
24	海南	800.00	0.978	1.20	3.67	0.05	0.12
25	广西	1 220.00	1.58	1.94	5.91	0.07	0.19
26	广东	5 230.00	8.11	9.98	30.4	0.37	0.98
27	湖南	1 710.00	2.21	2.72	8.29	0.10	0.27
28	湖北	2 685.00	3.92	4.82	14.7	0.18	0.47
29	河南	2 668.00	3.45	4.24	12.9	0.16	0.42
30	山东	2 964.93	3.47	4.27	13.0	0.16	0.42
31	江西	1 215.50	1.36	1.67	5.09	0.06	0.16
总计		58 950.50	72.527	94.82	289.21	3.55	9.31

注:此表未统计香港特别行政区、澳门特别行政区和台湾地区。

将我国水热型地热资源分为沉积盆地型地热资源和对流型地热资源两种,通过相应的计算公式可以获得两种类型的地热资源的估算量,如表 1-3 和表 1-4 所示。从表 1-3 中可以看出我国主要平原(盆地)地区的地热能资源总量达到 24 964.4×10^{18} J,折合标准煤约为 8 531.9×10^8 t。其中,四川盆地地热资源量最高,为 7 783.8×10^{18} J,约占 31.2%;其次为华北平原 5 420.5×10^{18} J,约占 21.7%;资源量最少的地区为下辽河盆地,约为 31.9×10^{18} J,仅占 0.13%。

表 1-3 中国主要平原(盆地)地热资源量估算表(蔺文静等,2013)

平原(盆地)	面积/km^2	热能/$\times10^{18}$J	折合标准煤/$\times10^8$t
华北平原	90 000	5 420.5	1 852.5
河淮平原	68 050	1 984.7	678.3
苏北盆地	31 750	495.0	169.2
下辽河盆地	3385	31.9	10.9
渭河-运城盆地	24 625	3 652.1	1 248.2
松辽盆地	144 400	992.4	339.2
鄂尔多斯盆地	159 600	2 548.1	870.8
四川盆地	200 000	7783.8	2 660.2
银川平原	2515	409.8	140.0
西宁盆地	834	238.7	81.6
江汉平原	28 000	241.5	82.5
河套平原	28 000	1 165.9	398.5
合计	781 159	24 964.4	8 531.9

我国温泉放热量计算结果见表 1-4。经统计我国天然温泉个数为 2562 个,年放热量为 132.4×10^4J,折合标准煤 451.83×10^4t,天然温泉数量较多的几个地区为云南(820 个)、西藏(308 个)、广东(302 个)、四川(241 个)。另外我国地热钻井共有 5818 眼。水热型地热资源量折合标准煤 12 500×10^8t,每年地热资源可采量折合标准煤 18.65×10^8t。

表 1-4 中国部分省区温泉放热量计算结果表(蔺文静等,2013)

省(区、市)	放热量/(4.2×10^{11}J·a^{-1})	折合标准煤/(×10^4t·a^{-1})	温泉数量/个
北京	153.30	0.22	3
河北	1 338.77	1.91	25
山西	1 2293.68	17.56	7
内蒙古	1 022.07	1.46	4
辽宁	2 427.19	3.47	36
吉林	1 681.91	2.40	5
山东	1 125.25	1.61	17
江苏	2 003.72	2.86	5
安徽	1 488.77	2.13	17
浙江	36.22	0.05	4

续表 1-4

省(区、市)	放热量/(4.2×10^{11} J·a^{-1})	折合标准煤/($\times10^{4}$ t·a^{-1})	温泉数量/个
江西	3 522.50	5.03	80
福建	6 988.25	9.98	171
台湾	10 395.42	14.85	28
河南	2 531.88	3.62	23
湖北	4 633.06	6.62	49
湖南	5 584.37	7.98	108
广东	12 314.19	17.59	302
海南	1 488.19	2.13	33
广西	1 406.47	2.01	49
陕西	5 600.27	8.00	14
宁夏	133.69	0.19	2
甘肃	366.28	0.52	8
青海	5 511.37	7.87	43
新疆	2 415.83	3.45	54
四川	22 840.42	32.63	241
重庆	3 322.70	4.75	43
贵州	3 554.44	5.08	63
云南	88 356.30	126.22	820
西藏	111 741.94	159.63	308
合计	316 278.45	451.82	2562

我国干热岩资源潜力巨大，开发前景广阔，高于美国干热岩资源的估算结果(570×10^{12} t标准煤)。据初步估算，我国大陆埋深 3000～10 000m 内干热岩型地热能基础资源量约为 2.5×10^{25}J，若按 2%的可开采量计算，相当于中国大陆 2010 年能源消耗总量的 4400 倍。尤其是埋深在 5500m 以浅的基础资源量巨大，约为 3.1×10^{24}J。干热岩资源是最具潜力的战略接替能源，但开发难度较大。埋深在 5500m 以内的干热岩型地热能将是未来 15～30a 中国地热能勘查开发研究的重点领域。

从干热岩地热资源区域分布上来看，青藏高原南部占中国大陆地区干热岩总资源量的 20.5%(表 1-5)，温度亦最高；其次是华北(含鄂尔多斯盆地东南缘的汾渭盆地)和东南沿海中生代岩浆活动区(浙江—福建—广东)，分别占总资源量的 8.6%和 8.2%；东北(松辽盆地)占 5.2%；云南西部干热岩温度较高，但面积有限，占总资源量的 3.9%。

表 1-5 中国大陆主要干热岩分布区干热岩资源量表(王贵玲等,2013)

地热区	资源基数总量(100%)		可开采资源量上限(40%)		可开采资源量中值(20%)		可开采资源量下限(2%)		占资源总量
	地热能	折合标准煤	地热能	折合标准煤	地热能	折合标准煤	地热能	折合标准煤	
	$\times 10^9$ J	$\times 10^{12}$ t	$\times 10^9$ J	10^{12} t	$\times 10^9$ J	$\times 10^{12}$ t	$\times 10^9$ J	$\times 10^{12}$ t	%
青藏	4.30	146.8	1.72	58.7	0.86	29.4	0.09	2.94	20.5
华北	1.81	61.7	0.72	24.7	0.36	12.3	0.04	1.23	8.6
东南	1.73	58.9	0.69	23.6	0.35	11.8	0.03	1.18	8.2
东北	1.08	37.0	0.43	14.8	0.22	7.4	0.02	0.74	5.2
云南	0.82	28.1	0.33	11.2	0.16	5.6	0.02	0.56	3.9

事实上,埋藏于地下的热水通常是由大气降水(雨、雪、冰)等渗入地下,经过深循环加热再转移到含水层中形成的,其过程少则几十年,多则上千年。因此,地下热水的补给和径流条件要比冷水差得多。可以说,地下热水形成不易,在某种程度上与矿产资源类似,并非取之不尽、用之不竭。随着地热技术的进步,利用回灌技术将利用过的地下热水重新灌入含水层中,加快地下热水的补给速度,可延长地热资源的开发利用寿命。但不管如何应用地热能,地热资源的开发利用都必须合理有度。地热资源是有限的,对地热点勘探不足、热储研究不充分、缺乏资源评价,就大规模地开发利用会导致过量开采,危及地热资源的可持续开采。只开采不回灌会造成地下水位下降,而且地热弃水中的有害成分会不同程度地对环境造成污染。过量开采地下水则会导致地面沉降,建筑物基础受损。有些地热田的地热流体中还含有大量 H_2S 等有害气体,会对大气造成污染。因此,必须采取有效措施保护地热资源,解决地热开发过程中造成的环境问题才能实现地热资源的可持续发展。

第二章　浅层地温能及开发利用

浅层地温能是蕴藏在浅层地质环境中的一种最重要低温热能，实质是太阳能在地球表面集聚和地球内部能量散失的总和，是一种没有固定形态的物质运动形式（蔺文静，2012）。浅层地温能分布具有普遍性和隐蔽性，通常在地表以下的基岩、松散岩土堆积物、地下水河流当中均有分布，可重复利用性强。浅层地温能换热过程中没有燃烧各种物质，只是发生物理变化，不产生任何新物质，因此，具有一定的环保性和安全性（赵辉，2011）。目前，通常借助地源热泵系统对浅层地温能开发利用，该系统被广泛地应用于空调工程领域，但是热泵技术在实际应用过程中，不同地区地质条件、水文地质条件的多变性及复杂性导致各地区岩土层的水文地质参数和导热性有很大的差异（郑声涛，2015）。

第一节　浅层地温能赋存及特征

一、浅层地温能赋存介质

浅层地温能的分散性与普遍性决定了其赋存介质的多样性。一般将浅层地温能的赋存介质分为地表水、地下水和岩土体 3 种类型。

1. 地表水

地表水是陆地表面上动态水和静态水的总称，亦称“陆地水”，包括各种液态和固态的水体，主要有河流、湖泊、沼泽、海洋、冰川、冰盖等（何康等，1986）。其中，海洋总面积约为 $3.6\times10^8km^2$，约占地球表面积的 71%，平均水深约 3795m。海洋中含有 $13.5\times10^8km^3$ 的水，约占地球上总水量的 97%。因此，海洋是含有浅层地温能最多的地表水，但是能被利用的只有沿海陆地地区，仅占海洋面积很小的一部分。储存在陆地地表水的热能通常被开发和利用，其赋存热能的能力受到地理位置和气候条件等因素的影响（蔺文静，2012）。例如：我国南北地区气候条件不同，降水量呈现出南多北少的现象，从而导致地温能的资源量不同。

2. 地下水

地下水是另一种浅层地温能赋存的介质。按照地下水的埋藏条件可以将地下水分为包气带水、潜水和承压水3种;按照含水介质的不同可以将地下水分为孔隙水、裂隙水和岩溶水(表2-1)。地下水的命名通常采用综合法。

表2-1 地下水分类表(王大纯等,2005)

埋藏条件	孔隙水	裂隙水	岩溶水
包气带水	土壤水,局部黏性土隔水层上季节性存在的重力水(上层滞水)过路和悬留毛细水及重力水	裂隙岩层内部季节性存在的重力水及毛细水	裸露岩溶化层上部岩溶通道中季节性存在的重力水
潜水	各类松散沉积物浅部的水	裸露于地表的各类裂隙岩层中的水	裸露于地表的溶化层中的水
承压水	山间盆地及平原松散沉积物深部的水	组成构造盆地、向斜构造和单斜断块的被掩覆的各类裂隙岩层中的水	组成构造盆地、向斜构造和单斜断块的被掩覆的岩溶化岩层中的水

孔隙水是指赋存在松散沉积物颗粒间孔隙中的地下水。不同成因的沉积物中,存在着不同的孔隙水。在山前地带形成的洪积扇内,近山处的卵砾石层中有巨厚的孔隙潜水含水层;到了平原或盆地内部,由于砂砾层与黏土层交互成层,形成承压孔隙水含水层;在平原河流的上游多为切割峡谷,沉积物范围小,厚度不大,但岩性多为粗粒,可赋存少量地下水,中游典型的二元阶地高层接受降水补给,底层接受河水补给,赋存地下水丰富,下游地区河床相的砂砾层中,存在着宽度和厚度不大的带状孔隙水含水层;在湖泊成因的岸边缘相的粗粒沉积物中,多形成厚而稳定的层状孔隙水含水层;在冰川消融、水搬运分选而形成的冰水沉积物中,有透水性较好的孔隙水含水层;深层孔隙承压水往往远离补给区。离补给区越远,补给条件越差,补给量有限,故深层孔隙承压水(图2-1)的开采应有所节制。

裂隙水是埋藏在基岩裂隙中的地下水,基岩的裂缝既是地下水的赋存空间,又是地下水运移的通道(图2-2)。由于裂缝在岩石中发育不均匀,从而导致储存其间的水分布不均匀。裂缝发育的地方透水性强,含水量多;反之,透水性弱,含水量也少。在松散岩层中,孔缝分布连续均匀,构成有统一水力联系、水量分布均匀的层状孔隙含水层。而对于坚硬基岩,一方面因裂隙率比孔隙率小,加之裂隙发育不均匀且具方向性,故裂隙水的分布形式既有层状,也有脉状。在裂隙发育密集均匀且开启性和连通性较好的情况下,裂隙水呈层状分布,并且具有良好的水力联系和统一的地下水面,称层状裂隙水。若裂隙发育不均匀,连通条件较差时,通常只在岩石中某些局部范围内连通而构成若干个互不联系或联系很差的脉状含水系统,各系统之间水力联系很差,往往又无统一的地下水位,则称为脉状裂隙水。同时,裂隙水的分布和富集受地质构造条件控制明显。裂隙水运动状况复杂,在流动过程中水力联系呈明显的各向异性,往往顺着某个方向,裂缝发育程度好,沿此方向的导水性就强,而沿另一方向的裂缝基本不发育,导水性就弱。同时,裂隙的产状对裂隙水运动也具有明显的控制

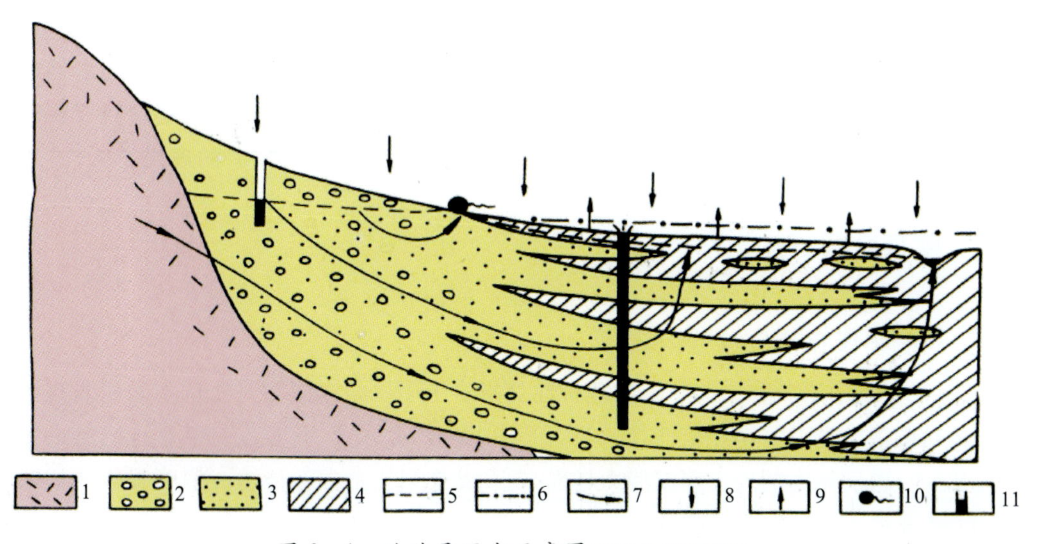

图 2-1　孔隙承压水示意图(图片来源于网络)

1. 基岩;2. 卵石;3. 砂土;4. 泥岩;5. 地下水位;6. 水头线;7. 径流方向;8. 降雨;9. 蒸发;10. 泉;11. 抽水井

作用。裂隙水的运动速度一般不大,通常呈层流状态,但一些宽大的裂隙中,在一定的水力梯度下,裂隙水流也可呈紊流状态。

岩溶水指赋存于可溶性岩层的溶蚀裂隙和溶洞中的地下水,又称喀斯特水,其最明显特点是分布极不均匀(图 2-3)。总的来说,岩溶含水层的富水性较强,但是含水又极不均匀。因岩溶水并不是均匀地遍及整个可溶岩的分布范围,而是埋藏于可溶岩的溶蚀裂隙、溶洞中,所以往往同一岩溶含水层在同一标高范围内或者同一地段,甚至仅仅相距几米,其富水性却可相差数十倍至数百倍。岩溶的发育具有向深部逐渐减弱的规律,使含水层的富水性相应也具有强弱的分带性。

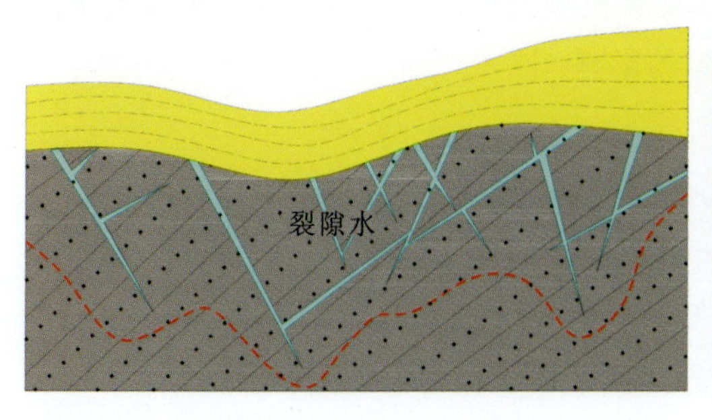

图 2-2　裂隙水示意图

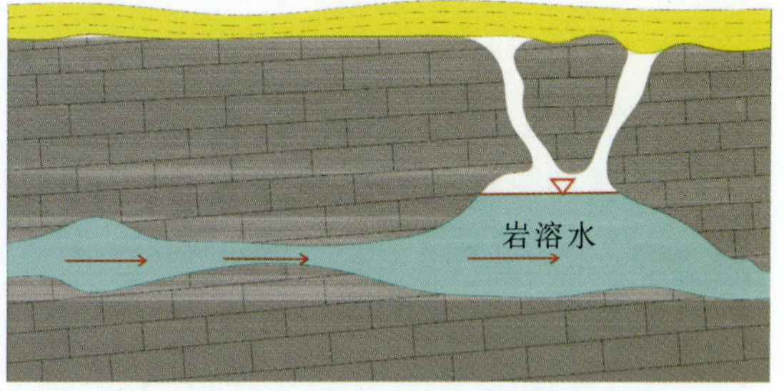

图 2-3　岩溶水示意图

3. 岩土体

大陆的浅部地下都分布着浅层地温能。岩土体中浅层地温能主要是第四系松散岩土和基岩(王贵玲等,2017a),二者矿物含量和内部结构的不同也导致赋存能力不同。第四系松散土一般形成不久或者正在形成，成岩作用微弱，结构较为松散，孔隙度大（曹伯勋，1995），因此导热系数相对较小。岩石由具有一定结构构造的矿物（含结晶核非结晶）集合体组成，矿物颗粒具有一定的大小、形状、排列方式和连接方式，结构致密（刘佑荣等，2010），储热能力高于松散土层。基岩由于在施工过程中难以钻进，回灌也相对困难，其浅层地热资源较第四系松散土层要难以开发利用。因此，第四系松散土层是开发地热资源的理想场所。

二、赋存介质的热物性

1. 基本物理特性

在赋存介质中岩石和土的基本物理特性是指岩土中三相组成相对比例不同所表现的物理状态（刘佑荣等，2010；李广信等，2013）。其中，密度、含水量、孔隙度对赋存地温能的影响最大。例如：密度越大的岩土储温能力越强，饱和状态岩土的储温能力一般要强于非饱和状态岩土，孔隙度越大的储温能力反而相对减小等。因此，研究岩土的基本物理特性对开发和评估浅层地温能有着非常重要的意义。

（1）密度：岩石和土对于密度有不同的定义方法。岩石的密度分为颗粒密度和块体密度。颗粒密度（ρ_s）是指岩石中固体部分的质量与其体积的比值，大小取决于组成岩石的矿物密度及含量；块体密度（ρ）是指岩石单位体积内的质量。土的密度可以分为饱和密度、天然密度和干密度3种类型。饱和密度（ρ_{sat}）是指土中孔隙完全被水充满时的密度；天然密度（ρ）指在原始状态下单位体积土的质量；干密度（ρ_d）为土被完全烘干时的密度，3种密度的大小依次降低。

（2）含水量：含水量（W）是指岩土孔隙中所包含的水与岩土的比值。含水量可以采用质量比和体积比表示；岩土孔隙含水量与干燥岩土质量的比值为质量含水量（W_g）；岩土孔隙含水体积与包含孔隙在内的岩土体体积的比值称为体积含水量（W_v）。

（3）孔隙率：孔隙率是指孔隙总体积与土体总体积之比，通常用百分数表示。一般土的孔隙率大小受到形成过程中的压力、颗粒级配以及颗粒排列的影响。岩石的孔隙率受到各种成因的裂隙，如原生裂隙、风化裂隙及构造裂隙的影响。

2. 导热性质

岩土体的热物性参数在浅层地温能开发利用中有重要的意义，是地源热泵系统的重要设计参数，也是地埋管换热器与岩土体换热量的主要影响因素。岩土体的热物性主要包括热导率、比热容和热扩散率。

（1）岩土体热导率：岩土体热导率表示岩土导热能力的大小，即沿热传递的方向单位长度上温度降低1℃时单位时间内通过单位面积的热量（汪集旸，2015），见式（2-1）。岩土体的热导率主要取决于本身的化学成分、孔隙度、含水率、结构构造等因素。例如：岩石热导率的高低取决于造岩矿物的热导率高低，表2-2为主要造岩矿物的热导率。

$$Q=-KA\frac{\mathrm{d}T}{\mathrm{d}x}\mathrm{d}t \tag{2-1}$$

式中：Q 为通过的热量(J)；K 为热导率[W/(m·K)]；A 为通过热量的平面面积(m^2)；$\frac{dT}{dx}$为温度梯度(K/m)；t 为时间(s)。

表 2-2 主要造岩矿物的热导率表(Beck ea al. 1956；Birch et al. 1940)

矿物	热导率	
	MJ/(cm·s·K)	W/(m·K)
长石、白云母、绢云母、沸石类	18.84	1.88
黑云母、绿泥石、绿帘石	25.12	2.51
磁铁矿、方解石、黄玉	35.58	3.56
角闪石、辉石、橄榄石	41.86	4.19
白云石、菱镁矿	54.42	5.44
石英	71.16	1.12

(2)比热容：岩土体比热容简称比热，是单位质量物质的热容量，即一定质量的岩石或者土体温度升高(或降低)1℃时所吸收(或放出)的热量(汪集旸，2015)。根据热力学第一定律，外界传导给岩土的热量 ΔQ，消耗在内部热能改变(温度上升)ΔE 和引起岩土膨胀所做的功上。在传导过程中热量的传入与消耗总是平衡的，即 $\Delta Q=\Delta E+A$。假设岩土体由温度 T_1 升高至 T_2 所需要的热量为 ΔQ，m 为岩土的质量，则(刘佑荣等，2010)：

$$\Delta Q=Cm(T_2-T_1) \tag{2-2}$$

式中：ΔQ 为岩土吸收的热量(J)；C 为岩土体比热容[J/(kg·K)]；m 为岩土的质量(kg)；T_1 为吸收热量前的温度(K)；T_2 为吸收热量后的温度(K)。

(3)热扩散率：在传热分析中，热扩散率是热导率与比热容和密度的乘积之比(汪集旸，2015)：

$$k=K/(\rho\cdot C) \tag{2-3}$$

式中：k 为热扩散率(m^2/s)；K 为热导率[W/(m·K)]；ρ 为密度(kg/m^3)，C 为比热容[J/(kg·K)]。

热扩散率又称导温系数，表示岩土体在加热或者冷却中，温度趋于均匀一致的能力。在热扩散率高的物质中扩散快，且传递距离较远，而在扩散率低的物质中热量则扩散较慢。

岩土体的热物性参数大小往往受到矿物组成、矿物含量、密度、孔隙率、含水率等因素的影响，例如石英矿物本身的导热系数非常大，石英含量越多则岩石的导热系数越大。表 2-3 给出了 0～50℃下常见岩石热学性质指标。对于土的热物性参数而言，其大小往往受到本身物理状态的影响。表 2-4 为特定条件下的几种代表性土的热物性参数值。

表 2-3 0～50℃下常见岩石的热学性质指标表(刘佑荣等,2010)

岩石	密度	比热容		热导率		热扩散率	
	g/cm^3	温度 ℃	J/(kg·K)	温度 ℃	W/(m·K)	温度 ℃	$\times 10^{-3} cm^2/s$
玄武岩	2.84～2.89	50	883.4～887.6	50	1.61～1.73	50	6.38～6.83
辉绿岩	3.01	50	787.1	25	2.32	30	9.46
闪长岩	2.92	—	—	25	2.04	20	9.47
花岗岩	2.50～2.72	50	787.1～975.5	50	2.17～3.08	50	10.29～14.31
花岗闪长岩	2.62～2.76	20	837.4～1 256.0	20	1.64～2.33	20	5.03～9.06
正长岩	2.80	—	—	50	2.2	—	—
蛇纹岩	2.50～2.62	—	—	20	1.42～2.18	—	—
片麻岩	2.70～2.73	50	766.2～870.9	50	2.58～2.94	50	11.34～14.07
片麻岩(平行片理)	2.64	—	—	50	2.93	—	—
片麻岩(垂直片理)	2.64	—	—	50	2.09	—	—
大理岩	2.69	—	—	25	2.89	—	—
石英岩	2.68	50	787.1	50	6.18	50	29.52
硬石膏	2.65～2.91	—	—	50	4.10～6.07	50	17.00～25.7
黏土泥灰岩	2.43～2.64	50	778.7～979.7	50	1.73～2.57	50	8.01～11.66
白云岩	2.53～2.72	50	921.～1 000.6	50	2.52～3.79	50	10.75～14.97
灰岩	2.41～2.67	50	824.8～950.4	50	1.7～2.68	50	8.24～12.15
钙质泥灰岩	2.43～2.62	50	837.4～950.4	50	1.84～2.40	50	9.04～9.64
致密灰岩	2.58～2.66	50	824～921.1	50	2.34～3.51	50	10.78～15.21
泥灰岩	2.59～2.67	50	908.5～925.3	50	2.32～3.23	50	9.89～13.82
泥质板岩	2.62～2.83	50	858.3	50	1.44～3.68	50	6.42～15.15
盐岩	2.08～2.28	—	—	50	4.48～5.74	50	25.20～33.80
砂岩	2.35～2.97	50	762～1 071.8	50	2.18～5.10	50	10.9～423.6
板岩	2.70	—	—	25	2.60	—	—
板岩(垂直层理)	2.76	—	—	25	1.89	—	—

表 2-4　典型土的热物性参数指标表(闫福贵,2013)

岩性	天然密度	含水率	相对密度	孔隙率	饱和度	热导率	比热容	热扩散率
	g/cm^3	%		%	%	W/(m·K)	J/(kg·K)	$\times10^{-6}m^2/s$
粉质黏土	1.96	24.96	2.68	41.32	93.87	1.45	1 503.12	0.49
粉土	1.98	26.45	2.67	40.16	94.83	1.65	1 483.94	0.56
粉砂	1.95	23.21	2.66	40.55	89.98	1.65	1 466.55	0.57
细砂	1.83	15.84	2.66	40.41	59.37	1.84	1 290.58	0.72
中砂	1.75	11.58	2.65	40.41	51.01	1.92	1 176.96	0.84
粗砂	1.78	12.27	2.65	40.33	48.85	1.99	1 195.42	0.86
砾砂	1.76	11.82	2.65	40.23	44.22	2.01	1 163.78	0.88

三、水文地质特征

水文地质特征对于浅层地温能的赋存和利用有重要的意义。例如:地下水携带的热能随着地下水流动能加快热交换以及热对流;另外,水本身具有较好的储热能力,因此在地下水含量多的地区地热能资源则较为丰富。在调查评估浅层地温能大小时,必须要充分考虑地下水类型和含水层渗透性、富水性、水温等因素。

1. 含水层渗透性

渗透性通常采用渗透系数(又称水力传导系数)表示,其定义为水力梯度等于 1 时的渗透流速(单位为 m/d 或 cm/s)(陈崇希等,1999)。渗透系数越大,岩土的透水能力越强,因此渗透系数可以定量说明岩土体的渗透性能。表 2-5 为松散岩土的渗透系数参考值,表2-6 为岩土透水性分级标准。岩土体的渗透系数一般采用室内试验或现场试验求得。现场试验主要是有抽水试验、压水试验和注水试验 3 种。根据不同的情况可采用不同的方法进行(项伟等,2012)。

表 2-5　松散岩土渗透系数参考值表(王大纯等,2005)

岩性	渗透系数/($m\cdot d^{-1}$)	岩性	渗透系数/($m\cdot d^{-1}$)
粉质黏土	0.001～0.1	中砂	5～20
粉土	0.1～0.5	粗砂	20～50
粉砂	0.5～1.0	砾石	50～150
细砂	1.0～5.0	卵石	100～500

表 2-6　岩土透水性分级标准表(李智毅等,1994)

透水性等级	渗透系数/($cm \cdot s^{-1}$)	岩体特性	土类
极微透水	$<1\times10^{-6}$	完整岩石,含等价开度小于 0.025mm 裂隙岩体	黏土
微透水	$1\times10^{-6}\sim1\times10^{-5}$	含等价开度 0.025～0.05mm 裂隙岩体	粉质黏土
弱透水	$1\times10^{-5}\sim1\times10^{-4}$	含等价开度 0.05～0.1mm 裂隙岩体	粉土
中等透水	$1\times10^{-4}\sim1\times10^{-2}$	含等价开度 0.1～0.5mm 裂隙岩体	粉砂—粗砂
强透水	$1\times10^{-2}\sim10$	含等价开度 0.5～2.5mm 裂隙岩体	砂砾—卵石、碎石
极强透水	>100	含连通或等价开度大于 2.5mm 裂隙岩体	粒径均匀的漂石

2. 含水层富水性

含水层富水性表征了含水层的出水能力。一般以规定某一口径井孔的最大涌水量来表示。按照钻孔单位涌水量(q)可将富水性分为四级:①弱富水性,$q<0.1L/(s \cdot m)$;②中等富水性,$0.1L/(s \cdot m)<q\leqslant1.0L/(s \cdot m)$;③强富水性,$1.0L/(s \cdot m)<q\leqslant5.0L/(s \cdot m)$;④极强富水性,$q>5.0L/(s \cdot m)$。在评价含水层的富水性中,钻孔单位涌水量以口径91mm、抽水水位降深10m为准(王洋等,2016)。表 2-7 为我国南方标准地层含水层的富水性大小。

表 2-7　我国南方标准地层含水层富水性表(余宏明等,2014)

<table>
<tr><th colspan="3">岩层(组)类别</th><th>地层代号</th><th>富水性</th><th>地下径流模数/($L \cdot s^{-1} \cdot km^{-2}$)</th></tr>
<tr><td rowspan="6">含水岩层(组)</td><td colspan="2">松散岩类含水岩层(组)</td><td>Q</td><td>弱</td><td></td></tr>
<tr><td colspan="2">碎屑岩类含水岩层(组)</td><td>Nh_1l、D_{2+3}、T_3、J、K_1</td><td>弱</td><td>6.53</td></tr>
<tr><td colspan="2">结晶岩类含水岩层(组)</td><td>Pt</td><td>弱</td><td>7.46</td></tr>
<tr><td rowspan="3">碳酸盐岩类含水层(组)</td><td>碳酸盐岩含水岩层(组)</td><td>Z_2dy、$\in_1sl$、$\in_{2+3}$、O_1、C_2h、P_1q、P_2m、T_1b</td><td>强</td><td>>20</td></tr>
<tr><td rowspan="2">碳酸盐岩夹碎屑岩含水岩层(组)</td><td>T_2b^2</td><td>中</td><td>10～20</td></tr>
<tr><td>Z_1d、$\in_1sh$、$\in_1t$、O_{2+3}</td><td>弱</td><td><10</td></tr>
</table>

3. 地下水水温

地下水的水温随自然地理环境、地质条件以及循环深度的不同而变化。近地表处地下

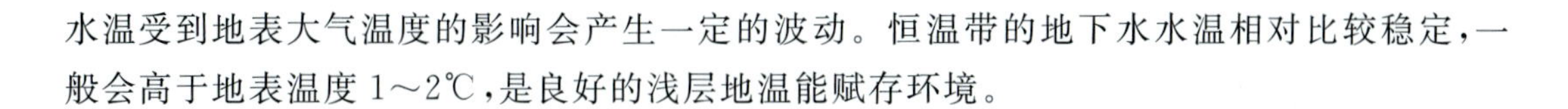

水温受到地表大气温度的影响会产生一定的波动。恒温带的地下水水温相对比较稳定，一般会高于地表温度1～2℃，是良好的浅层地温能赋存环境。

四、浅层地温场特征

1. 垂向地温场分布

在地下200m范围内，地温主要分为变温层、恒温层和增温层。变温层埋深较浅，受到表层大气温度的影响大，地下水埋深有时较深，因此地温能主要赋存在土壤当中。恒温层相对较深，地下水埋深一般超过恒温带上界面，因此热能主要赋存在土壤和地下水中。地下水流动中本身携带的热量可以进行对流传热，同时在径流的过程中吸收岩层及土层骨架中的热量，具有较高的赋存能力（详见第一章第二节）。

2. 水平地温场分布

水平地温场分布由于地理位置、地形地貌、地质构造、气象条件等因素的影响导致变温层、恒温层的厚度以及温度有一定的不同。在我国由北向南，气候依次为中温带、暖温带、亚热带、热带，地形地貌从平原区到丘陵山地，恒温带温度逐渐升高，而恒温带顶板埋深逐渐变浅。由西向南，海拔依次降低，气候由青藏高寒区到亚热带，地形地貌从高原、盆地到长江三角洲。恒温带的埋深因为地形地貌的不同而有一定的差异。在四川盆地地区恒温带顶板埋深相较于其他地区要浅，不足10m，而高原地区则超过25m（王贵玲，2017）。

第二节　浅层地温能开发利用

浅层地温能的开发利用主要有地源热泵系统和地下储热系统两种。所谓地源热泵系统是以岩土体、地下水或地表水为低温热源，由水源热泵机组、地热能交换系统、建筑物内系统组成的供热空调系统。地下储热系统则是将地下岩土体或地下水作为储能介质对外界热量进行储存，在需要时再获取的一种方式。

一、地源热泵系统

地源热泵系统是将地球表面浅层地热资源作为冷热源，对建筑物进行能量转换的供暖制冷系统，优点在于它不需要人工的冷热源，可以取代锅炉或市政管网等传统的供暖方式和中央空调系统。冬季从岩土中取热向建筑物供暖，夏季向岩土、地下水中放热给建筑物制冷。根据地热能交换系统形式的不同可以将地源热泵系统分为地表水源热泵系统、地下水源热泵系统和地埋管地源热泵系统。

1. 地表水源热泵系统

地表水源热泵以江河、湖泊、海洋等地球表面的水体为热源，从而达到为用户供热或制冷的目的，在系统制热时以水体为热源，在系统制冷时以水体为冷汇。地表水源热泵系统应用除了需要丰富的江、河、湖、海等水资源外，还受到自然条件的限制。例如：地表水的温度随着季节变化而不同，受到空气温度影响较大，从而对热泵系统效率造成较大的影响；寒冷地区一般只采用闭式地表水换热系统，在冬季北方地区应用时需进行防冻处理，因此地表水源热泵的某些特点与空气源热泵相似。如夏季要求冷负荷最大的时候，热泵系统对应的冷凝温度达到最高，而冬季相反。在条件适宜的情况下，地表水是较易采用的低温能源载体，初始投资相对较低。在应用地表水热泵技术时也要妥善处理，防止地表水资源污染。地表水源热泵系统按照不同的标准可以分为不同的类型。

1)按引水方式不同分类

按照引水方式的不同，地表水源热泵系统可以分为开式地表水换热系统和闭式地表水换热系统两种形式[《地源热泵系统工程技术规范》(GB 50366—2005)]。开式地表水换热系统通过取水装置将地表水送入热泵设备内部，与热泵中的水进行能量交换，随后将交换过能量的水排入地表水源中。开式地表水换热系统对地表水水质要求较高，而闭式地表水换热系统不同于开式地表水换热系统，它将盘管直接置于地表水水体内，盘管中的换热介质与地表水水体完成热交换，在换热过程中避免了地表水与热泵设备的直接接触(图 2-4)。

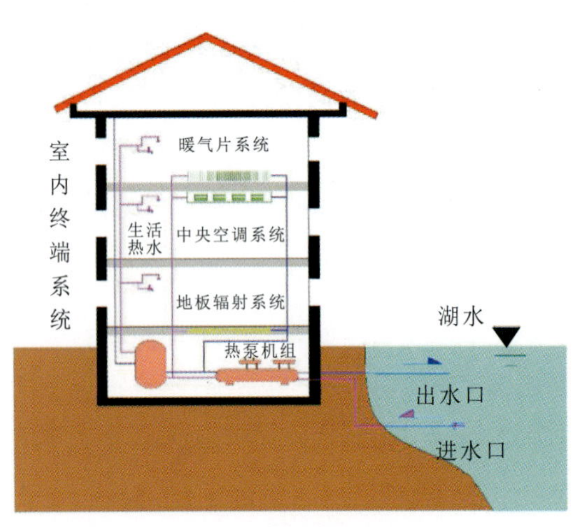

(a) 开式地表水换热系统

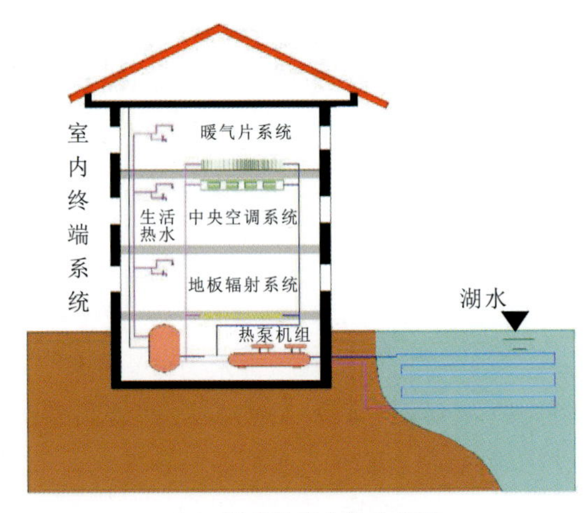

(b) 闭式地表水换热系统

图 2-4　不同地表水热泵系统示意图(图片来源于网络)

2)按热源(汇)不同分类

按照热源(汇)的不同热泵系统可以分为以下几种(赵海丰，2016)。

(1)江(河)水源热泵系统：即以江水、河水等流动淡水为热源或者热汇。

(2)湖(库)水源热泵系统：即以湖水、水库水、池塘水等静态淡水为热源(汇)。

(3)污水源热泵系统：利用污水(生活废水、工业温水、工业设备冷却水、生产工艺排放的废温水)通过制冷循环，消耗少量电能，来提取污水中的热能实现冬季采暖的效果，或向污水中排热来实现夏季制冷的效果。它的优点有：①高效节能，由于通常污水的温度较高，冬季也可以维持在10℃左右，优于地表水，所以它的运行效率更高且运行安全；②污水源热泵系统既可省去打井费用，无需抽水与回灌动力，又可避免因回灌引起的水资源破坏问题；③环保效果显著，采用污水作为低位热源，没有燃烧，不产生固体废弃物和有害气体，环保性好。需要注意的问题是，采用污水热泵首先要保证污水水量充足，且在热泵运行过程中基本保持不变；其次是污水的水温冬季应比环境温度高，夏季应比环境温度低，保证热泵机组高效运行；最后是污水的水质，污水的腐蚀度和杂质标准应满足污水源热泵换热器的要求。

(4)海水源热泵系统：即以海水作为热源和热汇进行热交换。我国是海洋大国，海洋面积有300万km^2。我国大陆海岸线北起鸭绿江口，南至北仑河口，长达1.8万多千米，海水源热泵系统应用潜力巨大。

3)按服务范围分类

按照服务范围可以分为分布式地表水源热泵系统和区域式地表水源热泵系统。分布式地表水源热泵系统主要是为单栋建筑或小范围建筑群供应冷热，冷热规模较小；区域式地表水源热泵系统为城市片区或者较大小区提供冷热集中供应，冷热规模大。

4)按热介质分类

按照换热介质可以分为水-水式地表水源热泵系统和水-空气式地表水源热泵系统。水-水式地表水源热泵系统为热泵机组用户侧与空调循环水进行热交换；水-空气式地表水源热泵系统为热泵机组用户侧与室内空气直接进行热交换。

2. 地下水源热泵系统

地下水源热泵系统(图2-5)利用地下水作为热源，依靠消耗少量的电力驱动热泵机组，实现冷热量由低热能向高位能的转化，对室内进行制冷或制热循环，分类有以下几种(李丽等，2017)。

1)按冷凝器接触方式不同分类

根据地下水与热泵机组冷凝器或蒸发器直接或间接接触，可分为直接地下水换热系统和间接地下水换热系统。其中，直接地下水换热系统在抽水井抽取地下水后，直接处理送入热泵机组中进行热交换，再将地下水送回地下同一含水层；间接地下水换热系统是抽取地下水后，通过中间换热器进行热交换后，再送回到地下水同一含水层中。地下水源热泵系统中地下水被抽取到热泵中提取热量，被吸收热量后的地下水需要进行回灌。地下热水一般矿化度较高，且常含有害成分。为了避免热污染和地面污染，应采用回灌井把用完的地下热水再回灌到含水层中。

2)按抽灌方式不同分类

根据抽灌地下水的方式不同，可以分为单井抽灌和多井抽灌两种系统模式。单井抽灌系统是在抽水井中抽取地下水，热交换后的地下水全部通过同一眼井回灌到同一含水层。该项技术对水文地质条件和回灌方法、成井工艺的要求较高。多井抽灌模式为采用多井技术实现抽灌分离。

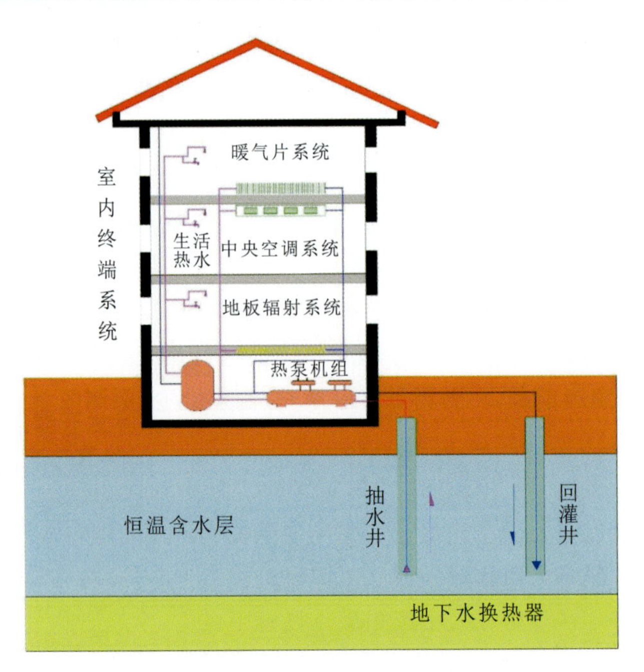

图 2-5　地下水热泵系统示意图(图片来源于网络)

3)按抽灌井数量不同分类

根据抽灌井的数量不同,可以分为同井系统地下水抽灌、对井系统地下水抽灌、多井系统地下水抽灌 3 种热泵系统模式。实际应用过程中需要根据含水层的回灌率和单井的尺寸来确定抽灌方式。一般来说,同井系统地下水抽灌方式适用于含水量较大的含水层中,多井系统地下水抽灌方式主要用于含水层回灌率不高的地区,对井系统地下水抽灌方式介于二者之间根据实际情况确定。

地下水源热泵在使用中也存在一些局限性。首先,地下水源热泵系统用水量大,需要在地下水资源充沛的地区应用。但并非所有地区都有丰富的地下水,大量使用地下水会使地面下沉,且逐步造成水源枯竭。丰富和稳定的地下水资源是地下水源热泵系统实施的先决条件。其次,回灌过程中也会出现很多问题,回灌井受到悬浮颗粒、微生物、气泡、结垢而堵塞及回灌井周围区域渗透率下降造成土质结构问题导致回灌困难,使地下水无法正常回灌,破坏地下水的抽灌平衡。同时,地下水源热泵系统会加剧地下水水质恶化和地下水超量开采的问题。地下水作为珍贵的水资源,应当得到保护和储存,所以地下水源热泵系统具有很大的限制性。

3. 地埋管地源热泵系统

地埋管地源热泵系统是以岩土体作为热源或冷汇,通过地下埋设的换热器与岩土体进行热量交换,利用热泵技术输入少量高位电能完成制冷或供热循环,使空调房间和土壤进行换热,从而满足建筑制冷、制热需求。土壤源热泵系统利用了地下一定范围内土壤冬暖夏凉、温度稳定(相对于地表温度)的特点。它的工作原理是通过密闭地埋管中的传热介质与大地之间进行能量交换，依靠大地进行吸热与排热。冬季土壤作为热源，利用地埋管中的循环水将土壤的热量提取到热泵系统中，再由热泵系统输送热量，使温度升高的循环水供给室内；夏季吸收室内的热量输送到土壤中，此时土壤作为排热源。土壤源热泵系统将地埋管换热器埋于地下，不占用空间，热泵系统布置灵活。这种方式取热不取水，防止地下水对环境的污染，有效地提高了经济效益，同时不需要另外打回灌井，也不必考虑地下水回灌造成的地质灾害。

1）水平地埋管地源热泵

水平地埋管是将高强度的塑料管埋于地表以下 1～2m 处的土层内。水平地埋管换热器可不设坡度，最上层埋管顶部应在冻土层以下 0.6m，且距地面不宜小于 0.8m。水平地埋管换热器埋管埋深比较浅，施工简单，安装费用相对较低，使用寿命长。当可利用地表面积较大，气候、雨水、埋设深度对浅层岩土体的温度及热物性影响较小时，水平地埋管换热器较经济。缺点是需要空间较大而且受到地面温度的影响较大。在建筑物比较密集的情况下，它的使用受到一定的限制，效率低于竖直地埋管。水平地埋管由于传热条件受到外界冬夏气候的一定影响，而且占地面积大，通常不适合我国人多地少的国情。水平地埋管地源热泵系统见图 2－6。

2）竖直地埋管地源热泵

竖直布置的地埋管换热器就是在钻孔内布置塑料管，再加上回填材料，与周围岩土构成一个整体，通过管内流体在土壤与热泵蒸发器（冷凝器）之间进行热量传递。由于竖直地埋管换热器具有占地面积小、地下温度稳定不易受影响、热泵效果运行良好、工作性能稳定等优点，比较适合我国实际情况，在国内已经得到了广泛的应用。竖直地埋管换热系统见图 2－7。

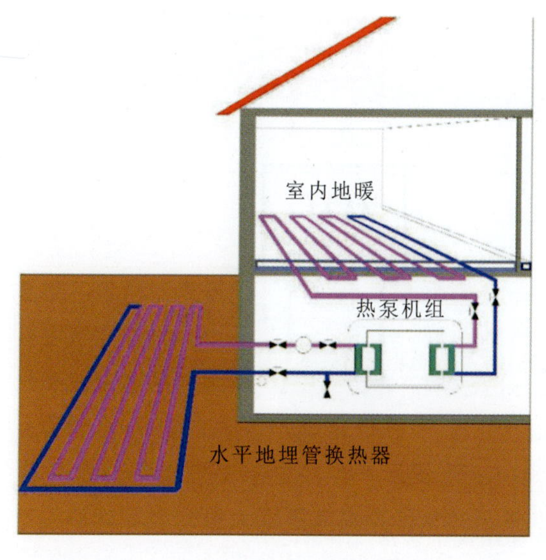

图 2－6　水平地埋管地源热泵系统示意图

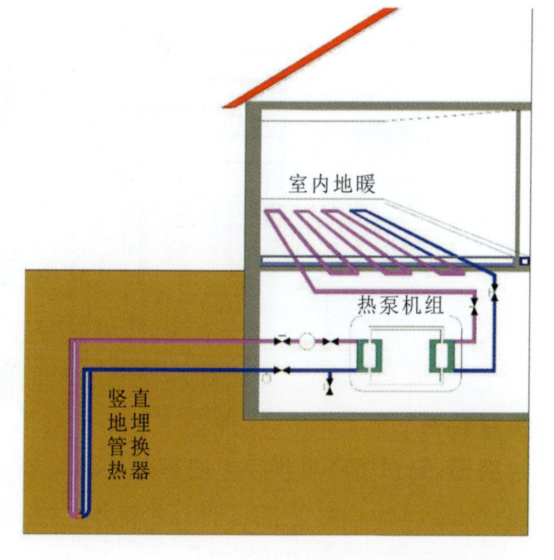

图 2－7　竖直地埋管换热系统示意图

竖直地埋管地源热泵常见的形式有U型管、套管、螺旋管和同心套管等。目前,U型管在国内外得到了广泛的应用,它的直径一般在50mm以下,流量不宜过大,埋深越深,换热性能越好,但成本也就越高。在一般地质条件下,以单U型为主,而双U型更适合较坚硬的岩石层。套管式换热器具有结构简单、组合方便、压力适用范围广等优点,同时,传热面积可以通过相应的增减内外管结构而实现增减自如。套管式换热器外管的直径可达200mm,由于换热面积的增加,在相同负荷情况下可减少钻孔数和地埋管换热器的埋管长度。套管式换热器主要适用于地下坚硬岩石地区,需要在钻孔内增加套管才能在土壤疏松的地区使用。螺旋型埋管结合了水平埋管和竖直埋管的优点,解决了所需空间大和成本较高的问题,但结构复杂,施工困难,后期维护困难,且系统运行阻力大。

竖直地埋管换热器埋管深度宜大于30m,钻孔孔径不宜小于0.11m,钻孔间距应满足换热需要,间距宜为4~7m,地下吸、放热热量不平衡时,宜取用大值。水平连接管的深度应在冻土层以下0.6m,距地面不宜小于1.5m,且应在其他室外管道之下。

将换热器直接嵌入建筑物的混凝土桩基础中,将其与混凝土桩基础结合起来,这样就成为一种新型的地埋管换热器,称为桩基埋管换热器,又称作能量桩(图2-8)。能量桩作为一种新型桩基埋管技术,将地源热泵技术与建筑桩基础结合起来,把埋设在地下的混凝土桩基作为地源热泵系统的一部分,通过在传统桩基内埋置各种形状的换热管,充分利用浅层低温地热资源,进行浅层低温地热能转换,在承载建筑物结构的前提下,还能满足桩体与土壤进行热交换的要求,发挥了桩基和地埋管换热器的双重作用。采用桩基埋管换热器可以降低系统的占地面积和初投资,正成为地源热泵系统研究和应用的新热点。

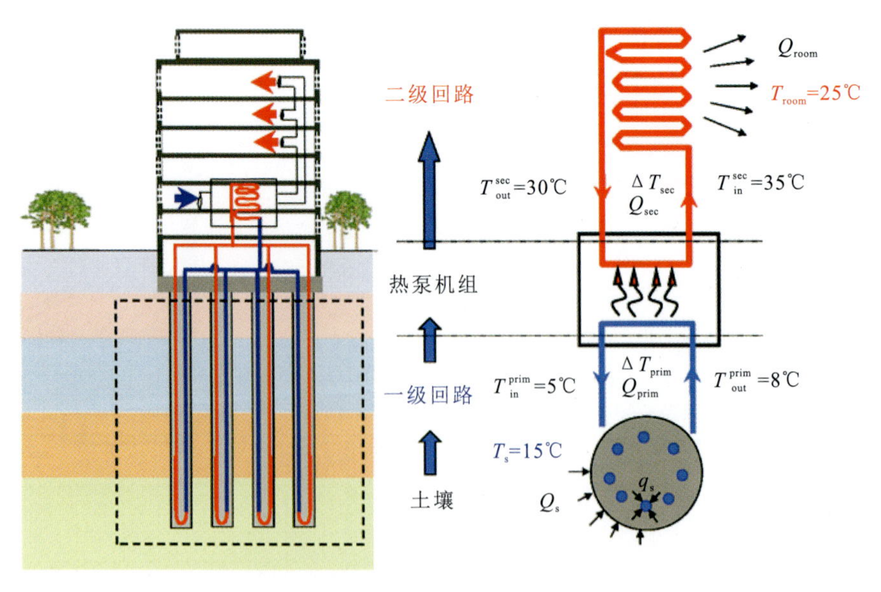

图2-8 能源桩地源热泵系统组成示意图(赵海丰,2013)

Q_s. 土壤热量;q_s. 埋管换热率;T_s. 土壤温度;Q_{prim}. 一级回路热量;Q_{in}^{prim}. 一级回路入口温度;Q_{out}^{prim}. 一级回路出口温度;ΔT_{prim}. 一级回路进出口温度差;Q_{set}. 二级回路热量;T_{out}^{sec}. 二级回路出口温度;T_{in}^{sec}. 二级回路入口温度;ΔT_{sec}. 二级回路进出口温差;T_{room}. 室内温度;Q_{room}. 室内热量

桩基埋管换热器与传统竖直地埋管换热器一个重要的区别在于两者回填材料上的差异。桩基埋管换热器是在建筑物地下桩基础中埋设塑料管换热器，它的回填材料是混凝土，混凝土的导热系数优于一般钻孔回填材料。能量桩的直径远大于土壤源热泵换热井的直径（赵海丰，2016）。由此可以推断，桩基埋管换热器的换热性能要优于用普通回填材料的竖直埋管换热器。另外，由于混凝土具有较好的密实性，使得埋管与桩基础、桩基础与土的接触密切，从而降低了接触热阻，强化换热器循环液与大地土壤的传热。由于桩基间距大，各个换热管间的热干扰大大减小，地下换热器的换热工况更为稳定。同时，节约了传统的土壤源换热管打井和灌浆回填工序及土壤源换热技术因打井增加的施工费用，是高效开发与利用地下热能的一种新方法。相比于传统地源热泵系统，能量桩技术具有工期短、成本低、不占建筑用地等优势。目前，我国的建筑物基础的主要形式为钻孔灌注桩，在钻孔灌注桩中埋设聚乙烯管是最常用的一种桩基埋管换热器形式。

二、地下储热系统

地下储热系统是浅层地温能利用的另外一种方式，该系统是将地表热源或者冷源经过收集后储存在地表以下的含水层或者岩土体中。按照储存介质的不同可以分为地埋管储热系统和含水层储热系统。地下储热系统可根据储热热量的高低随时调整。例如：在冬季地表大气温度较低，此时收集的能量是冷源，储能系统则变换为地下储冷系统，相反在夏季则转换为地下储热系统等。

1. 地埋管储热系统

采用地埋管储热系统是长时间储热最合适的方式，该系统通过竖直地埋管将能量与地下岩土进行交换。地埋管储热系统对场地的要求相对较低，可以在地下水丰富的地区安装，同时也可以在地下水非饱和地区使用，储存温度一般小于90℃。以太阳能为热源的地埋管储热系统，主要由太阳能板、锅炉加热中心、储热缓存区和地埋管几部分组成（图2-9）。系统工作时通过太阳能板收集太阳能，然后通过地埋管储存在地层中，当建筑需要热能时则释放出来。

2. 含水层储热系统

地下含水层的温度取决于含水层的埋深。一般情况下含水层的温度在10～20℃之间，含水层水的化学成分也因现场地质条件的不同而具有一定差异。地下水既可以作为热传递介质也可以作为冷热储存介质。含水层储热系统在利用时需要钻孔作为抽水井和回灌井，抽出的地下水需要完全回灌至地下以减少地下水的损失。与地下水源热泵系统一样，含水层储热系统按照抽回水方式同样有单井和多井两种方式，在使用时根据实际情况决定选用何种方式。在使用地下水作为储热介质时，需要充分考虑对于环境的影响，特别是对储热系统周边的生物圈的影响。含水层储热系统在不同季节工作方式见图2-10，夏季收集太阳能进行储存，冬季收集低温大气能进行储存。

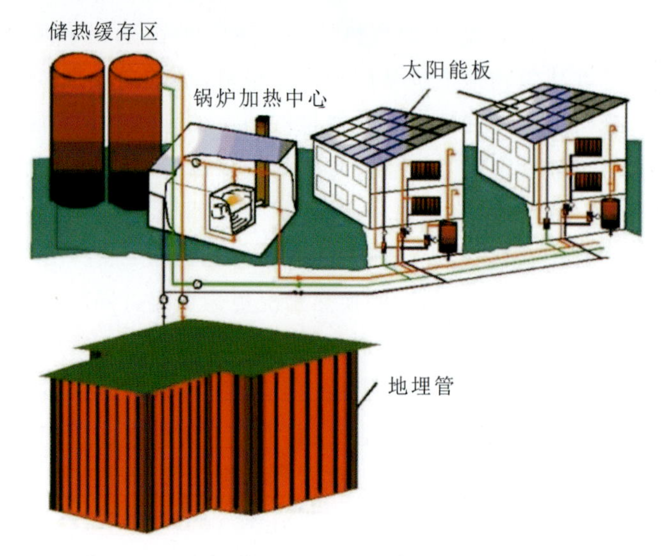

图 2-9　地埋管储热系统示意图(Burkhard,2005)

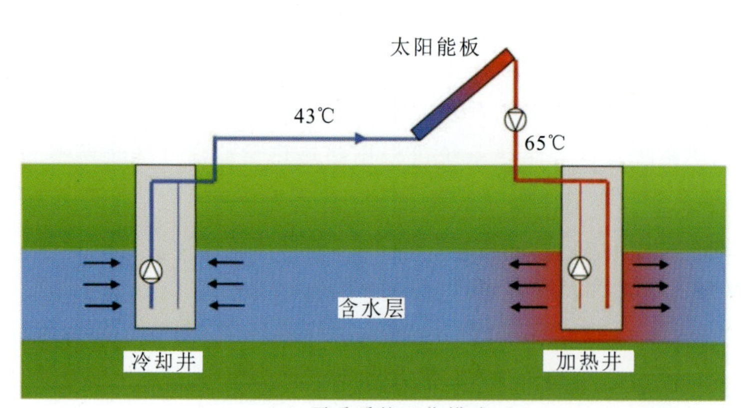

(a) 夏季系统工作模式

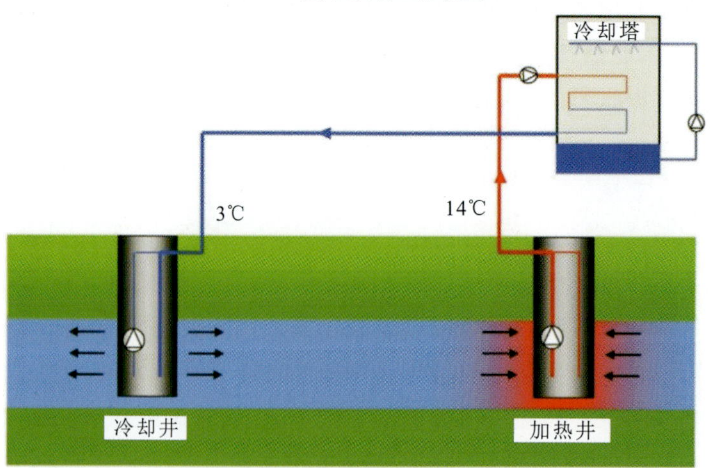

(b) 冬季系统工作模式

图 2-10　含水层储热系统示意图(Ghaebi et al,2014)

第三章　浅层地温能调查方法

第一节　区域浅层地温能调查

区域浅层地温能调查的目的是查明区域一定深度范围内浅层地温能资源储量以及分布规律，进行开发利用分区，为浅层地温能可持续利用提供依据。调查应在充分利用现有工程地质、水文地质及地热地质资料的基础上，补充相应的地质工作。

一、工程地质测绘

工程地质测绘是区域地热勘察的基础工作，在诸项勘察方法中最先进行。一般来说，工程地质测绘是运用地质、工程地质理论，对勘察场地的各种地质现象进行观察描述，初步查明场地的工程地质条件。将工程地质条件诸要素采用不同颜色、符号，按照精度要求标绘在一定比例尺的地形图上，并结合勘探、测试和其他勘察工作的资料，编制成工程地质图（项伟等，2012）。

1．测绘前期准备工作

在正式开始工程地质测绘与调查之前，还应当做好收集相关资料、踏勘、编制测绘纲要等工作，以保证测绘工作正常有序地进行。

1）收集资料

收集的资料应包括以下几个方面：

（1）区域地质资料。包括区域地质图、地形地貌图、地质构造图及地质剖面图等。

（2）气象资料。包括区域内各主要气象因素，如日平均气温、相对湿度、风速、降水量、日照时数、太阳辐射等。

（3）水文资料。包括区域内各水系（河流、湖泊）分布图、水量、水位、水温等。

（4）水文及工程地质资料。包括地下水的主要类型、埋藏深度、赋存条件及补给条件、地下水位变化情况、岩土体透水性、岩土的工程性质等。

2）踏勘

现场踏勘是在收集资料的基础上进行的，目的在于了解测区的地形地貌及其他地质情况和问题，以便于合理布置观测点及观测路线，正确选择实测地质剖面位置，拟定野外工作方法，主要包括以下几个方面：

(1)根据地形图，在测区内按固定路线进行踏勘，一般采用“之”字形曲折迂回而不重复的路线，穿越地形地貌、地层、构造具有代表性的地段。

(2)踏勘时应选择露头良好、岩层完整、有代表性的地段作出野外地质剖面图，以便熟悉和掌握测区岩层的分布特征。

(3)寻找地形控制点的位置，并抄录坐标、标高等资料。

3)编制测绘纲要

测绘纲要是进行测绘的依据，其内容应尽量符合实际情况。测绘纲要应包括以下几个方面的内容：

(1)工作任务情况(目的、要求、测区面积、比例尺等)。

(2)测区自然地理条件(位置坐标、交通、水文、气象等)。

(3)测区地质概况(地层、岩性、地下水等)。

(4)工作量、工作的方法及精度要求(观测点、勘探点的布置数量，室内室外测试工作)。

(5)人员组织及经费预算。

(6)拟提供的各种成果资料等(项伟等，2012)。

2. 基本方法

工程地质测绘主要是沿设定好的路线沿途观察并在关键点作详细的观察描述。设定的路线应当以最短的路线观察到最多的工程地质条件为标准。在进行过程中最重要的是把点与点、线与线之间观测到的现象联系起来，并反映在室内底图上，形成完整、准确的地质图件。工程地质测绘的基本方法如下(项伟等，2012)：

(1)路线穿越法。沿着一定的路线，穿越测区场地，把走过的路线准确地标记到地形图上，沿途观测并详细记录各种地质条件及现象，如地层界线、出露岩石、构造线、地层产状等，将其绘制在地图上。路线法一般适合于中、小比例尺测绘。

(2)布点法。布点法是工程地质测绘的基本方法，根据不同比例尺预先在地形图上布置一定数量的观测路线及观测点。观测点一般布置在观测路线上，有具体的特定目的，如查明地下水露头、不良地质作用等。布点法适用于大、中比例尺的测绘工作。

(3)追索法。追索法是沿着地层走向、地质构造线的延伸方向进行布点追索。该方法主要是为了查明某一局部的岩土工程问题。它是一种辅助测绘方法。

3. 测绘研究内容

区域浅层地温能工程地质测绘应自始至终以查明区域浅层地温能的赋存为目的。地层岩性及地质构造对浅层地温能的赋存具有极其重要的影响，因此浅层地温能的主要研究内容是区域的地层岩性及地质构造。

1)地层岩性

地层岩性是工程地质条件最基本的要素和研究各种地质现象的基础，同时也是影响浅层地温能赋存资源量的主要因素。研究内容主要包括：确定地层的时代和填图单位；各类岩土层的分布、岩性、岩相及成因类型；岩土层的正常层序、接触关系、厚度及其变化规律；岩土的热物性参数等。

不同比例尺的工程地质测绘中，地层时代的确定可直接利用已有的成果。若无地层时代资料，应寻找标准化石、作孢子花粉分析或请有关单位协助解决。填图单位应按比例尺大小来确定。小比例尺工程地质测绘的填图单位与一般地质测绘是相同的。但是中、大比例尺小面积测绘时，测绘区出露的地层往往只有一个“组”“段”，甚至一个“带”的地层单位，按一般地层学方法划分填图单位不能满足岩土工程评价的需要，应按岩性和工程性质的差异等作进一步划分。例如，砂岩、灰岩中的泥岩、页岩夹层，硬塑黏性土中的淤泥质土，它们的岩性和工程性质迥异，必须单独划分出来。确定填图单位时，应注意标志层的寻找。所谓标志层，是指岩性、岩相、层位和厚度都较稳定，且颜色、成分和结构等具特征标志，地面出露又较好的岩土层。在区域浅层地温能调查中还应着重对第四纪土层进行研究，因为第四纪土层既影响浅层地温能的赋存，同时也影响开采成本。

2)地质构造

地质构造对浅层地温能调查的区域地壳稳定性及岩土体稳定性具有重要影响，同时控制着地形地貌及不良地质现象的发育和分布。地质构造研究的内容主要包括：岩层的产状及各种构造形式的分布、形态和规模；断层的位置、类型、产状及充填胶结情况；岩土层各种接触面及各类构造岩的工程特性。

在工程地质测绘中研究地质构造时，要运用地质历史分析和地质力学的原理与方法，以查明各种构造结构面(带)的历史组合和力学组合规律。既要对褶曲、断裂等大的构造形迹进行研究，又要重视节理、裂隙等小构造的研究。尤其在大比例尺工程地质测绘中，小构造研究具有重要的实际意义，因为小构造直接控制着岩土体的完整性、强度和透水性，是岩土工程评价的重要依据。

4. 成果资料整理

工程地质测绘资料的整理应当分为检查外业资料和编制成果图件。

1)检查外业资料

首先应检查各种外业记录所描述的内容是否齐全；详细核查各种原始图件所划分的地层、岩性、构造等边界线是否符合野外实际情况；野外所填各种地质现象是否正确；核对收集的资料与本次测绘资料是否一致，如出现矛盾，应正确分析其原因；整理核对野外采集的样本。

2)编制成果图件

根据工程地质测绘目的和要求，编制相关图表。一般包括实际材料图、综合工程地质图、工程地质柱状图、工程地质剖面图及各种素描图、照片、文字说明等。

二、水文地质测绘

水文地质测绘是为了解水文地质条件的一种以地面观察测绘为主的野外工作，它按一定的路线和观察点对地貌、地质和水文地质现象进行详细观察记录，在综合分析观察、测绘及试验等资料的基础上，编制测绘报告和水文地质图，为某项单体任务提供区域性的水文地质背景资料。

1. 测绘比例尺及工作量

测绘观察路线一般沿垂直岩层（岩体）以及构造线走向和地貌变化显著的方向布置。水文地质观测点宜布置在具有控制性的地质、地貌、水文地质点及地下水人工补给点、自然地质现象发育处。测绘比例尺如表 3－1 所示。

表 3－1 水文地质测绘比例尺划分表（项伟等，2012）

项目	规划阶段	初勘阶段	详勘阶段
比例尺	1∶10 万～1∶5 万	1∶5 万～1∶2.5 万	1∶2.5 万～1∶5000

航空、卫星图像是区域水文地质测绘的又一种重要手段，主要包括以下内容：

（1）判明地质构造基本轮廓和新构造形迹，查明裸露或隐状的地质构造及其富水性。

（2）划分地貌单元，确定其成因类型、形态及地下水分布的关系。

（3）判明岩溶形态及地貌成因类型。

（4）判明泉点、泉群、地下水溢出带及地表水渗失带。

（5）圈定古河道及相对富水地段。

（6）圈定地表水体及其污染范围。

（7）划分咸淡水界线。

测绘中利用同位素方法可查明地下水起源、形成、补给、水位、流向、流速、污染范围途径。

2. 测绘工作内容

水文地质测绘需研究地貌、区域地质构造、岩性、自然地质现象、气象、水文、植被、人类活动、地下水天然露头和人工露头。

1）地貌、区域地质构造、岩性

地貌是一个地区内外力综合作用的历史产物，对地下水的补给、径流、排泄、水质水量变化有相当大的控制作用。不同地貌单元地下水富集情况不同。研究河流阶地、古河床、古冲沟、古风化壳和古岩溶等区地下水富集情况，对找寻地下水有实际意义。因此应查明地貌的形态、成因类型及各种地貌单元的界线和相互关系，判明含水层分布和地下水富集与地貌形态的关系。对于基岩地区岩层含水情况的研究，要了解基岩裂隙、大断裂、含水构造等情况。

基岩裂隙区是富水区，因此在这些地区勘察应查明裂隙发育程度、分布规律和富水性，从而查明裂隙水类型、分布特征和循环条件。大断裂是分割岩性、构造和地下水的天然边界。导水断层可以使各含水层发生水力联系，阻水断层使地下径流受阻。含水构造包括向斜盆地、含水透镜体和封闭的含水层。特别在第四纪沉积层广泛分布区，在有丰富的地下水区，应研究含水层的透水性、富水性及分布埋藏条件，孔隙水运动条件与地表水的关系，孔隙水分布特征，孔隙的发育情况等。对于沉积岩地区，分析受地壳运动、海陆变化控制的沉积旋回特征与沉积环境，才能了解沉积岩性的垂直与水平方向的变化和含水层的分布情况。因此应查明地层岩性、成因类型、时代、层序及接触关系，从而判明不同时期岩层的富水性、含水层厚度和稳定程度。

2)气象、水文、植被、人类活动

大气降水是一个地区水资源的主要来源，往往决定一个地区地下水资源的多少。同时，地表水体是地下水的补给来源和排泄去路，通过大气降水量与地表水径流量的关系，可得知大气降水补给地下水的程度。植被可以增加降水入渗量，减少地表径流量，增加地下水补给，起调节储备水源的作用。同时，植被的蒸腾作用则是浅层地下水的主要消耗途径。喜水植物、耐盐植物的分布往往可以指示地下水的埋藏深度。人类活动在短期时间内可以很大程度上改变地下水的形成与分布。大规模采水、矿坑排水、引水灌溉、兴建水库及工业废水排放等会造成地下水大面积的水位下降、地面沉降、地下水污染等。在水文地质测绘中，必须查明人类活动对地下水的种种影响，这样有利于了解地下水的状况。

3)泉、井

泉是地下水的天然露头，与地质、地貌条件结合起来研究泉在地层中的出露情况及涌水量，可判断岩层含水情况及其富水程度。通过分析泉水的化学成分与气体成分，可以了解含水层的化学特性。井是地下水的人工露头，对井的调查一般包括井的位置、数量、地面高程、出水量、水位、水温、水质及其动态变化，这样更有利于了解地下水。

三、地热地质调查

区域浅层地热地质调查是区域浅层地温能调查的核心内容，主要调查内容包括浅层地温场和岩土体热物性[《地热资源地质勘查规范(GB/T 11615—2010)》]。

1. 浅层地温场调查目的

浅层地温场分布特征与地质构造、地层岩性、地下水活动、地形地貌、太阳辐射、气候变化等多种因素相关。

在自然状态下，浅层地温能受太阳能和大地热流的综合作用，地温常年保持不变。不同纬度地区由于太阳辐射能量不同，恒温带深度和温度亦不同。

地源热泵系统主要通过换热器与地下岩土体或地下水进行热交换。换热器内循环水与周围岩土体或地下水间温差越大，换热器换热效率也就越高。地表以下恒温带温度常年保持稳定，是目前地埋管与地下水换热系统利用的主要区域。适宜的恒温带地温夏季低于大气温度，冬季高于大气温度，可以有效地进行制冷与供暖。所以，掌握原始地温场的分布与地温变化特点是评价区域浅层地温能分布状况、地源热泵系统设计应用及地下传热分析的基础。

2. 浅层地温带地温调查方法

1)岩土热物性参数测试

现场或钻孔采集岩土样品在实验室进行岩土体热物性参数测试。基本物理参数包括岩土体的密度、含水率、孔隙率和饱和度等指标，热物性参数则主要包括岩土体的导热系数、比热容和热扩散系数。

2)地温测试

需在浅层地温场分布区域设立一个长期地温监测孔进行地温监测。地温测量仪器采用热敏电阻测温仪，进行室内高精度水银计校正，消除了测温设备的系统误差，仪器精度不低于±0.2℃，地温测量数据准确、真实、可靠。需分别在垂直方向和水平方向上布置不同类型和不同数量的监测孔。如在垂直方向上，可根据监测孔的功能不同，按其特征分为一般监测孔和特征监测孔。一般监测孔即监测不同地点同一深度、温度的监测孔，特征孔即根据不同特征所布设的监测孔。在水平方向埋设温度传感时，需埋设在相邻两个换热孔之间，根据两相邻换热孔具体位置距离合理埋设(贾子龙等，2017)。采集到的数据储存到数据库中，地温为缓变的动态，时间间隔采用1h。运用分析软件，制作地温随时间动态变化曲线及不同时段不同深度平面上的地温分布图。

3. 结果整理

当调查完成后，应分别统计不同深度的地温分布特征，并作出不同深度地温等值线图。根据平面地温等值线图分析温度等值线的总体分布特征，从由东到西和由北到南的两个方向观察浅层地温变化趋势。

深度每增加100m所增加的温度为地温梯度(地热梯度)。地温梯度反映了地球内部温度不均匀分布程度，是描述地温场的一个重要参数，以每100m垂直深度上增加的度数表示。

地壳的近似平均地温梯度是25℃/km，大于这个数字就叫做地温梯度异常。近地表处的地温梯度则因地而异，其大小与所在地区的大地热流量成正比，与热流所经岩体的热导率成反比。因此，地温梯度的区域性变化可能来源于热流量的变化，也可能来源于近地表岩体热导率的变化，计算公式为(福建省地质工程勘察院，2011)：

$$G=100\times(T-T_0)/(Z-Z_0) \tag{3-1}$$

式中：G为地温梯度(℃/m)；T为测温点地层温度(℃)；T_0为恒温带温度(℃)；Z为测温点深度(m)；Z_0为恒温带深度(m)。

根据计算的地温梯度，绘制地温随深度变化分布图，并可分析不同地方钻孔地温梯度差异。

第二节　单体地源热泵系统调查

根据浅层地温能的开发利用方式，单体地源热泵系统浅层地温能调查可以分为地埋管系统浅层地温能调查、地下水系统浅层地温能调查及地表水系统浅层地温能调查。每一项单体调查都为相应配套的地源热泵系统的设计提供可靠热源并给出相关的设计参数[《地源热泵系统工程技术规范》(GB 50366—2005)]。

一、地埋管换热系统浅层地温能调查

地埋管系统以地下岩土体为可靠热源，其调查目的是评价场地地质条件、水文及地热地质条件，为地埋管换热系统的设计提供岩土体的热物性参数(导热系数、比热容等)、钻孔参数(钻孔热阻、每延米换热效率)等，以便合理地利用浅层地温能。

(一)地埋管系统浅层地温能调查内容

地埋管系统浅层地温能调查是为地埋管换热系统方案设计提供技术依据，其工作内容一般包括：

(1)查明场地岩土层的岩性、结构、地下水赋存状况。

(2)查明岩土层的导热性能、换热效率、有效导热系数、初始温度，确定恒温带的深度及温度。

(3)查明场地岩土体的含水率、颗粒级配、密度、比热容、导热系数、温度等。

(4)冻土地区应查明冻土层厚度。

(5)若条件允许，应确定不同换热量对地温场的影响。

(6)面积较小且条件简单的工程、场地或其附近有岩土层的热物性资料时，可根据实际情况直接引用现有资料，无需进行施工勘察。

(7)场地地形复杂、岩土体种类较多且分布不均匀、性质变化较大时，应适当增加岩土体样品数量及现场测试工作量。

(二)地埋管系统浅层地温能调查方法

1. 岩土体热物性参数测试

岩土体的热物性对估算地埋管换热系统的应用潜力具有重要意义。岩土体的热导率、比热容和热扩散系数是岩土体热物性中最主要的3个参数，是研究地壳和上地幔地热结构、地球深部热状态以及各种工程体内空气与围岩之间热交换的重要参数，更是地热能利用不可或缺的工作。测试岩土体热物性参数可以分为室内试验测试及现场试验(热响应测试)。

1)测试方法

室内测试一般利用热面板、热探针等测试设备对岩土体进行导热性测试。测试方法通常可分为稳态法与非稳态法(又称瞬态法)。

(1)稳态法(田信民等,2014)是指在测试样品内建立不随时间变化的温度场,使其达到热量一维传导的状态,测量温度梯度和试样单位面积上的热流量,从而确定材料的导热系数,公式如下:

$$\lambda = B \cdot \frac{Q}{\Delta T/L} \tag{3-2}$$

式中:λ 为介质的导热系数[W/(m·K)];Q 为热流密度(W/m^2);ΔT 为待测样品温度梯度两端的温差(K);L 为样品温度梯度两端的距离(m);B 为仪器常数,与所用测试装置及试样类型有关。

稳态法以傅里叶定律为基础,具有计算简单、直观易行的特点,是导热系数测试常用方法,但由于构建稳定温度梯度较为困难,所以稳态法的测试周期一般比较长。常用的稳态测试法有防护热板法、热流计法、水流量平板法及圆管法等。

(2)非稳态法又称瞬态法(程超杰等,2016)。测试过程中试样内温度随时间的变化而变化,其基本原理是对处于热平衡的试样施加热干扰,通过测试试样温度的变化,结合非稳态导热方程,计算出待测试样的热物性参数。通过非稳态测试,可测得材料的热扩散系数、比热容和导热系数。热扩散系数又称导温系数,表征材料内部热量扩散、温度趋于一致的能力,可以由下式表示:

$$\frac{\partial T}{\partial t} = \alpha \nabla^2 T \tag{3-3}$$

根据式(3-2)和式(3-3),样品的比热容可由下式计算:

$$\alpha = \frac{\lambda}{\rho C} \tag{3-4}$$

式中:α 为热扩散系数(m^2/s);λ 为介质的导热系数[W/(m·K)];ρ 为密度(kg/m^3);C 为比热容[J/(kg·K)]。

非稳态法具有快速、便捷的特点,且对测试环境要求低。常用的导热系数测试非稳态法有热线法、热带法、瞬态平面热源法、热探针法及激光闪射法等。

2)取样方法

一般采用钻孔取样,坚硬岩石的取样可利用岩芯,一般完整和较完整岩体岩芯采取率不应低于80%,较破碎和破碎岩体不应低于65%,但其中的软弱夹层和断层破碎带取样时,必须采用特殊措施。例如,尽量减少冲洗液或用干钻,采取双层岩芯管连续取芯,降低钻速,缩短钻程。当需确定岩石质量指标RQD时,应采用75mm口径的(N型)双层岩芯管和金刚石钻头。双层岩芯管钻进是复杂地层中最普遍采用的一种钻进技术。一般岩芯钻采用的是单层岩芯管,其主要的缺点是钻进时冲洗液直接冲刷岩芯,致使软弱、破碎岩层的岩芯被破坏。而双层岩芯管钻进时,岩芯进入内管,冲洗液自钻杆流下后,在内、外两管壁间隙循环,并不进入内管冲刷岩芯，所以能有效地提高岩芯采取率。双层岩芯管有双层单动和双层双动两类结构，以前者为优。金刚石钻头钻进一般都采用双层单动岩芯管，其结构如图3－1所示。这种钻进技术是在钻头内部使用岩芯卡簧采取岩芯的，在外管上还镶有扩孔器。岩芯进入后不经扰动，所以不仅钻进效率高，而且岩芯采取率及岩芯质量也较高。

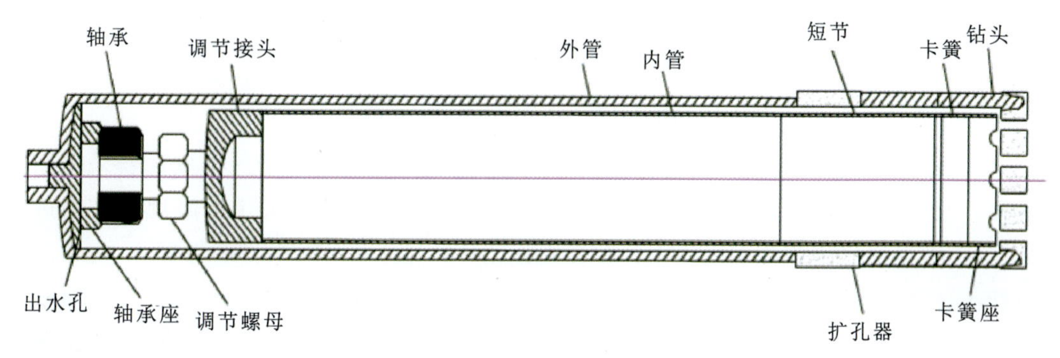

图3－1　双层单动岩芯管结构

采取原状土样时，钻孔孔径应比使用的取土器外径大1个径级。在地下水位以上，应采用干法钻进，不得注水或使用冲洗液；在饱和软黏性土、粉土、砂土中钻进，宜采用泥浆护壁。采用套管时应先钻进后跟进套管，套管的下设深度与取样位置之间应保留3倍管径以上的距离。不宜向未钻进过的土层中强行击入套管；为避免孔底土隆起受扰，应始终保持套管内的水头高度等于或稍过于地下水位。

钻进宜采用回转方式。在地下水位以下钻进应采用通气通水的螺旋钻头、提土器或岩芯钻头。在采取原状土试样的钻孔中，不宜采用振动或冲击方式钻进，取土器下放前应清孔。采用敞口取土器取样时，孔底残留净土的厚度不得超过5cm。

钻机安装必须牢固，保持钻进平稳，防止钻具回转时抖动。升降钻具时应避免对孔壁的扰动破坏。

(1)贯入式取土器(项伟等，2012)。

取土器应平稳下放，不得冲击孔底。取土器下放后，应核对孔深与钻具长度，发现残留浮土厚度超过规定时，应提起取土器重新清孔。采取Ⅰ级原状土试样，应以快速、连续的静压方式贯入取土器，贯入速度不小于0.1m/s。当利用钻机的给进系统施压时，应保证具有连续贯入的足够行程。采取Ⅱ级原状土试样可使用间断静压方式或重锤少击方式。

在压入固定活塞取土器时，应将活塞杆与钻架牢固地连接起来，避免活塞向下移动。在贯入过程中监视活塞杆的位移变化时，可在活塞杆上设定相对于地面固定点的标志来测记其高差。活塞杆总位移量不得超过总贯入深度的1％。贯入取样管的深度宜控制在总长的90％左右。贯入深度应在贯入结束后仔细测量并记录。提升取土器之前，为切断土样与孔底土的联系，可以回转2～3圈或者稍加静置之后再提升。提升取土器应做到均匀平稳，避免磕碰。

(2)回转式取土器。

采用单动、双动二(三)重管采取原状土试样,必须保证平稳回转钻进,使用的钻杆应事先校直。为避免钻具抖动,造成土层的扰动,可在取土器上加接重杆。冲洗液宜采用泥浆。钻进参数宜根据各场地地层特点通过试钻确定或根据已有经验确定。取样开始时应将泵压、泵量减至能维持钻进的最低限度,然后随着进尺的增加,逐渐增加至正常值。

回转取土器应具有可改变内管超前长度的替换管靴,内管管口至少应与外管齐平。随着土质变软,可使内管超前增加至50~150mm。对软硬交替的土层,宜采用具有自动调节功能的改进型单动二(三)重管取土器。

对硬塑以上的硬质黏性土、密实砾砂、碎石土和软岩,可使用双动三重取样器采取原状土试样。对于非胶结的砂、卵石层,取样时可在底靴上加置逆爪。采用无泵反循环钻进工艺,可以用普通单层岩芯管采取砂样。在有充分经验的地区和可靠操作的保证下,可作为Ⅱ级原状土试样。采取试样时,采取土试样点的数量应根据岩土层结构、均匀性和设计要求确定。每一场地每一主要土层的原状土试样不宜少于1件。土试样质量应为Ⅲ级以上,土试样质量分级采取的工具、方法及保管运输参照《岩土工程勘察规范》(GB 50021—2001)。

基于线热源理论,利用热探针法对所取岩土样品进行测试,所选用的仪器为ISOMET-2114(图3-2)。其中,当测取土的热物性参数时采用探针插入土中一定的深度。当测取岩石热物性参数时,应采用表面探头与岩石紧贴进行测试。所取的岩石样品表面应尽可能地光滑和平整,岩样的直径应为探头直径的1.2~1.5倍。

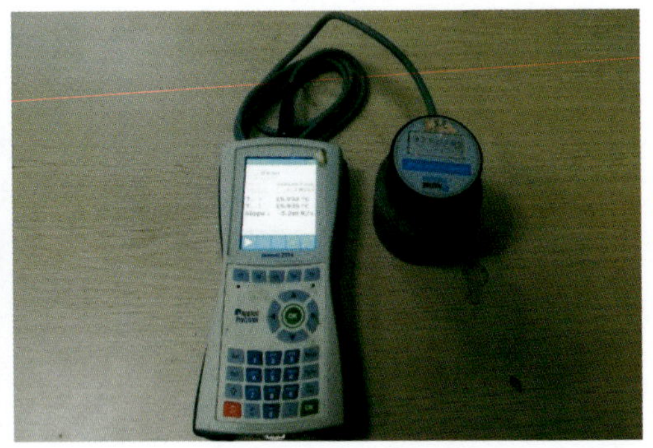

图3-2 岩土体热物性参数测试(Luo et al. 2018)

当采用钻孔取样时,在钻进之前需根据现场土的性质选取合适的钻具和钻进方法。一般采用较为平稳的回转式钻进,在地下水位以上一般采用干钻方式。在软土、砂土中钻进时宜用泥浆护壁,并且应保持钻孔内的水头等于或稍高于地下水位,以避免产生孔底管涌。

在到达预计取样位置后,要仔细清除孔底浮土并不扰动待取土样的土层。在下放取土器时必须平稳,避免侧刮孔壁。取土器入孔底时应轻放,以避免撞击孔底而扰动土层。贯入取土器取样时应力求快速连续,最好采用静压方式。当土样贯满取土器后,在提升取土器前应旋转2~3周,也可静置约10min,以使土样根部与母体顺利分离,减少逃土的可能性。提升时要尽量平稳，以避免失落土样。

在完成取样后，应将土样妥善密封保存。应尽可能地缩短取样至试验之间的贮存时间，一般不宜超过3周。在土样的运输过程中应尽可能地避免震动。

3)成果整理

绘制某地区主要岩土体物理参数及热物性参数统计汇总表(表3-2)。

表3-2　某地区岩土体物理参数及热物性参数统计汇总表(武汉地质工程勘察院，2012)

地质时代	岩土名称	含水率	密度	比热容	导热系数
		ω	ρ	C	λ
		%	g/cm^3	$\times 10^3 J/kg \cdot K$	$W/m \cdot K$
Qh	杂填土、人工填土	15～42	1.90	1.24～1.55	1.13～1.38
	淤泥质土、淤泥	25～83	1.75	1.48～1.76	1.08～1.33
	黏土、粉质黏土	20～50	1.89	1.22～1.51	1.48～1.75
	粉土夹粉砂、粉砂夹粉土	22～46	1.84	0.98～1.62	1.65～2.22
	粉砂、细砂	16～61	1.86	0.96～1.64	1.90～2.47
	中砂、粗砂	13～70	1.95	0.89～1.59	2.30～2.52
	砾卵石	20～63	2.20	0.81～1.22	2.17～2.49
Qp_3	黏土、粉质黏土	16～30	1.98	1.13～1.52	1.64～1.89
	含砾黏土、砂砾石	10～34	1.98	0.94～1.13	1.76～1.96
Qp_2	黏土、粉质黏土	16～29	1.98	1.06～1.27	1.73～1.97
	黏土夹碎石	17～26	1.98	1.25～1.48	1.91～2.04
K—E	粉砂岩	6～10	2.34	1.04～1.28	1.70～2.05
	砾岩	5.6	2.45	0.96～1.09	2.19～2.30
T	灰岩	0.2	2.68	0.83～0.94	2.65～2.74
	粉砂岩	6.4	2.44	0.76～1.14	2.17～2.52
P	碳质页岩	8.3	2.43	0.73～1.12	2.14～2.37
	硅质岩	0.1	2.73	0.71～0.86	2.76～2.88
	灰岩	0.4	2.65	0.81～0.90	2.48～2.57
C	灰岩	0.8	2.68	0.83～0.91	2.50～2.64
D	石英砂岩	0.6	2.60	0.74～0.88	2.88～3.07
S	泥岩	8.5	2.47	0.88～1.03	2.33～2.48

通过对同一类型岩土体不同地点的各取样孔相同岩土体对应的物性参数加权平均，得到工作区内不同的比热容、导热率、热扩散系数等参数。对样品的孔隙率、含水率、密度、相

对密度、干密度、热导率、比热容、热扩散系数等热物性值进行相关性分析，得出主要热物性参数的空间分布特征，绘制岩土体热导率和比热容等值线分布图，反映工作区岩土体热物性的空间变异性。

2. 热响应测试

由于地埋管换热器通过管内的流体与周围岩体进行热量交换，埋管深度内的综合导热系数对地源热泵系统的运行有着重要影响。在地源热泵系统的设计过程中，需要通过热响应测试来获取埋管区域岩土体的初始地温、平均导热系数、钻孔埋管热阻值和钻孔埋管单位延米换热效率等热物性参数。采用这种方法测出的导热系数可作为该区域岩土的综合导热系数，它还考虑到了岩土成分的差异和水渗流因素的影响，较为全面地反映了该区域的岩土导热性能。

1)现场热响应试验基本原理

现场岩土热响应试验即通过恒定的功率加热地埋管中的循环介质，然后将热量传入地下，进而测试到岩土的温度随测试时间的响应，根据测试数据计算出土壤热物性参数，目前主要通过解析法与数值法求取参数(薛宇泽等，2019；霍晓敏等，2019)。

(1)解析法是通过建立准确的传热模型，采用数学方法分析换热器换热过程，因实用性强，求解过程简单，在实际过程中应用广泛，其解析解的精确性主要取决于传热模型的精确性。目前国内外通常采用 Eskilson 的线热源模型，也可采用 Kavanaugh 和 Ingersoll 的圆柱热源模型以及 Austin 的参数估计模型等。各种模型结果都具有较好的吻合程度。其中，线热源模型是一种普遍采用的比较快捷的获取土壤导热系数的方法。该方法对埋入地下一定深度的 U 型管施加恒定的热流，以一定的时间间隔记录管内换热介质进出口温度、流量等参数。换热介质平均温度的变化情况是地层对热流的响应。根据测得的试验数据通过线热源理论模型求解岩土的热物性参数。

①无限长线热源模型。无限长线热源模型是将换热器假定为一无限长的热源，将其放置于初始温度均匀的无限大介质中，线热源单位长度的发热量均匀为 q_1(W/m)，则在 t 时刻线热源周围的温度场分布的表达式为：

$$\theta_{1,i}(r,t)=-\frac{q_1}{4\pi\lambda}E_i\left(-\frac{r^2}{4at}\right) \tag{3-5}$$

式中：$E_i(z)=\int_{-\infty}^{z}\frac{e^u}{u}\mathrm{d}u=\gamma+\ln(-z)+\sum_{n=1}^{\infty}\frac{z^n}{n!\ n}$；$\theta$ 为过余温度(℃)；q_1 为单位长度的发热量(W/m)；λ 为导热系数[W/(m·K)]；a 为热扩散率(m^2/s)；γ 为欧拉常数，$\gamma\approx0.577\ 216$。

②有限长线热源模型。实际的换热器是有一定长度的，无限长线热源模型忽略了地面作为一个边界对换热性能的影响以及换热器的有限长度。在计算过程中，当时间趋于无限长时，无限长线热源模型的温度场不会趋于稳定。基于无限长线热源模型存在的问题，刁乃仁等(2003)提出了有限长线热源模型，其温度响应的表达式为：

$$\theta_{l,f}=\frac{q_1}{4\pi\lambda}\int_0^h\left\{\frac{erfc\left[\frac{\sqrt{r^2+(z-z')^2}}{2\sqrt{a\tau}}\right]}{\sqrt{r^2+(z-z')^2}}-\frac{erfc\left[\frac{\sqrt{r^2+(z+z')^2}}{2\sqrt{a\tau}}\right]}{\sqrt{r^2+(z+z')^2}}\right\}\mathrm{d}z' \tag{3-6}$$

式中：$r=\sqrt{(x-x')^2+(y-y')^2}$；$erfc=1-\frac{2}{\sqrt{\pi}}\int_0^z \exp(-\mu^2)\mathrm{d}\mu$ 是余误差函数；z 为计算点深度（m）。

③无限长圆柱面热源模型。圆柱面热源模型是将换热器看成一圆柱，将土壤看成无限大的传热介质，将柱热源放入初始温度均匀的无限大介质中而组成。圆柱面热源模型又分为空心圆柱面热源模型和实心圆柱面热源模型两种型式。其中实心圆柱热源模型将孔内材料假定为均匀的介质，换热过程中将热量直接赋予实心介质，由于该模型考虑了能源桩内材料的热容量和尺寸，比空心圆柱面热源模型具有更高的精度。此模型将能源桩假定为一无限长的圆柱面热源，埋设在一无限大均匀介质中，单位长度的发热量均匀为 q_i（W/m），其温度响应的表达式为：

$$\theta_{c,i}=\frac{q_1}{4\pi\lambda}\int_0^{\tau}\frac{1}{\tau-\tau'}\exp\left[-\frac{r^2+r_0^2}{4a(\tau-\tau')}\right]\cdot I_0\left[\frac{rr_0}{2a(\tau-\tau')}\right]\mathrm{d}\tau' \tag{3-7}$$

式中：$I_0(x)=\frac{1}{\pi}\int_0^{\pi}\exp(x\cos\varphi')\mathrm{d}\varphi'$式为零阶变形贝塞尔函数；$r$ 为计算半径（m）；r_0 为桩径（m）；τ 为时间（s）。

④有限长圆柱面热源模型。由于能源桩长度有限，且其长径比远小于钻孔埋管换热器，因而有必要考虑能源桩长度对换热性能的影响，即有限长圆柱面热源模型，其温度响应的表达式为：

$$\theta_{c,f}=\frac{q_1}{8\pi\lambda}\int_0^{\tau}\frac{\mathrm{d}\tau'}{(\tau-\tau')}I_0\left[\frac{rr_0}{2a(\tau-\tau')}\right]\exp\left[-\frac{r^2+r_0^2}{4a(\tau-\tau')}\right]\cdot$$
$$\left\{erfc\left[\frac{z-h_2}{2\sqrt{a(\tau-\tau')}}\right]-erfc\left[\frac{z-h_1}{2\sqrt{a(\tau-\tau')}}\right]+erfc\left[\frac{z+h_2}{2\sqrt{a(\tau-\tau')}}\right]-erfc\left[\frac{z+h_1}{2\sqrt{a(\tau-\tau')}}\right]\right\} \tag{3-8}$$

式中：h_1 为桩顶与地面的距离（m）；h_2 为桩底与地面的距离（m）。

（2）数值法：虽然解析法可以清晰地表达物理意义，直接反映传热过程，但求解过程复杂，求解难度较大。数值法可以借助计算机的强大计算功能，对复杂的传热过程进行计算，目前正被广泛应用。数值模拟的主要步骤为：①对地埋管换热器、回填材料及周围岩土在内的范围进行网格划分，常采用有限元法进行划分；②确定地埋管换热器几何参数及回填材料的物性参数，设定岩土体的热物性参数，代入由能量守恒等原理建立起的控制方程组，对方程组进行离散化，建立边界条件、初始条件，将控制方程及边界条件、初始条件输入到计算机模拟软件中，得到地埋管换热器中的水平均温度模拟结果。在实际工程中可以进行数值模拟计算的软件有以离散元为基础的 ANSYS、ADINA、FEFLOW、Matlab 软件中的 PDE 工具箱及 FLUENT 软件等。

2）岩土热响应试验设备

岩土热响应试验设备主要由循环系统、加热系统、控制系统和测量系统组成（图 3－3）。循环系统实现地埋管与测试设备内的水循环；加热系统对地埋管内循环水进行加热；控制系统按照测试要求控制地埋管内水的流量，控制加热器的加热量，使地埋管换热器向周围岩土体的放热量保持恒定；测量系统主要测量地埋管换热器进出口水温、流量，用于后期热响应试验数据处理。试验时应尽量缩短进出口水温探头与地埋管换热器的距离，并在水平管段做好保温工作。

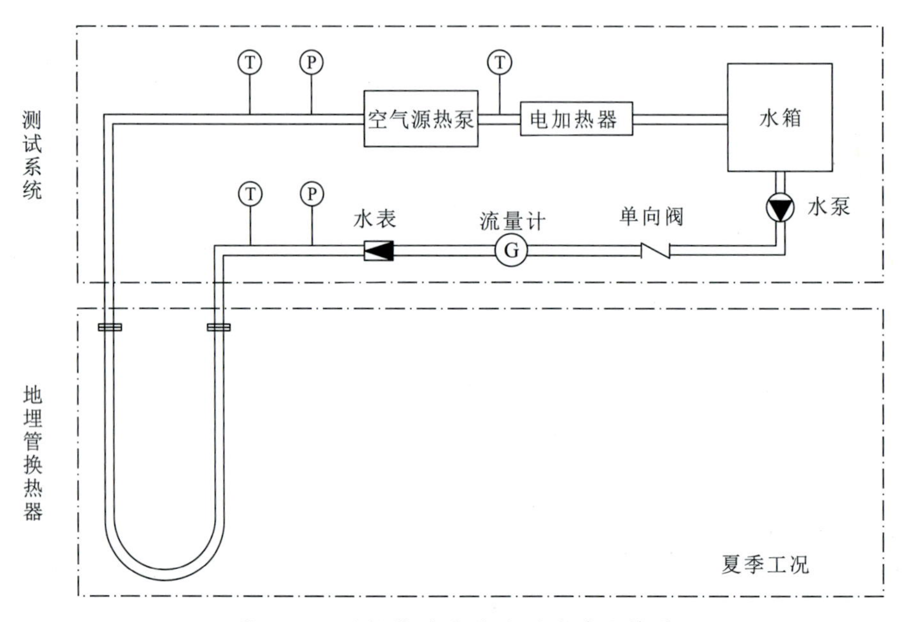

图 3－3　现场热响应试验测试系统简图

3)现场热响应试验工作方法

(1)U 型管成型。选取 PE 管类型、U 型接头及管卡等，然后用电热熔器进行热熔连接，每 2～4m 用管卡(图 3－4)将 PE 管间隔开来，与不锈钢管一起下入钻孔。竖直地埋管换热器埋管深度宜大于 20m。钻孔孔径不宜小于 0.11m，钻孔间距应满足换热需要，间距宜为 3～6m。水平连接管的深度宜在冻土层以下 0.6m，且距地面不宜小于 1.5m。

图 3－4　PE 管管卡

(2)水压试验。水压试验主要是对PE管进行密封性检查,具体操作是先在PE管中充满水,一端安装水压表(图3-5),另一端采用水压泵进行压水试验,观察压力表的读数变化,运行一段时间后若压力表保持读数不变,说明U型PE管密封性较好。

图3-5 PE管水压试验

(3)PE管和测温管下管。具体方法是在U型管底部绑上铁丝,再将铁丝(长1m)穿进钻杆,然后采取人工配合机械方法,利用回转钻机钻杆顶进,克服水的浮力下管。由于地温测量的需要,需在埋设双U型管的同时,在钻孔中同步多埋设一根PE管作测温用(图3-6、图3-7)。方法为用铁丝将测温PE管固定在U型管底部,测温管选用镀锌管,采用卡子将PE管绑定在镀锌管四周,一起下入钻孔,下管时保持水压试验的继续进行,确保PE管不变形、不弯曲、不缠绕。

图3-6 PE管下管过程(含测温管)

图3-7 PE管下管过程

(4)钻孔回填。在钻孔成孔及PE管下管完成后进行钻孔回填,通过分析区内试验孔的结果,采用的回填料主要为水泥砂浆(图3-8),其次为原浆加细砂,回填后使PE管完全密封,只留试验管口在孔外。

4)现场热响应试验步骤

将测试设备与换热管相连接(图3-9),形成闭式环路,启动加热器和循环泵,将加热量、循环量调至适宜状态。仪器自动记录进/出水温度、流量、加热器的加热功率等(武汉地质工程勘察院,2012)。

图3-8　水泥砂浆回填料

图3-9　热响应试验仪安装过程

(1)现场热响应试验时,应进行多次不同功率的试验。

(2)首先做无功循环测试,即在不开加热器的条件下,维持U型管中的水循环至水温趋于稳定。将该温度视为地层初始平均温度。温度稳定(变化幅度小于0.5℃)后,观测时间不少于24h。

(3)在获取初始平均温度后,开始对回路中的传热介质加热负荷。

5)地埋管热物性参数

线热源理论是当前大多数地源热泵埋管换热器传热模型的理论基础,广泛应用于地源热泵地下U型埋管换热器的计算。

根据线热源理论,流入与流出地埋管的水温平均值计算式为:

$$T_f = \frac{Q_{heat}}{4\pi\lambda H}\left(\ln\frac{4at}{r^2} - \gamma\right) + \frac{Q_{heat}}{H}R_b + T_0 \tag{3-9}$$

式中:T_f为埋管内流体平均温度(取入口与出口的平均值)(K);Q_{heat}为加热功率(W);λ为岩土体的平均热导率[W/(m·K)];a为热扩散系数(m^2/s);t为测试时间(s);r为钻孔半径(m);γ为欧拉常数,取0.577 2;R_b为钻孔热阻[(m·K)/W];T_0为岩土远处未受扰动的温度(K);C为埋管深度范围内岩土体的平均比热容[J/(kg·K)];H为地埋管换热器长度(m)。

式(3-9)可简化为T_f与$\ln t$的关系如下:

$$T_f = k\ln t + m \tag{3-10}$$

$$k=\frac{\varphi_{\text{heat}}}{4\pi\lambda H} \tag{3-11}$$

$$m=\frac{\varphi_{\text{heat}}}{H}\left[\frac{1}{4\pi\lambda}(\ln\frac{4a}{r^2}-\gamma)+R_b\right]+T_0 \tag{3-12}$$

$$C=\lambda/a \tag{3-13}$$

根据线源理论，钻孔热阻的计算公式如下：

$$R_b=\frac{1}{4\pi\lambda}\left[\frac{T_f-T_0}{k}-\ln\left(\frac{4\alpha t}{\gamma r^2}\right)\right] \tag{3-14}$$

恒功率加热功率试验单孔换热功率的计算公式如下：

$$D=\frac{2\pi L\,|t_1-t_4|}{\frac{1}{\lambda_1}\ln\frac{r_2}{r_1}+\frac{1}{\lambda_2}\ln\frac{r_3}{r_2}+\frac{1}{\lambda_3}\ln\frac{r_4}{r_3}} \tag{3-15}$$

式中：D 为单孔换热功率(W)；λ_1 为地埋管材料的热导率[W/(m·K)]；λ_2 为换热孔中回填料的热导率[W/(m·K)]；λ_3 为换热孔周围岩土体的平均热导率[W/(m·K)]；L 为地埋管换热器长度(m)；r_1 为地埋管束的等效半径(m)；r_2 为地埋管束的等效外径(m)；r_3 为换热孔平均半径(m)；r_4 为换热温度影响半径(m)。

二、地下水系统浅层地温能调查

地下水换热系统是以地下水为热源或冷汇。地下水换热系统调查的目的是为了地下水地热资源的合理利用，并为地下水换热系统设计提供相关参数。在查明基本场地条件的情况下，应着重调查地下水的水量、水温、水质及分布位置等[《地源热泵系统工程技术规范》(GB 50366—2005)]。

(一)地下水换热系统调查内容

地下水换热系统浅层地温能调查是为地下水换热系统方案设计提供技术依据，其工作内容一般包括：

(1)查明工程场地地质、水文地质条件，取得有关水文地质参数和评价地下水资源所需的资料。

(2)水文地质条件勘查内容对应不同场地条件及工程要求参照《供水水文地质勘察规范》(GB 50027)。

(3)查明工程场地回灌能力，若条件允许则还应查明回灌水温度对地温场的影响。

(4)提供满足设计施工所需的最大系统循环水量，确定抽灌井的数量及布局。

(5)地下水换热系统供给面积小于 3000m^2，应至少布置 1 个勘探孔；供给面积10 000m^2，应至少布置 2 个勘探孔。

(二)地下水换热系统调查方法

1. 抽水试验

采用稳定流或非稳定流进行抽水试验,确定含水层的水文地质参数、抽水孔特性曲线和实际涌水量;评价含水层的富水性,推断和计算孔最大涌水量与单位涌水量;确定影响半径、降落漏斗的形态及扩展情况;了解地下水与地表水及不同含水层间的水力联系等。

1)抽水试验技术要求

(1)为了研究井(孔)抽水特征曲线($Q-S$ 关系曲线),正确选择计算水文地质参数的公式,并验证参数计算的准确程度以及推算抽水孔最大可能出水量,一般要求进行 3 次水位下降的抽水试验。

最大降深值 S_{max} 主要取决于潜水含水层的厚度、承压水的水头及现有抽水设备的能力。3 次水位降深的间距应尽量均匀分配,最好符合以下要求:若 $S_1=S_{max}$,则 $S_2=2/3S_{max}$,$S_3=1/3S_{max}$,其中 S_1、S_2、S_3 为第 1、2、3 次抽水的降深值(m)。

水位降深的顺序取决于含水层的岩性。对松散的砂质含水层,为了便于自然过滤层的形成,落程应由小到大。在粗大的卵石层或基岩含水层中抽水时,应由大到小进行,以利于再次冲洗含水层中的细颗粒,疏通渗流通道。

(2)抽水试验的稳定延续时间主要取决于勘察的目的、要求和试验地段的水文地质条件。当地下水补给条件较好,含水层是透水性大的承压含水层或主要为了求渗透系数时,延续时间可短一些(8~24h)。相反,若试验层为透水性较差的潜水层且补给贫乏,水位和水量不易稳定的地区,其延续时间就需要长一些(24~72h)。

2)抽水试验资料整理

(1)绘制水位 S、流量 Q 历时曲线。一般在抽水试验正常时,Q、$S-T$ 曲线(图 3-10)在抽水初期表现为水位下降和出水量较大,且不稳定。随着抽水进行到一段时间后,水位、流量逐渐趋向稳定状态,呈现水位、流量两曲线平行。

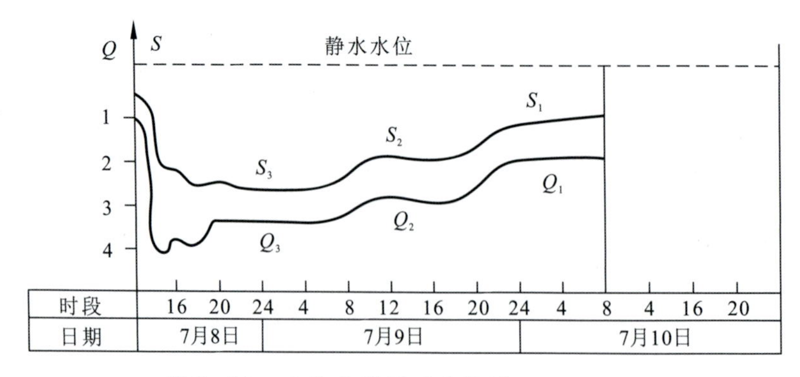

图 3-10　水位水量历时曲线图(项伟等,2012)

(2)绘制出水量与水位下降的关系曲线。出水量与水位下降的关系曲线即 $Q=F(S)$ 曲线(图 3-11)。通过该曲线特征可确定钻孔出水能力,推算钻孔的最大可能出水能力和单位出水量,判断含水层的水力性质,同时 $Q-S$ 曲线也是检查抽水试验成果正确与否的重要依据。

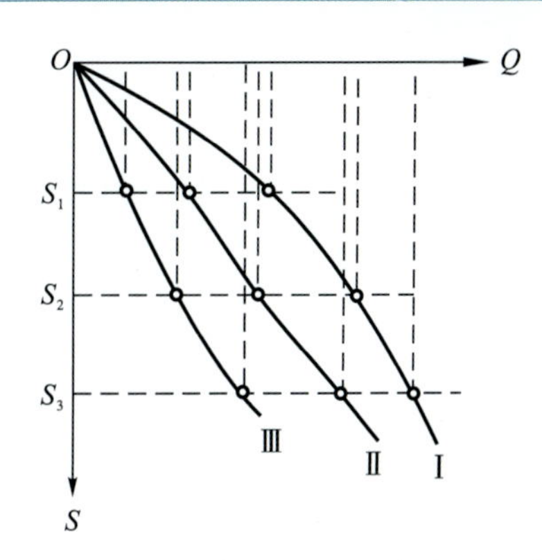

图 3-11　出水量与水位下降关系曲线图

(项伟等,2012)

Ⅰ.潜水曲线;Ⅱ.承压水曲线;

Ⅲ.试验进行不正确时的曲线

(3)计算渗透系数。单井稳定流抽水试验,当利用抽水井的水位下降资料计算渗透系数时,可按裘布衣公式进行计算,如图 3-12 所示。

①当 $Q-S$ 曲线为直线形时,按以下公式计算渗透系数。

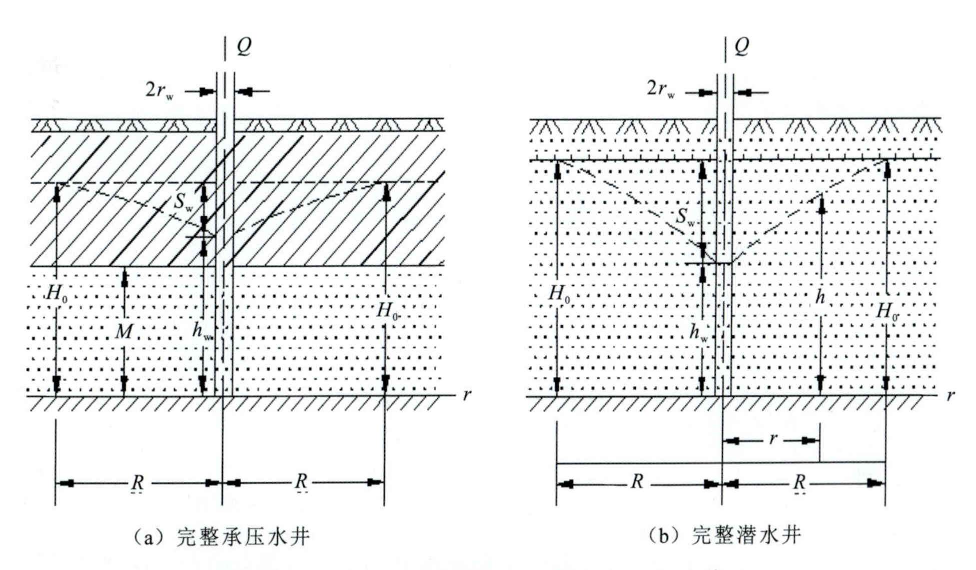

(a) 完整承压水井　　(b) 完整潜水井

图 3-12　抽水试验时地下水向井内运动计算图

(项伟等,2012)

对于完整承压水井:

$$K=\frac{Q}{2\pi S_w M}\ln\frac{R}{r_w} \tag{3-16}$$

对于完整潜水井:

$$K=\frac{Q}{\pi(H_0^2-h_w^2)}\ln\frac{R}{r_w}=\frac{Q}{\pi(2H_0-S_w)S_w}\ln\frac{R}{r_w} \tag{3-17}$$

式中:Q 为出水量(m^3/d);R 为影响半径(m);r_w 为抽水井过滤器的半径(m);S_w 为水位下降值(m);M 为承压含水层的厚度(m);H_0 为自然情况下潜水含水层的厚度(或承压水的原始水头值)(m);h_w 为抽水时抽水井中的水头值(m)。

对于非完整承压水井：当 $M>150r_w$、$L/M>0.1$ 时，

$$K=\frac{Q}{2\pi S_w M}\left(\ln\frac{R}{r_w}+\frac{M-L}{L}\ln\frac{1.12M}{\pi r_w}\right) \tag{3-18}$$

或当过滤器位于含水层的顶部或底部时，

$$K=\frac{Q}{2\pi S_w M}\left[\ln\frac{R}{r_w}+\frac{M-L}{L}\ln\left(1+0.2\frac{M}{r_w}\right)\right] \tag{3-19}$$

对于非完整潜水井：当 $\bar{h}>150r_w$、$L/H_0>0.1$ 时，

$$K=\frac{Q}{\pi(H_0^2-h_w^2)}\left(\ln\frac{R}{r_w}+\frac{\bar{h}-L}{L}\ln\frac{1.12\bar{h}}{\pi r_w}\right) \tag{3-20}$$

或当过滤器位于含水层的顶部或底部时，

$$K=\frac{Q}{\pi(H_0^2-h_w^2)}\left[\ln\frac{R}{r_w}+\frac{\bar{h}-L}{L}\ln\left(1+0.2\frac{\bar{h}}{r_w}\right)\right] \tag{3-21}$$

式中：$\bar{h}$ 为潜水含水层在自然情况下和抽水试验时厚度的平均值(m)，$\bar{h}=\frac{1}{2}(H_0+h_w)$；$L$ 为过滤器的长度(m)；其他符号意义同上。

②当利用观测孔中的水位下降资料计算渗透系数时，可采用下式计算。

完整承压水井：

$$K=\frac{Q}{2\pi M(S_w-S_1)}\ln\frac{r_1}{r_w}\text{（有一个观测孔）} \tag{3-22}$$

$$K=\frac{Q}{2\pi M(S_1-S_2)}\ln\frac{r_2}{r_1}\text{（有两个观测孔）} \tag{3-23}$$

完整潜水井：

$$K=\frac{Q}{\pi(2H_0-S_w-S_1)(S_w-S_1)}\ln\frac{r_2}{r_1}\text{（有一个观测孔）} \tag{3-24}$$

$$K=\frac{Q}{\pi(2H_0-S_1-S_2)(S_1-S_2)}\ln\frac{r_2}{r_1}\text{（有两个观测孔）} \tag{3-25}$$

式中：Q、M、H_0 意义同前；S_1、S_2 为观测孔 1 和观测孔 2 的水位降(m)；r_1、r_2 为观测孔 1、观测孔 2 距抽水孔轴心的距离(m)。

(4)计算影响半径。利用稳定流抽水试验观测孔中的水位下降资料计算影响半径时，可采用下式计算。

完整承压水井：

$$\lg R=\frac{S_w\lg r_1-S_1\lg r_w}{S_w-S_1}\text{（有一个观测孔）} \tag{3-26}$$

$$\lg R=\frac{S_1\lg r_2-S_2\lg r_1}{S_1-S_2}\text{（有两个观测孔）} \tag{3-27}$$

完整潜水井：

$$\lg R=\frac{S_w(2H_0-S_w)\lg r_1-S_1(2H_0-S_1)\lg r_w}{(S_w-S_2)(2H_0-S_w-S_1)}\text{（有一个观测孔）} \tag{3-28}$$

$$\lg R=\frac{S_1(2H_0-S_1)\lg r_2-S_2(2H_0-S_2)\lg r_1}{(S_1-S_2)(2H_0-S_1-S_2)}（有两个观测孔） \tag{3-29}$$

当缺少观测孔的水位下降资料时，影响半径可采用经验数据。抽水试验资料整理时，除了确定渗透系数、影响半径外，还经常涉及到单位出水量、释水系数等参数。单位出水量(q)主要根据抽水孔的 $Q-S$ 曲线形状，采用不同的经验公式计算。

2. 回灌试验

回灌试验是通过人工抬高水头，向钻孔内灌水，测量渗入岩土层的水量，以确定岩土层渗透性的一种原位试验方法。回灌按加压方式的不同可分为自然回灌和加压回灌。自然回灌是指在不使用加压泵加压，即在自然条件下依靠重力将尾水直接注入回灌井。加压回灌是指在采用加压泵将尾水注入回灌井进行回灌。

1)试验技术要求

造孔与试段隔离：用钻机造孔，预定深度下套管，如遇地下水位时，应采取清水钻进，孔底沉淀物不得大于5cm，同时要防止试验土层被扰动。钻至预定深度后，采用栓塞和套管进行试段隔离，确保套管下部与孔壁之间不漏水，以保证试验的准确性。对孔底进水的试段，用套管塞进行隔离；对孔壁和孔底同时进水的试段，除采用栓塞隔离试段外，还要根据试验土层种类，决定是否下入护壁花管，以防孔壁坍塌。

流量观测及结束标准：试段隔离以后应向套管注入清水，使套管水位高出地下水位一定高度(或至孔口)，用流量计或量桶测注入流量。开始每5min量测1次，连续量测5次，之后每隔20min量测1次并至少连续量测6次；当连续两次量测的注入流量之差不大于最后一次注入流量的10%时，试验即可结束。取最后一次注入流量作为计算值。

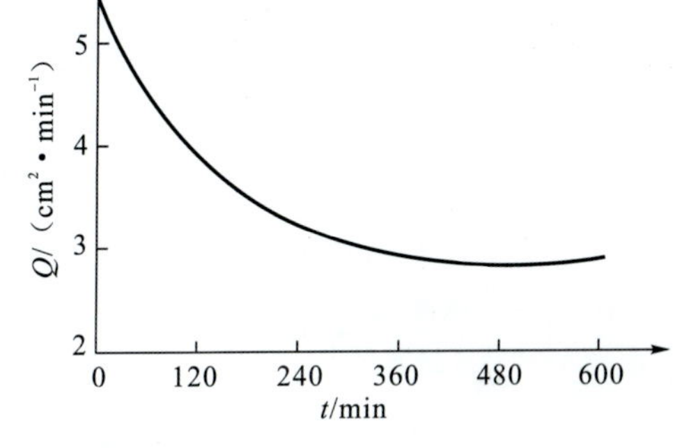

图3-13　流量与时间($Q-t$)关系曲线图

2)试验资料整理

(1)现场绘制注入流量与时间($Q-t$)关系曲线(图3-13)。

(2)当试段位于地下水位以下时，应采用式(3-30)计算试验层的渗透系数：

$$k=\frac{16.67Q}{AH} \tag{3-30}$$

式中：k 为试验层的渗透系数(cm/s)；Q 为注入流量(L/min)；H 为试验水头(cm)；A 为形状系数(按表3-3取值，cm)。

(3)当试段位于地下水位以上，且 $50<H/r<200$、$H\leqslant l$ 时，可采用式(3-31)计算试验层的渗透系数：

$$k=\frac{7.05Q}{lH}\lg\frac{2l}{r} \tag{3-31}$$

式中：r 为钻孔内半径(cm)；l 为试段长度(cm)；其余符号意义同上。

表 3-3　形状系数值表

试验条件	简图	形状系数值	备注
试段位于地下水位以下，钻孔套管下至孔底，孔底进水	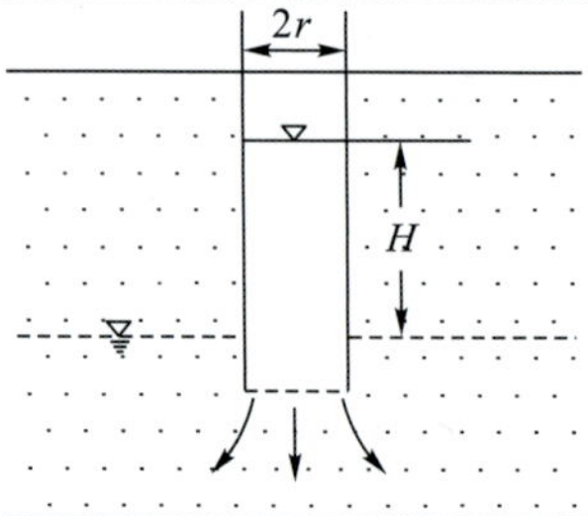 $2r$　H	$A=5.5r$	r 为抽水井半径
试段位于地下水位以下，钻孔套管下至孔底，孔底进水，试验土层顶板为不透水层	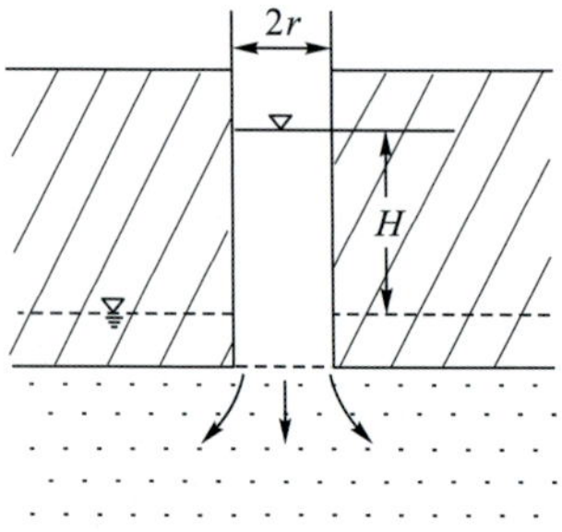 $2r$　H	$A=4r$	r 为抽水井半径
试段位于地下水位以下，孔内不下套管或部分下套管，试验段裸露或下花管，孔壁和孔底进水	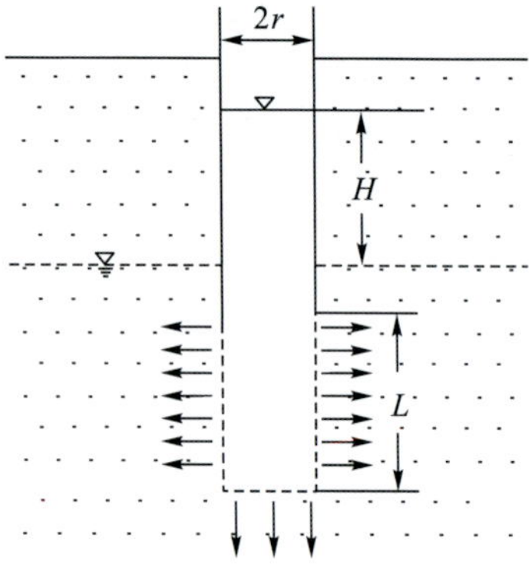 $2r$　H　L	$A=\dfrac{2\pi l}{\ln\dfrac{ml}{r}}$	$\dfrac{ml}{r}>10$ $m=\sqrt{k_h/k_v}$ 式中：k_h、k_v 分别为试验土层的水平、垂直渗透系数，无资料时，m 值可根据土层情况估计
试段位于地下水位以下，孔内不下套管或部分下套管，试验段裸露或下花管，孔壁和孔底进水，试验土层为顶部不透水	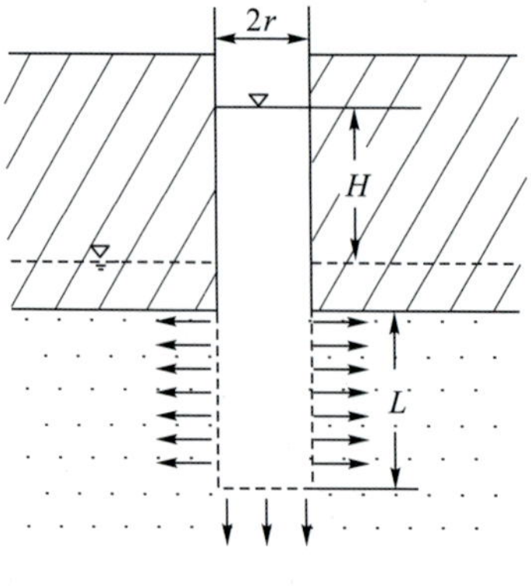 $2r$　H　L	$A=\dfrac{2\pi l}{\ln\dfrac{2ml}{r}}$	$\dfrac{ml}{r}>10$ $m=\sqrt{k_h/k_v}$ 式中：k_h、k_v 分别为试验土层的水平、垂直渗透系数，无资料时，m 值可根据土层情况估计

3. 地下水水质分析方法

1)地下水质量分级

根据《地下水质量标准》(GB/T 14848—2017)的分类指标进行各单项组分评价,确定单项组分所属质量类别,再按表3-4确定单项组分评价分值 F_i。

表3-4　地下水质量单组分评价分值表(F_i)

类别	Ⅰ	Ⅱ	Ⅲ	Ⅳ	Ⅴ
F_i	0	1	3	6	10

根据式(3-32)计算综合评价分值 F:

$$F=\sqrt{\frac{\overline{F}^2+F_{\max}^2}{2}} \tag{3-32}$$

式中:$\overline{F}$ 为各单项组分评分值 F_i 的平均值;$F_{\max}$ 为单项组分评价分值 F_i 中的最大值。根据 F 值,按表3-5的分级标准确定地下水质量级别。

表3-5　地下水质量分级标准表

级别	优良	良好	较好	较差	极差
F_i	<0.80	0.80~2.50	2.50~4.25	4.25~7.20	>7.20

2)地下水污染程度评价

采用内梅罗指数法进行地下水污染程度评价。首先按式(3-33)计算 P_i:

$$P_i=\frac{C_i}{C_0} \tag{3-33}$$

式中:C_i 为污染要素的实测浓度;C_0 为污染要素的背景值或初始值,取《生活饮用水卫生标准》(GB5749—2006)的限量值;$P_i=1$ 时,取 $P_i=1+5\tan P_i$。

再按式(3-34)确定内梅罗指数 P:

$$P=\sqrt{\frac{\overline{P}^2+P_{\max}^2}{2}} \tag{3-34}$$

式中:$\overline{P}$ 为单污染要素 P_i 的平均值;P_{max} 为单污染要素 P_i 中的最大值。最后根据 P 值,按表3-6的分级标准,确定地下水污染程度。

表3-6　地下水污染程度分级标准表

级别	优良	良好	较好	较差	极差
F_i	<0.80	0.80~2.50	2.50~4.25	4.25~7.20	>7.20

3)腐蚀性评价

应对地下水中由于Cl^-、SO_4^{2-}、CO_3^{2-}等的存在导致对金属(如铜)和碳钢的腐蚀性作出评价。用腐蚀系数来衡量地下水的腐蚀性,具体方法如下。

若腐蚀系数$K_K>0$,称为腐蚀性水;若腐蚀系数$K_K<0$,并且$K_K+0.0503\,r(Ca^{2+})>0$,称为半腐蚀性水;若腐蚀系数$K_K<0$,并且$K_K+0.0503\,r(Ca^{2+})<0$,称为非腐蚀性水。腐蚀性的计算公式如下。

酸性水:

$$K_K=1.008r(H^+)+r(Al^{3+})+r(Fe^{2+})+r(Mg^{2+})-r(HCO_3^-)-r(CO_3^{2-}) \tag{3-35}$$

碱性水:

$$K_K=1.008r(Mg^{2+})-r(HCO_3^-) \tag{3-36}$$

式中:r为离子含量的每升毫克当量(毫摩尔)数。

4)结垢评价

地下水中的钙盐是造成空调系统结垢的主要成分。对地下水中所含钙、镁和铁等组分产生结垢的可能性作出评价,评述结垢程度。参照工业用锅垢总量来衡量地下水的结垢性,具体评价方法如下。

若锅垢总量$H_0<125$mg/L,称为锅垢很少的地下水;锅垢总量$H_0=125\sim250$mg/L,称为锅垢少的地下水;锅垢总量$H_0=250\sim500$mg/L,称为锅垢多的地下水;锅垢总量$H_0>500$mg/L,称为锅垢很多的地下水。

锅垢总量的计算:

$$H_0=S+C+36r(Fe^{2+})+17r(Al^{3+})+20r(Mg^{2+})+59r(Ca^{2+}) \tag{3-37}$$

式中:S为地热流体中的悬浮物含量(mg/L);C为胶体含量(mg/L),$C=SiO_2+Fe_2O_3+Al_2O_3$;r为离子含量的每升毫克当量(毫摩尔)数。

三、地表水换热系统调查

地表水换热系统是以地表水体为热源的一种地源热泵系统。地表水换热系统调查的目的是为了更好地了解地表水的水量、水温及水质等情况,为地表水资源评价与利用提供基础资料,以便更加合理地利用地表水资源。

1. 地表水换热系统调查内容

地表水换热系统浅层地温能调查是为地表水换热系统方案设计提供技术依据,其工作内容一般包括:

(1)查明场地地表水体的水源类型(江河湖水、海水、工业废水及处理过的城市污水等)。

(2)查明地表水源的水量及流量。

(3)查明地表水源水温随深度及季节变化的规律。

（4）查明地表水水质（化学组分、含沙量和有机质等参数）。

2. 地表水换热系统调查方法

（1）水量地形测量法。水量地形测量法一般是结合水库加固工程或者河道进行地形测量。当水库、河流等水体水量较大时，测量水下某点的三维坐标，当测量点足够多时就可以测出水下地形图，利用叠加原理就可以得到在某一水位下的库容以及水面面积。一般借助GPS实时动态定位技术，精确测量移动站的三维坐标。测深仪是利用超声波在水下以固定的速度传播、遇到固体表面反射的特性，测量出从发射到接受的时间间隔，就可以测到水深。二者结合起来就可以测量出库底某一点的三维坐标。这样就可以得到地表水体的水资源量。

（2）遥感测量。遥感技术既可以观测水体本身的特征和变化，同时又能对周围的自然地理条件及人文活动的影响提供全面的信息。在利用遥感卫星图片对地表水资源调查的过程中，为提高图像的解译精度和效率，充分利用遥感数字影像的多光谱、高分辨率、多波段图像等优势，使解译精度大大提高，降低了测量误差。通过遥感技术可以确定地表水体的面积，结合水位-面积-库容曲线，可以确定地表水体的水量。

（3）水温测量方法（龙光利，2017）。水温测量主要是测量垂向水温，目前测量方法主要有单点移动测量和多点串联测量两种方式。单点移动测量是通过使用单个温度传感器在水体中进行垂直方向的移动，进而获取不同深度的水温，典型代表设备是声速剖面仪。在垂向水温规律较为稳定、数据实时性不高的区域，单点移动测量方法基本可以满足水温测量要求。对于一些大型河流、湖泊或水库水温测量数据实时性强、测量频次较高，采用单点移动测量则费时费力、实时性较差、数据量少。在有一定流速的水体中进行监测，其下放速度会直接影响水温监测数据的可靠性，此时应采用多点串联测量方法。多点串联测量是一种“准分布式”的测量方式，沿垂直方向布置多个温度传感器，定点测量不同深度的水温，数据量比单点移动测量方式大，通过集成也可以实现在线监测。

第四章　浅层地温能资源及应用潜力评价

第一节　区域浅层地温能潜力评价

区域浅层地温能潜力评价主要是进行区域适宜性分区和半定量评价，为开发利用方式提供依据，并为浅层地温能单体资源评价提供参考资料。

一、适宜性分区目的及原则

适宜性分区是贯穿于调查评价工作全过程并指导地热资源合理开发利用的重要基础工作，适宜性工作是以地质、水文地质条件为基础，经济效益与环境效益并重，目的是为勘察方法选择、资源评价、规划编制及开发利用方式选取提供技术依据。适宜性分区需要做到平面划分与垂向控制相结合。分区范围为选定的测试场地，浅层地温能总体控制评价深度为200m。

二、适宜性分区依据及类型

1. 分区依据

浅层地温能资源赋存与地质结构特征、地层岩性在空间的变化特点密切相关，在很大程度上依赖于地质条件、地下水动力条件、地下水化学条件及地热地质条件。浅层地温能资源开发利用与当地环境地质条件相关，应遵从地方的各种政策、法律法规和规划。

2. 分区类型

根据浅层地温能赋存条件将评价区划分为地源型(地埋管方式)、地下水源型、地表水源型3种开发利用方式。

三、适宜性分区方法

适宜性分区一般采用层次分析法。层次分析法（郭秋等，2017）（Analytic Hierarchy Process，AHP），是指将一个复杂的多目标决策问题作为一个系统，将目标分解为多个目标或准则，进而分解为多指标（或准则、约束）的若干层次，通过定性指标模糊量化方法算出层次单排序（权数）和总排序，以作为目标（多指标）、多方案优化决策的系统方法。

1．步骤

（1）建立层次结构模型。通过对研究目标进行全面、系统的分析，归纳出影响研究目标决策的一级因素及相应的下级因素，从而构成一个从上而下的多级层次结构模型，一般分为3层，最上面为目标层，最下面为要素指标层，中间为属性层。

（2）构造判断矩阵。判断矩阵是AHP的基本信息，它是通过对子层次就其共同构成的上一层因素而言的重要性进行赋值来建立的，通过重要性标度（表4－1）将各子因素两两比较判定来建立判断矩阵$\mathbf{A}=(a_{ij})_{n\times m}$，$a_{ij}$表示各子因素对相应上级因素的相对重要性。

表4－1 因素的重要性标度

标度	含义
1	对上层某因素而言，A_i比A_j同样重要
3	对上层某因素而言，A_i比A_j略微重要
5	对上层某因素而言，A_i比A_j重要
7	对上层某因素而言，A_i比A_j重要得多
9	对上层某因素而言，A_i比A_j非常重要
2、4、6、8	属于上述两个相邻判断因素的中间
倒数	A_i/A_j为a_{ij}，则A_j/A_i为$1/a_{ij}$

（3）层次单排序。层次单排序就是将同一层所有因素就对应上层因素而言排出优劣顺序，其参数值求解法见式（4－1）和式（4－2）：

$$w_i=\frac{\overline{w_i}}{\sum_{i=1}^{n}\overline{w_i}}(i=1,2,\cdots,n) \tag{4-1}$$

$$\overline{w_i}=\sqrt[m]{M_i}=\sqrt[m]{\prod_{j=1}^{m}a_{ij}} \tag{4-2}$$

式中：w_i为层次单排序；M_i为判断矩阵$\mathbf{A}$每行元素的乘积；$\overline{w_i}$为M_i的m次方根。

(4)层次总排序。即计算同一层次所有因素对于最高层的相对重要性。一般而言,完全独立结构只进行单排序,完全相关结构和混合结构需进行总排序。

(5)一致性检验。由于判断矩阵 **A** 是通过专家或评判者凭经验确定的,存在主观性,为防止评判时的偏离影响最终决策,需进行一致性检验。一致性检验通常采用一致性指标(CI)来评价[(式(4-3)、式(4-4)],当 $CI\leqslant 0.10$ 时可认为具有很好的一致性,若不符合时需对判断矩阵的标度进行调整,直到符合为止。

$$CI=\frac{\lambda_{\max}-n}{n-1} \tag{4-3}$$

$$\lambda_{\max}=\sum_{i=1}^{n}\frac{(\boldsymbol{Aw})_i}{nw_i} \tag{4-4}$$

式中:$\lambda_{\max}$ 为 n 阶判断矩阵的最大特征值;n 为判断矩阵的阶。

2. 评价指标

地埋管浅层地温能开发利用适宜性分区主要从地质条件、地形地貌、岩土体换热能力、资源分布、开发利用环境影响、开发成本等方面综合考虑。要素层确定为 4 个指标,共 10 个因子(图 4-1)。

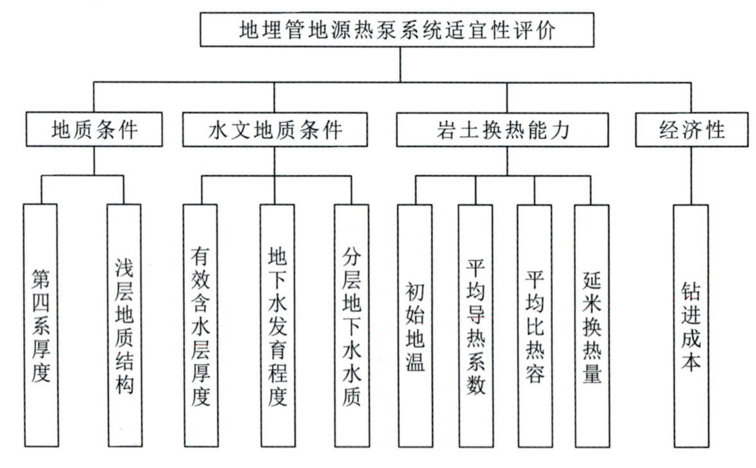

图 4-1 地埋管地源热泵系统层次分析模型结构示意图(武汉地质工程勘察院,2012)

(1)地质条件。包括第四系厚度和浅层地质结构分区 2 个因子。第四系覆盖层与下伏基岩在储热及导热性能上存在区别。基岩换热效率普遍高于第四系覆盖层,更有利于地埋管系统换热。第四系厚度是影响地埋管适宜性分区的重要因素之一。浅层地质结构分区主要指评价区内不同岩土体不同的组合方式,其换热效率及地埋管系统利用能力也不同。

(2)水文地质条件。包括有效含水层厚度、地下水发育程度、分层地下水水质 3 个因子。一般来说,含水岩土体的导热能力及储热能力均比不含水岩土体高,地下水系统越发育,含水层厚度越大,单孔换热效率越高;地埋管施工、运行过程中可能对地下水水质造成污染,或在不同水质含水层间形成渗透通道。在分区评价时需要考虑开发利用对地下水水质及多层水的影响。

(3)岩土换热能力。包括初始地温、平均导热系数、平均比热容、延米换热量4个因子。地埋管换热深度范围内岩土体的热物性反映岩土体传热能力。地层平均导热系数越高,越有利于热量扩散,产生热堆积的可能性更小;平均比热容反映了岩土体储热能力,比热容越高,则储热能力越强;延米换热量体现现场条件下单位长度岩土体实际换热能力,包含了其他未测定复杂因素影响结果。

(4)经济性。钻进条件反映了地埋管施工难易程度,地层硬度越高,结构越复杂,施工难度越大,成孔成本越高,该处地埋管系统可行性就越差。

通过对地下水源热泵运行影响因素进行分析研究,将地下水源热泵系统适宜性区划指标分为以下5个方面(图4-2):

(1)地质及水文地质条件。在地质及水文地质条件方面,主要考虑含水层结构以及含水层的出水和回灌能力。含水层结构决定着地下水资源赋存环境。渗透系数及含水层厚度较大的区域,地下水源热泵系统所能利用的地下水资源量越丰富;含水层的出水和回灌能力决定了地下水源热泵系统的可利用性及抽、回灌井的数量。对应的指标层要素为含水层出水能力和含水层回灌能力。

(2)地下水动力条件。地下水动力场特征对地下水源热泵的适宜性有较大影响,对应的指标层要素为地下水位埋深和地下水动态变化。

(3)地下水化学特征。地下水经过机组换热过程,可能引起水质变化,污染地下水。同时,地下水水质对机组运行、水质处理、热源井堵塞、地下水资源保护等有很大影响。对应的指标层要素为地下水水质。

(4)开采能力及环境影响。不同地段地下水资源可开采量、开采区划是开发利用的基础条件。开采地下水可能引发的环境地质问题更不容忽视,在武汉市易诱发岩溶地面塌陷的地区,已明文禁止开采地下水。因此,环境影响方面主要是评价因抽水可能引起的地面沉降问题。对应的指标层要素为地下水开采能力和地面沉降易发性。

(5)施工成本。地下水源热泵系统建设成本由其施工条件及地下水利用难易程度等决定,能反映地源热泵系统建设的难易。对应的要素指标为钻井成本。

3. 综合评价

利用ArcGIS软件,将各单元格的各项要素根据评分标准表进行赋分;再采用Disixihoudu综合指数法,对各项属性赋值与其相对应的权重值相乘;然后求和,即可得出各区域的适宜性评价最终得分。根据得分确定地源热泵系统各个适宜区的分数范围(表),绘制分区图,对影响分区的特殊指标岩溶塌陷高易发区进行一票否决制,完成地源热泵系统适宜性分区。

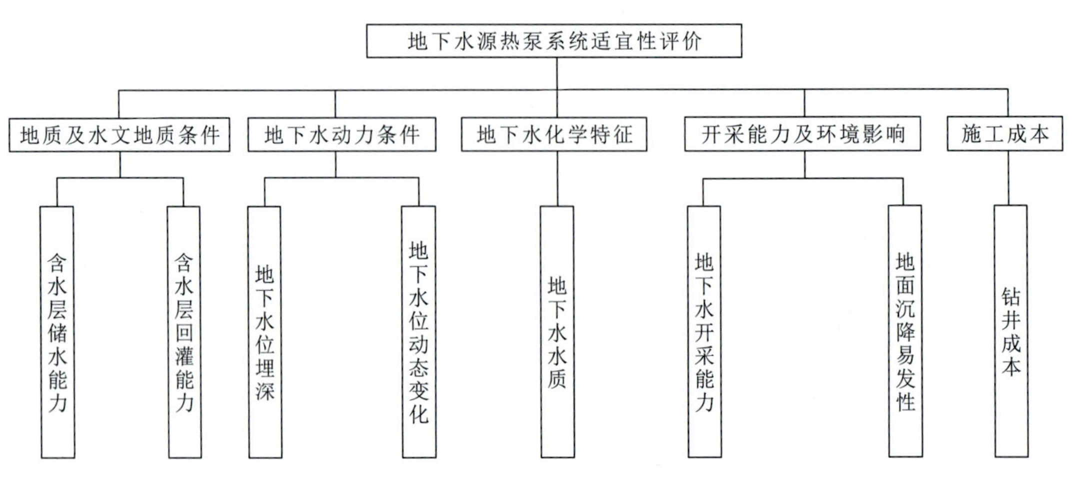

图 4-2 地下水源热泵系统层次分析模型结构示意图(武汉地质工程勘察院,2012)

四、区域浅层地温能潜力半定量评价

1. 地表水资源

1)资料收集

首先对被调查区域地表水资源的基本数据进行收集,主要包括区域内的降水量、地表水资源量和出入境水资源量。其中地表水资源量包括区域内河流和湖泊的平均深度、面积和不同季节的水温。此外还需对区域内的污水资源量进行收集。近几年来,国内各大城市加大了对污水的处理力度,合理利用污水资源,做到资源再利用,可以节约能源,利国利民。

2)地表水地热潜力计算

为了评估评价区域内地表水资源浅层地热潜力,需对研究区内分布的湖泊和河流进行评估。湖泊的温度在很大程度上受到气温的影响。根据收集到的数据,可以估算从湖泊中提取的可用热能(Milnes et al, 2013):

$$Q=V\times\rho_f\times c_f\times\Delta T \tag{4-5}$$

式中:V 为湖的体积(m^3);$\rho_f\times c_f$ 为水的比热容量($MJ/m^3\cdot K$);ΔT 为温差(K)。

考虑到地表水源热泵的可持续性,在评估可利用地热能时,湖泊的温度变化应在夏季低于气温,冬季高于气温。根据选定湖泊在一年中最热的 7 月份测得的温度,湖泊平均温度的最大变化设定为±1.0℃。季节最大可开采地热能按式(4-5)估算。

2. 地下水资源量评价

地下水资源量包括地下水资源总量和地下水可开采量。地下水资源量是指有长期补给保证的地下水补给量的总量。地下水资源量主要由大气降水入渗补给量、河流的入渗补给量、相邻含水岩组地下水的越流补给量和侧向径流补给量 4 种组成。地下水可开采量是指在经济合理的条件下，不发生因开采而造成地下水位持续下降、水质恶化、地面沉降等环境地质问题，不对生态环境造成不利影响的、有保证的可开采地下水量。地下水开采资源模数指在不使开采条件恶化、不致引起严重环境地质问题的条件下，单位时间允许从单位面积含水层中抽出的最大水量，数值上等于地下水可开采量与开采区面积之比。

考虑含水层中的开环地热系统，对地下水作为地热资源进行了评价。对于这样的系统，水通常是从含水层中抽出来的，可利用的水资源取决于含水层的岩性、厚度和水力性质。一般地下水资源主要赋存于第四系中，砂岩和石灰岩等承压含水层，由于抽水和回灌效率较低，不鼓励作为开采目标。为了估算含水层系统的浅层地温能开发潜能，对井的抽水速率进行了评估。井的水头降深和泵送速率公式为：

$$S_w = \frac{W}{4\pi KD}\lg\left(2.25\frac{KDt_{pump}}{Sr_w^2}\right) + CW^2 \tag{4-6}$$

式中：S_w 为井内水头下降(m)；W 为泵送速率(m^3/s)；KD 为渗透率(m^2/s)；t_{pump} 为抽水时间(s)，取 200d；r_w 为抽水井半径(m)，本研究中取 $r_w=0.25m$；S 为蓄水系数，本研究中取 $S=0.2$；C 为罗拉堡方程二次项系数(m^2/s^5)，本研究中取 $C=1900m^2/s^5$。

一口井的允许最大降深可确定为：

$$S_w = \alpha \times b \tag{4-7}$$

式中：α 为饱和厚度的一部分(m)；b 为含水层的厚度(m)。按照参考文献的建议，将饱和厚度减少 50%($a=0.5$)。注水井的流量取决于含水层的水力学性质，通常低于抽水速度。因此，可以根据抽水量和具体地质条件确定注水井数。

根据已知的井流量，可将 GWHP 装置的地热潜力公式转化为：

$$Q_p = W \times \Delta T \times \rho_f \times c_f \tag{4-8}$$

式中：W 是井的泵送速率(m^3/s)；$\rho_f \times c_f$ 为水的比热容量，$\rho_f \times c_f = 4.2\times10^6 J/m^3$；$\Delta T$ 为注水井和抽水井之间的温差，$\Delta T=6℃$。

3. 土壤源地热资源

1)土层基本物理性质

(1)土层一般物理力学性质。包括土层土壤类别、密度、孔隙度、液塑限指标、黏聚力、内摩擦角、变形模量等指标。

(2)土层渗透性质。一般而言，砂土层渗透性能较好，可视为含水层；黏性土层渗透性能较差，可视为隔水层；填土层的渗透性较复杂，视其成分含量不同、密实程度不同而有很大的差异。可对目标土层采样进行室内渗透试验，或者开展现场渗水试验、压水试验或抽水试验来测定土层的渗透系数值。

(3)岩土热物性。岩土的热物性与密度、湿度及化学成分有关。导热系数、导温系数随着密度和湿度的增加而变大，湿度对比热容的影响也较大。一般而言，密实程度高的岩石热传导性能一般比土体好。土体的导热系数受密实程度和含水率变化影响较大，统计数据表明砂土导热系数较高，黏土次之，淤泥最差。

2)地温监测

地温是地源热泵系统设计的重要参数,对地埋管换热效率和采热潜力具有重要意义。因此,在地源热泵系统设计之前应进行目标深度的初始地温测试与评价。目前,测试地温主要有两种方法:①在地热响应测试之前,使用无加热的介质在地埋管中循环,当进出口温度达到一个稳定值时的平均温度为地下初始温度。②钻井测井。该测温方法分为分布式光纤测温和点式温度传感器监测。可以根据工程实际精度需要,测试不同深度地下温度分布,为精细化地埋系统设计提供参数。

3)地热可开采量估算

根据所获得的地质背景、水文地质条件和热物性等资料,对地下热水系统浅层地热潜力进行了评价。浅层地热能的勘探通常采用 BHE 矩阵法,如 5m×5m 的布置方式,然后考虑季节允许温差和单位容积的热容量,对可用热量进行评估。可用热量的计算公式如下:

$$Q_{sea} = A \times \Delta T \times \sum_{i=1}^{n} d_i \times \rho_i \times c_i \tag{4-9}$$

$$Q_{net} = Q_{+} - Q_{-} \tag{4-10}$$

式中:Q_{sea} 为季节热量(MJ);A 为地表面积(m^2);ΔT 为温度变化(K),负值表示地面温度升高,正值表示地面温度降低;$\rho_i \times c_i$ 为体积热容量($MJ/m^3 \cdot K$);d_i 为地质层厚度(m);Q_{+} 为从地面提取的能量(MJ);Q_{-} 为注入地面的能量(MJ)。

此外,还考虑了不同季节地源热泵系统的可开发利用量。净能量是衡量地源热泵系统可持续性的重要参数。通过考虑 25 年的地源热泵系统运行周期和 6℃的平均温度变化,可估算出年不平衡净能量。这两个参数对于确定土壤源地热资源可开采量至关重要。

第二节　单体地源热泵系统地温能评价

根据浅层地温能的开发利用方式可以将浅层地温能评价分为地埋管地源热泵系统单体评价、地下水源热泵系统单体评价和地表水源热泵系统单体评价。

一、地埋管地源热泵系统

地埋管地源热泵系统是一个闭合的系统。它存在两种主要形式,即水平地埋管地源热泵系统和垂直地埋管地源热泵系统(图 4-3)。由于该系统内的循环液与地下岩土体没有直接接触,只存在热量交换,所以对地埋管地源热泵系统的评价包括岩土体浅层地温能资源量计算评价及地埋管换热效率评价。

1. 岩土体浅层地温能资源量计算评价

岩土体浅层地温能资源量计算评价是在地质调查的基础上进行的。根据已有实测数据或经验数据,可以利用热储法计算评价地热能储存量,计算公式如下:

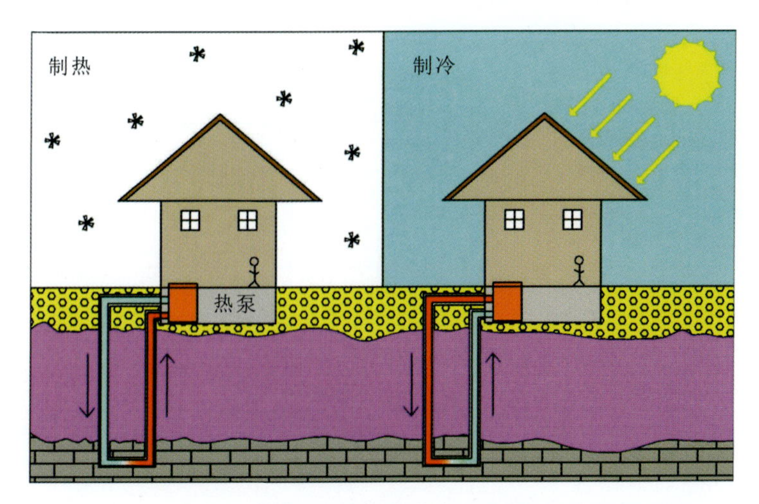

图 4-3　垂直地埋管地源热泵系统示意图(图片来源于网络)

$$Q_s=\rho_s C_s(1-\varphi)Md\Delta T \tag{4-11}$$

式中：Q_s为岩土体中的热储存量(kJ)；ρ_s为岩土体密度(kg/m^3)；C_s为岩土体骨架的比热容[kJ/(kg·K)]；φ 为岩土体的孔隙率(或裂隙率)；M 为计算面积(m^2)；d 为计算厚度(m)；ΔT 为利用温差(K)。

热储法不仅适用于松散岩层分布区的浅层地温能储存量计算评价，对于基岩地区的浅层地温能储存量计算评价也同样适用。

2. 地埋管换热效率计算评价

1)经验法则

经验法则(Ball et al，1983；Geotrainet，2011)：地埋管换热效率是浅层地温能资源评价最常用的一个参数，德国 VDI 4640—2005 规定的标准值为 50W/m。这一标准仍被当作许多住宅地埋管换热器的粗略经验法则。地埋管换热效率很大程度上取决于地质条件、地埋管换热器的规格和运行时间等。根据德国针对各种地面条件和系统要求发布的 VDI 标准(表 4-2)，可以很快查找不同岩土层地埋管换热器的每延米换热量。因此，浅层地埋管换热器的效率可以取不同岩土层换热效率的加权平均值，由以下公式计算：

$$q_{BHE}=\frac{1}{L}\sum_{k=1}^{n}(q_k\cdot L_k) \tag{4-12}$$

式中：q_{BHE}为浅层地埋管换热器的换热效率(W/m)；L 为换热器埋管深度(m)；q_k为 k 层地埋管换热器的换热效率(W/m)；L_k为 k 层厚度(m)。根据 q_{BHE}值，按表 4-3 的分级标准确定地埋管换热器潜力的高低。

表 4-2 不同条件下地埋管换热器的换热效率表

地质材料		每延米换热效率/(W·m^{-1})	
		运行 1800h	运行 2400h
导热系数	λ<1.5W/(m·K)	25	20
	λ=1.5~3.0W/(m·K)	65	50
	λ>3.0W/(m·K)	84	70
不同地层岩性	干砂、砾石	<25	<20
	饱水砂	65~80	55~65
	黏土	35~50	30~40
	灰岩	55~70	45~60
	砂岩	65~80	55~65
	酸性岩浆岩	65~85	55~70
	基性岩浆岩	40~65	35~55
	片麻岩	70~85	60~70

表 4-3 地埋管换热器应用潜力分级标准(Wang et al, 2019)

级别	差	较差	较高	高
q_{BHE}/(W·m^{-1})	<35	35~50	50~70	>70

在获得单个地埋管换热器换热效率的基础上，为了提供工程实际应用的参考值，按照每5m×5m布置一个钻孔的原则计算该地区的换热效率来评估研究区的浅层地温能，可以通过以下公式计算(Wang et al, 2019)：

$$E=\frac{q\times H\times N}{A} \tag{4-13}$$

式中：E 为研究区单位面积的换热效率(W/m^2)；q 为单个地埋管换热器的换热效率(W/m)；H 为地埋管埋深(m)；N 为研究区按照每 5m×5m 布置一个地埋管地源热泵系统所安装的地埋管换热器的总数；A 为研究区面积(m^2)。

2)理论计算

经验法适用于规模较小的地源热泵系统评价，当获得较为充分的钻孔、埋管及地下资料之后可以对地埋管换热参数进行理论计算。线热源理论是当前大多数地源热泵埋管换热器传热模型的理论基础，广泛应用于地源热泵地下同心管、U形埋管等换热器的计算。目前主要的计算参数包括钻孔热阻和地埋管换热效率。对于U形埋管换热器热阻值可采用下式计算(Zhang et al.,2014)：

$$R_1=\frac{1}{2\pi k_b}\left(\ln\frac{r_b}{r_a}+\frac{k_b-k_s}{k_b+k_s}\ln\frac{r_b^2}{r_b^2-D^2}\right)+R_p \tag{4-14}$$

$$R_2=\frac{1}{2\pi k_b}\left(\ln\frac{r_b}{2D}+\frac{k_b-k_s}{k_b+k_s}\ln\frac{r_b^2}{r_b^2+D^2}\right) \tag{4-15}$$

$$R_p=\frac{1}{2\pi k_p}\ln\frac{r_0}{r_i}+\frac{1}{2\pi r_i h} \tag{4-16}$$

$$h=0.023\mathrm{Re}^{0.8}\mathrm{Pr}^{0.3}k_f/2r_i \tag{4-17}$$

式中：D 为管中心到钻孔中心的距离(m)；h 为数据记录间隔(s)；r_b 为钻孔半径(m)；r_i 为埋管内径(m)；r_0 为埋管外径(m)；R_1 为管内流体与周围岩土体之间的热阻值(m·K/W)；R_2 为U形管之间的热阻(m·K/W)；R_p 为埋管材料的热阻(m·K/W)；Re为雷诺系数；Pr为普朗特系数；k_f 为管内流体导热系数(W/m·K)；k_s 为周围岩土体导热系数(W/m·K)；k_b 为灌浆导热系数(W/m·K)；k_p 为埋管材料导热系数(W/m·K)。

对于同心管热阻热一般采用简化模型计算，则钻孔内的热阻由3部分组成，即流体至管道内壁的对流换热热阻 R_f、塑料管壁的导热热阻 R_{pe}、钻孔封井材料的导热热阻(由管道外壁到钻孔壁的热阻 R_{be})。流体至孔壁的热阻采用下式计算(崔萍等，2003)：

$$\begin{aligned}R_e&=R_f+R_{pe}+R_{be}\\&=\frac{1}{4\pi r_i h}+\frac{1}{2\pi k_b}\ln\left(\frac{r_b}{\sqrt{2}r_p}\right)+\frac{1}{2\pi k_p}\ln\frac{\sqrt{2}r_p}{\sqrt{2}r_p-(r_p-r_i)}\end{aligned} \tag{4-18}$$

式中：k_b 为钻孔与管子之间填充材料的导热系数[W/(m·K)]；r_b 为钻孔半径(m)；r_p 为管子的外径(m)；r_i 为管子的内径；k_p 为管材导热系数[W/(m·K)]；k 为孔外地层的导热系数[W/(m·K)]。

此外，钻孔换热效率的估算可以通过线热源或者柱热源理论进行估算，该估算需要已知钻孔半径、井壁温度(拟或用流体平均温度代替)和初始地温、地层综合导热系数等参数，具体参考公式(3-5)～公式(3-8)。

3)现场试验

目前获得钻孔地埋管换热效率最直接有效的评价方法是现场地热响应测试，测试过程通过对埋管进出口流量、水温、加热功率等进行记录。地埋管测试方法在本书第三章第二节进行了阐述，此处不再赘述。通过现场试验可以对地埋管的换热性能进行评价，主要评价指标有钻孔热阻系数和单位延米换热效率两个参数，具体评价方法参照公式(3-14)和公式(3-15)。其中，单位延米换热效率可以用于峰值荷载下地埋管总长度计算。

4)数值计算

相比于理论计算，由于数值计算所采用的假设条件更少，因而更加准确，可实现不同时间和复杂地层上地埋管传热过程的准确预测。常用的数值模型较多采用了有限差分法、有限体积法以及有限元法，也有很多研究者采用商业软件来进行计算分析，如Earth Energy Design (EED)、Open Geothermal System (OGS)、Finite Subsurface Flow (FEFLOW)、COMSOL Multiphysics、ANSYS、FLUENT、TOUGH和Computational Fluid Dynamics (CFD)等。针对几个小时内的短期地埋管传热过程，数值模型的预测结果较有限长线热源模型更为准确。同时，数值模型也更适用于对地质分层、渗流等复杂地质情况进行分析。

对地埋管换热器性能的评价指标从不同时间尺度上可分为短期、中期和长期换热性能。数值分析还适用于对复杂地质分层、地下渗流等复杂地质情况下地埋管的换热性能进行分析。此外，还可以对各个系统性能影响因素的影响机制进行数值分析。系统性能的影响因素分为内部因素和外部因素。外部因素一般指地埋管系统所承受的来自建筑末端的负荷，地埋管换热器的传热性能与它所承担的负荷特征有关，不同功能的建筑所具有的负荷特性不同，因此系统的运行情况也会有所差异。内部因素一般指地埋管系统自身所受到的影响因素，包括埋管构造、管群布局、岩土物性和地质结构等。Noorollahi 等（2018）将地埋管系统内的主要影响因素分为 3 类：管内参数（速度、进水温度和流体）、水管参数（管径、管距、两管间中心距离、水管排布、管材）和管外参数（管深、钻孔深、钻孔径、回填材料）。

5）系统实际运行效果评价

地源热泵实际运行效果的监测对热泵机组的性能进行测试，主要在系统正常投入使用之前。现场主要对地源热泵系统的实际运行性能进行测试。能效检测方案根据测试时间的长短分为两种，即短期测试和长期测试，二者的主要区别在于测试周期不同。短期测试时间一般为 4～7d；长期测试时，夏冬两季的周期需要与制冷季和供暖季保持同步，均为 3 个月，适合于安装有智能测试系统的地下水源热泵系统。

地源热泵系统一般由地埋管、热泵系统（Heat Pump，HP）和室内终端系统组成，而系统总体的性能由地埋管和热泵两部分决定。根据《家用和类似用途热泵热水器》（GB/T 23137—2008）一般采用系统性能系数（Coefficient of Performance，COP）来衡量热泵机组（HP）的工作效率，其本质含义是热泵供热量与耗电量之比，即：

$$COP_{HP}=\frac{Q_{HP}}{W_{HP}}=\frac{1.163\times U\times(T_2-T_1)/1000}{W_{HP}} \tag{4-19}$$

式中：Q_{HP}为热泵系统制热量（kW·h）；W_{HP}为热泵系统耗电量（kW·h）；U 为制热水能力（L/h）；T_2 为出水温度（℃）；T_1 为进水温度（℃）。

系统 COP 值采用下式计算：

$$COP_{system}=\frac{Q_{HP}}{Q_{wp}+Q_{HP}} \tag{4-20}$$

式中：Q_{HP}为系统制热量（kW·h）；Q_{wp}为水泵在使用地埋管时所消耗的能量（kW·h）。

当系统为空气换热器和地埋管换热器耦合系统时，系统 COP 值可采用下式计算：

$$COP=\frac{Q_A+Q_{HP}}{Q_{wp}+W_{HP}+W_{AF}} \tag{4-21}$$

式中：Q_A 为空气换热器所覆盖建筑的热负荷（kW·h）；Q_{HP}为热泵系统制热量（kW·h）；W_{HP}为热泵系统耗电量（kW·h）；Q_{wp}为循环水泵在使用地埋管时所消耗的能量；W_{AF}为使用空气换热器循环风机消耗的能量（kW·h）。

6）经济性评价

（1）成本回收期。成本回收期是指运营节约成本等于资本成本的时间（一般以年为单位），它对一项投资的经济效益评价具有重要的价值。值较小时表示收回成本所需的时间较短，并且在此期间具有更好的经济盈利能力。

(2)收益投资比(Saving - to - Investment Ratio，SIR)。当时间尺度大于系统的成本回收期时，成本回收期不适合评价系统的性能。为了对系统成本进行深入分析，我们对系统的收益投资比 SIR 进行了估算。SIR 是一种性能系数，用于评估一项投资的效率，可用来比较多个不同投资的效率。计算 SIR 时，采用投资收益除以投资。结果以百分比或比率表示。SIR 大于 1 的投资意味着投资在经济上是可行的。SIR 还可用于对项目备选方案进行排名，以确定哪种方案对有限投资基金具有最高的储蓄潜力。一般而言，SIR 可简单计算如下：

$$\mathrm{SIR}=\frac{E}{C_{\mathrm{C}}}\times 100\% \tag{4-22}$$

式中：E 为系统运行营利(元/a)；C_{c} 为资本成本(元)。

(3)钻孔成本评估。钻孔成本被认为是地源热泵的主要投资成本之一。岩土体的可钻性在钻孔成本中起着主导作用，因此可以从岩土体的可钻性角度分析评估钻孔成本。

岩土可钻性分析：岩土体的物理力学性质对钻孔换热器的可钻性起着重要影响作用。基于以往研究，岩石的单轴抗压强度和土体的颗粒级配被用来评估岩土的可钻性级别。为确定岩土体的可钻性等级，将采集的土样放在 105～110℃的烘箱中干燥 24h 后，进行筛分分析和颗粒级配分析。对岩石而言，从基岩露头或钻孔岩芯中采集岩样，并切割成直径为 50mm、长度为 100mm 的圆柱形，采用 MTS 测定其抗压强度。根据《工程岩体分级标准》(GB/T 50218—2014)以及《工程勘察设计收费标准》(2002 年修订本)岩土体按表 4 - 4 进行分级。

表 4 - 4　岩土可钻性分级标准

岩土体可钻性级别	Ⅰ	Ⅱ	Ⅲ	Ⅳ	Ⅴ	Ⅵ
土体	$d_{50}\leqslant 0.005$	$0.005<d_{50}\leqslant 0.0075$	$0.0075<d_{50}\leqslant 2$	$2<d_{50}\leqslant 50$	$50<d_{50}\leqslant 100$	$d_{50}>100$
岩石	—	$P\leqslant 5$	$5<P\leqslant 15$	$15<P\leqslant 30$	$30<P\leqslant 60$	$P>60$

注：表中 d_{50} 为非均粒土累计曲线上累积含量为 50%所对应的粒径(mm)；P 为饱和状态下的单轴抗压强度(MPa)。

钻孔成本分析：根据《工程勘察设计收费标准》(2002 年修订版)，考虑岩土体可钻性级别，可简单估算不同深度的钻孔成本单价，见表 4 - 5。层状地层中钻孔成本包括岩石层钻孔成本和土层钻孔孔成本，计算公式如下：

$$C_{\mathrm{bhe}}=\sum_{i=1}^{m}C_{\mathrm{soil}}^{i}\times L_{\mathrm{soil}}^{i}+\sum_{j=1}^{n}C_{\mathrm{rock}}^{j}\times L_{\mathrm{rock}}^{j} \tag{4-23}$$

式中：C_{bhe} 为钻孔换热器的钻孔成本(元)；C_{soil} 为土层中 BHE 的钻孔成本单价(元/m)；T_{soil} 为土层的厚度(m)；C_{rock} 为岩石层中 BHE 的钻孔成本单价(元/m)；T_{rock} 为岩石层的厚度(m)。

表 4-5 不同深度下不同可钻性级别的岩土体钻孔费用表

C_b(元/m)		可钻性级别					
		Ⅰ	Ⅱ	Ⅲ	Ⅳ	Ⅴ	Ⅵ
深度/m	$D\leqslant10$	46	71	117	207	301	382
	$10<D\leqslant20$	58	89	147	259	377	477
	$20<D\leqslant30$	69	107	176	311	452	573
	$30<D\leqslant40$	82	127	209	368	536	680
	$40<D\leqslant50$	98	151	249	439	639	809
	$50<D\leqslant60$	109	168	277	489	711	901
	$60<D\leqslant80$	121	187	307	542	789	1000
	$80<D\leqslant100$	132	204	335	592	862	1092
	$D>100$	在上述成本的基础上，每增加 20m 钻孔深度，乘以系数 1.2					

注：表中 C_b 为钻孔换热器单位长度的钻孔成本(元/m)。

二、地下水源热泵系统

地下水源热泵系统结构如图 4-4 所示，系统分为冷汇/热源端、热泵机组和室内终端三部分。冷汇/热源端由抽水井与回灌井组成，利用地下水提取浅层地温能资源进行供暖或制冷。因此，对地下水源热泵系统进行资源及潜力评价应包括地下水浅层地温能资源储存量计算评价、地下水源热泵换热效率评价及地下水水质评价。

1. 地下水浅层地温能资源储存量计算评价

在地质调查的基础上，同样可以采用热储法分别计算评价包气带和饱水带地下水地温能储存量[《地热资源地质勘查规范》(GB/T 11615—2010)]：

(1)在包气带中，地下水浅层地温能热容量按下式计算：

$$Q_w=\rho_w C_w \omega M d_1 \Delta T \tag{4-24}$$

式中：Q_w 为岩土体所含水中的热储存量(kJ)；ρ_w 为水的密度(kg/m^3)；C_w 为水的比热容[kJ/(kg·K)]；ω 为岩土体的含水量；M 为计算面积(m^2)；d_1 为计算厚度(m)；ΔT 为利用温差(K)。

(2)在饱水带中，地下水浅层地温能热容量按下式计算：

$$Q_w=\rho_w C_w \varphi M d_2 \Delta T \tag{4-25}$$

式中：d_2 为含水层厚度(m)；其余符号意义同上。

在场地长期动态监测数据的支撑下，可以采用水热均衡法了解地下水的水-热储存量和水-热补排情况。

(1)水均衡计算公式：

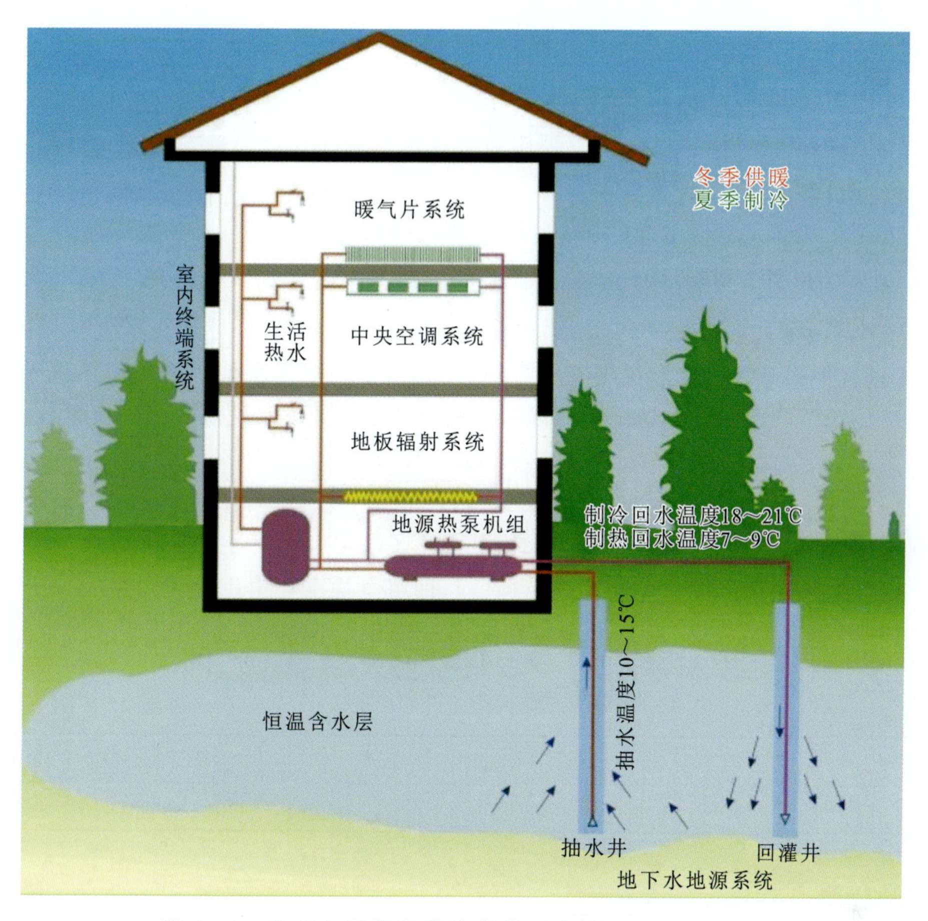

图 4－4　地下水源热泵系统结构示意图(图片来源于网络)

$$q_{win}=q_{wout}+\Delta q_{w} \tag{4-26}$$

式中：q_{win}为补给量(m^3/d)；q_{wout}为排泄量(m^3/d)；Δq_{w}为储存量的变化量(m^3/d)。

在包气带，土壤水分的补给项有降水入渗量、灌溉入渗量等；排泄项有植物蒸腾量、土面蒸发量、下渗补给地下水的量等。

地下水补给项有降水入渗量、灌溉入渗量、渠系入渗量、河流入渗量、侧向补给量、越流补给量等；排泄项有潜水蒸发量、人工开采量、侧向排泄量、泉排泄量、河流排泄量、越流排泄量等。

(2)热均衡计算公式：

$$Q_{in}=Q_{out}+\Delta Q \tag{4-27}$$

式中：Q_{in}为热收入量(kW)；Q_{out}为热支出量(kW)；ΔQ为热储存量的变化量(kW)。

在包气带，热的收入项有太阳照射热量、大地热流量、地表水(泉)向土壤散发的热量、侧向传导流入的热量等；支出项有向大气散发的热量、向地表水(泉)散发的热量、侧向传导流出的热量等。

在地下水中，热的收入项有太阳照射热量、大地热流量、水补给带来的热量、侧向传导流入的热量等；支出项有向大气散发的热量、水排泄带走的热量、侧向传导流出的热量等。

2. 地下水源热泵换热效率评价

地下水源热泵系统换热功率可以采用地下水量折算法计算[《地热资源地质勘查规范》(GB/T 11615—2010)]：

$$Q_h = q_w \rho_w C_w \Delta T \times 1.16 \times 10^{-5} \tag{4-28}$$

式中：Q_h为地下水源热泵的换热功率(kW)；q_w 为地下水循环利用量(m^3/d)；ΔT 为地下水利用温差(K)，一般允许的温度变化小于±6℃。

为了进一步提供具有工程实用的参考值，在获得单井地下水地源热泵换热效率的基础上，根据地下水井的实际分布情况可以通过下式计算场地地下水地源热泵的换热效率：

$$E = \frac{Q_h \times N}{A} \tag{4-29}$$

式中：N 为研究区内地下抽水井的数量；A 为研究区面积(m^2)。合理的抽水间距对地下水源热泵非常重要，一般取抽水井的影响半径(r)，即每个抽水井占用面积约为 $a=\pi r^2$。根据计算的换热效率 E 值，按表 4-6 的分级标准确定地下水源热泵的应用潜力。

表 4-6　地下水源热泵应用潜力分级标准表(Wang et al, 2019)

级别	差	较差	较高	高	极高
$E/(W \cdot m^{-2})$	<50	50～100	100～150	150～200	>200

3. 地下水水质评价

水源热泵用地下水水质的基本要求是清澈、水质稳定、不腐蚀、不滋生微生物或生物、不结垢、不阻塞等。地下水对水源热泵机组的有害成分有铁、锰、钙、镁、二氧化碳、溶解氧、氯离子等。水源热泵用地下水水质参考标准见表 4-7。

表 4-7　地下水地源热泵水质要求表

[《地源热泵系统工程技术规范》(GB 50366—2005)]

序号	项目名称	允许值	序号	项目名称	允许值
1	含砂量	<1/20 万	9	CaO	<200mg/L
2	浊度	≤20NTU	10	SO_4^{2-}	<200mg/L
3	pH 值	6.5～8.5	11	SiO_2	≤50mg/L
4	硬度	≤200mg/L	12	Cu^{2+}	≤0.2mg/L
5	总碱度	≤500mg/L	13	矿化度	<3g/L
6	Fe^{2+}	<1mg/L	14	油污	<5mg/L
7	Cl^-	<100mg/L	15	游离 CO_2	<10mg/L
8	游离氯	0.5～1.0mg/L	16	H_2S	<0.5mg/L

4. 地下热突破

地下水源热泵系统在节能性、经济性和环保性方面有许多突出的优势，同时在使用过程中也可能引起相应的环境地质问题，其中包括了不合理的井水布置等导致抽回灌井之间产生热突破，严重影响了地下水源热泵系统的换热性效率。

热突破的原理是地热水在地下含水层中的位移扰动和热传递现象共同作用产生影响。在地源热泵系统运行的过程中，取用地热水和加压回灌地热水的过程打破了地热水含水层的稳定与平均状态，各个井之间产生了地热水压力扰动，这样就导致在抽水井与回灌井的范围内产生了对流传热的作用，进而使地热水不能以回灌井为中点向四周不断传播，相反在地下水发生位移的过程中不断伸展运动，使地下水的能量注入抽水井，降低了取热的能量和质量。还有，热突破作用提高了地热水从抽水井向回灌井的位移速度。

热突破现象对整个系统运行产生的影响是十分恶劣的。第一点是降低了取热的质量和能量，降低了供水与回水的温度变化，让整个系统运行的效率严重降低，导致整个供热系统运行效率下降迅速。第二点是不能满足住宅和公建供热指标。第三点是系统在低运行效率下使用地热资源损耗了非常多的电力资源。所以说，研究热突破现象的产生机理和干扰因素，最大限度减少热突破现象形成抑或是拖迟热突破效果所需时间，是保证地源热泵系统持续高效运行的重中之重。为了避免由于循环抽取回水造成热突破进而降低地源热泵系统的效率，需要限制井之间的距离。考虑抽水速率、含水层导水率和水力梯度等因素，抽、注水井最小井距计算如下(Banks,2012)：

$$L > \frac{2W}{KD\pi i} \tag{4-30}$$

式中：W 为抽水速率(m^3/d)；KD 为含水层的导水率(m^2/d)；i 为水力梯度。

影响热突破的机理有很多，有学者通过建立了地热水供热系统的地下热水位移动含水层的储能耦合数值模型对热突破机理开展分析，研究发现在水文地质参数中，热突破现象受渗流速度影响很小；岩土密实度与地热水系统取热层的厚度正相关，前者越大，后者也随之增大，热突破也就越不明显。抽水井和回灌井之间的距离与取热层中的地下热水流速负相关。若建筑的热负荷发生扰动时，抽地下热水位移量与热突破成正比例关系，取热温度与回水温度之差的变化与热突破成正比例关系；当热负荷不产生变化时，以大温度变化小流量的不间断工作方案能够有效减弱热突破发生。但凡存在水力坡度，不管它与井间连线的指向如何，只要水力坡度变化明显，热突破均呈现出削弱趋势。

5. 抽灌引起的环境地质问题评价

地下水源热泵系统传统的锅炉系统和空气源热泵系统，具有绿色和经济等优势，但在热泵系统运行过程中也存在一定的缺陷，特别是开放式地下水源热泵系统在取热单元中，抽注水作用会引起相应的环境地质问题，主要体现在回灌引起地下水质污染，地面沉降、长期热泵运行对区域温度场产生热污染，抽注水引起含水层顶板变形破坏等方面。

1)水质污染

地下水源热泵系统运行过程中,抽水作用使得地下水离开原始的赋存环境,其温度、压力、含氧量等外部条件发生变化,造成水中离子成分和含量发生一定的变化,经过热泵系统热交换直接回灌会对当地的地下水质产生一定的影响。例如沈阳某地下水源热泵系统运行过程中,由于设备密闭性较差的原因导致地下水源热泵系统铁离子含量有明显的增加(公辉,2016)。

2)地面沉降

抽水作用降低了含水层孔隙水压力,根据经典土力学中有效应力原理,降低孔隙水压力增大土体中有效应力,从而造成了土体的压缩变形。在地下水源热泵系统运行过程中,抽取的地下水并不能完全回灌至含水层中,抽注水在不同的区域进行,这样会导致抽水区域孔隙水压力减小,造成地面沉降,严重情况下会对抽水区域周围建筑物稳定性产生一定的威胁。

3)地下热污染

地下水源热泵系统是将地下水中低品位热能转化为可利用的高品位热能,在冬季制热工况下经热泵机组热交换后回灌至含水层中的水温低于初始含水层水温,相反夏季制冷工况条件下回灌至含水层中的水温要高于初始含水层水温。由于地层本身具有一定的储热能力以及热扩散能力较差的缘故,长期使用地下水源热泵系统同样会造成区域地温场温度发生改变,由此导致一系列问题的发生。通过对北京某一地下水源热泵系统运行引起的地下温度场变化进行研究表明,根据热泵系统运行的强度,在未来5a的运行过程中会导致热泵区域地下温度场上升0.3~0.7℃(张远东,2009);对某地下水源热泵系统在建筑物冷热负荷相同的情况下进行地下温度场实测发现,热泵系统运行仍然会对地下温度场产生一定的影响(王慧玲,2011)。

4)含水层及顶板破坏

地下水源热泵系统抽取的地下水需要按照一定的比例进行回灌,一般情况下选择加压回灌的方式进行含水层的水量补给,然而由于回灌水水质发生一定的变化以及回灌操作不当等原因,会对含水层及含水层顶板产生一定的破坏。研究表明含水层中细颗粒在地下水流的作用会通过大于本身直径4倍的孔隙,产生细颗粒运移,最终会导致细颗粒在含水层中的堵塞,回灌效率低下,赵军等(2015)通过物理模型揭示了地下水源热泵系统回灌井周围含水层颗粒不均匀性为细颗粒沉淀提供"温床"并最终产生了堵塞的机理,钟祥市某地下水源热泵系统在回灌过程中产生了含水层隆起变形破坏等现象。

6. 系统氧化与结垢评价

热泵换热器结垢对热泵机组的换热性能有比较大的影响,根据污垢形成的特点可以将污垢分为微粒污垢、析晶污垢、沉淀污垢、腐蚀污垢、生物污垢、化学反应污垢以及凝固污垢,污垢的形成过程基本上可以分为起始、运输、附着、剥蚀、老化5个阶段;Abd-Elhady等(2013)通过对废气再循环冷凝器的微粒形成过程进行研究,将微粒污垢的形成过程分为细微粒污垢堆积过程、粗微粒污垢堆积过程,直至最终污垢热阻达到定值。

水体中微粒污垢的形成主要经过运输和堆积两个过程,同时热泵污垢的形成主要是包括了3个方面的因素，第一个是换热器中流体的性质因素，第二个是换热器材质因素，第三个是换热器运行条件的因素，其中起主导作用的是前两个因素。比如江水源热泵结垢的主要因素是江水中的含沙量和浊度，并且形成污垢的主要成分是小颗粒泥沙，而污水源热泵的污垢是以指数规律增长的，并且污垢的生长速度和污垢热阻与管内流速有直接关系。

7. 实际运行效果与经济性评价

1)系统性能系数

(1)制热能效比(COP)。GSHP系统的性能在很大程度上取决于室内机的散热性能和压缩机的能耗。但由于系统运行期间的能量损失往往被忽略，因此GSHP系统的性能可能被高估。在本工作中，评估系统性能考虑了整个系统运行中的传热过程，包括建筑物的热负荷、系统运行时的能量损失和输入功率。制热性能由性能系数(COP)表示，计算公式见式(4－19)～式(4－21)。

(2)制冷能效比(EER)。在夏季制冷模式下，热泵关闭，运行GSHP系统的输入功率仅由循环水泵消耗的能量组成。因此，制冷性能可表述为：

$$\mathrm{EER}=\frac{Q_{\mathrm{b}}-Q_{\mathrm{el}}}{Q_{\mathrm{cp}}} \tag{4-31}$$

式中：Q_{b} 为建筑物热负荷(kW·h)；Q_{el}为系统运行时的能量损失(kW·h)；Q_{ep}为流体循环泵消耗的功率(kW·h)。

(3)季节能效比(SEER)。SEER定义和EER的定义完全不同，其测算方式也有差异。对于EER的测算，空调的能力和能效只要通过一个工况测试就可以完全获得，而对于SEER的测算，由于测算过程中需要考虑系统开/关循环损失和累加能源消耗量的影响，空调的能力和能效需要通过不同工况条件下测试并通过一系列的加权计算才可以获得最终结果。

三、地表水源热泵系统

地表水源热泵系统分为开式地表水换热系统和闭式地表水换热系统。它们以地表水为冷热源，因此在使用时应靠近地表水源地。对地表水源热泵系统潜力评价主要为对地表水(江、河、湖泊等)进行资源评价。

根据江、河、湖泊的体积、水流流量及允许的温度变化可以估算地表水地温能资源量，可由以下公式计算(Milnes et al，2012)：

$$Q=V\times\rho_{\mathrm{f}}\times c_{\mathrm{f}}\times\Delta T \tag{4-32}$$

式中：Q 为地表水储存的地温能(kJ或kW)；V 为湖泊的体积($\mathrm{m^3}$)或河流的流量($\mathrm{m^3/s}$)；$\rho_{\mathrm{f}}\times c_{\mathrm{f}}$ 为水的热容量[$\mathrm{MJ/(m^3\cdot K)}$]；ΔT 为允许的温度变化(K)。

第五章　浅层地温能调查评价应用实例

根据本书以上所述的地热能调查和评价方法，本章主要介绍几种不同尺度下不同类型的浅层地温能调查应用实例。浅层地温能调查应用实例分为区域和个体两种尺度，其中区域浅层地温能调查和评价在本书中以武汉市为例；个体浅层地温能应用实例又分为地下水源热泵和地埋管换热器两种模式，地下水源热泵系统实例为湖北省钟祥市农青园艺公司3期大棚地下水源热泵系统，地埋管换热系统实例为德国纽伦堡的一处办公楼地埋管换热系统。

第一节　区域浅层地温能调查评价实例

一、武汉市浅层地温能调查

1. 自然地理概况

武汉市是湖北省省会，地处华中腹地，位于江汉平原东部，南北扼京广线之咽喉，东西锁长江之要塞，长江与汉江在此交汇(图5-1)。武汉市地理位置为东经113°41′—115°05′，北纬29°58′—31°22′。在平面直角坐标系上，东西最大横距134km，南北最大纵距155km，东连黄冈市、大冶市、鄂州市，西临仙桃市、汉川市、孝感市，南接咸宁市、嘉鱼县、洪湖市；北靠大悟县、红安县、麻城市。

武汉市素有“九省通衢”之称，京广、京九、焦柳、武大等铁路干线在武汉相交，京珠、沪蓉、武黄、汉宜等高级公路从武汉穿过，为南北铁路和公路的交通枢纽。长江自西向东贯穿武汉市，长江最大的支流——汉江在武汉市汇入长江，是东西航运的黄金水道。

武汉市属亚热带大陆性季风气候，具有四季分明、气候温和、雨量充沛的气候特征。冬夏温差大，历年7月份气温最高，日平均气温气温为28.8～31.4℃，极端最高气温41.3℃(1934-08-10)；历年最低气温为1月，日平均气温为2.6～4.6℃，极端最低气温为-18.1℃。每年7—9月为高温期，12月至翌年2月为低温期，并有霜冻和降雪发生。多年平均降水量为1 252.2mm，最大年降水量为1 888.6mm(1983年)，最大月降水量为820.1mm(1987年6月)，最大日降水量为317.4mm(1959-06-09)，最小年降水量为824.8mm(1966年)。降雨一般集中在4—8月，约占全年降雨量的60%，其中6月份最大，最大降雨量达669.7mm，12月份降雨量平均仅为32mm。年平均蒸发量为1 447.9mm。最大风速为 27.9m/s(1956-03-06 和 1960-05-17)。多年平均雾日数为 32.9d。年平均绝对湿度为 16 400Pa,年平均相对湿度为 75.7%。

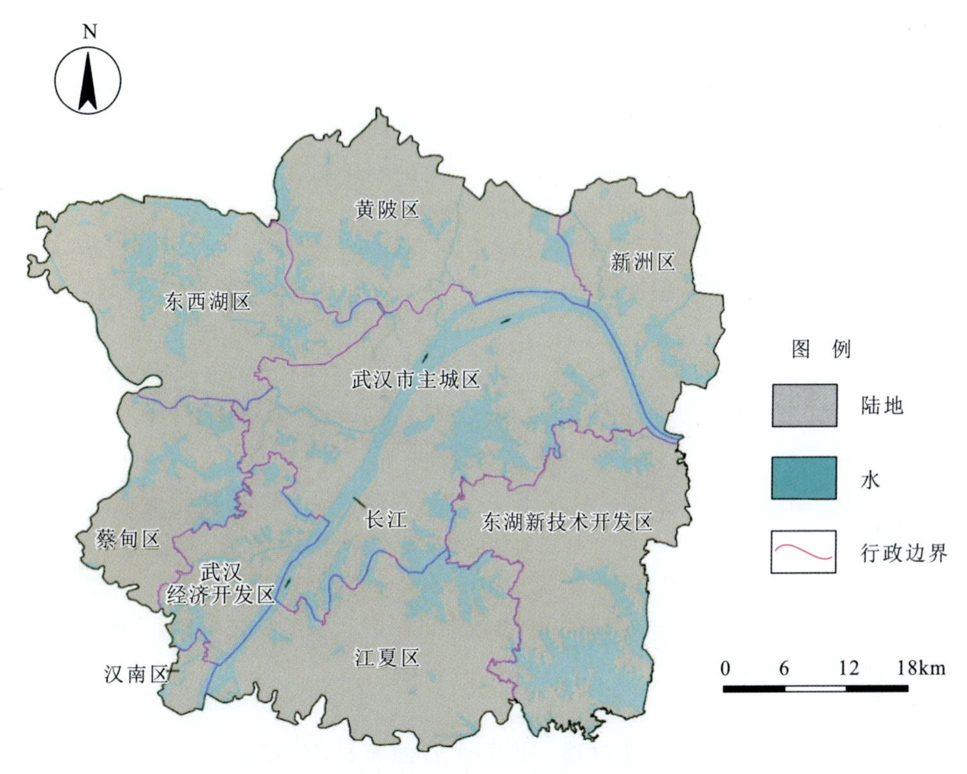

图 5-1　武汉市区(含东西湖区)行政分区图

2. 工程地质条件

1)地形地貌

武汉市位于鄂东北大别山丘陵和鄂东南幕阜丘陵之间,处于江汉平原的东部,总的地形为北高南低,以丘陵和平原相间的波状起伏地形为主,黄陂区北部和新洲区以东部分地区则有低山地形显示。市内中间低平,南北垄岗、丘陵环抱,北部低山耸立。海拔最高点 873.7m,在黄陂区与孝感市交界处的双峰尖;最低点 11.3m,在江夏区豹澥后湖。

整体上看,武汉市自北而南有相互平行的三列低山丘陵带,在平面上呈北西西向或近东西向条带状断续排列。物质成分主要由志留系砂页岩、泥盆系石英砂岩和二叠系硅质岩等组成,海拔高度为 50～200m。从研究区的低山丘陵构造上来看,除磨山为向斜山外,其余皆为背斜山,其南北两侧不对称,一般北坡较陡,南坡较缓。山顶多呈椭圆形或穹形,山坡呈凹形。其中高程在 100m 以下的丘陵丘顶浑圆、丘坡和缓,坡角一般在 15°～30°之间,坡麓发育有坡积裙;海拔在 100m 以上的山顶呈孤山状,例如磨山、洪山、喻家山、大军山、八分山、介子山等。低山丘陵在垂直方向上发育三级剥夷面,海拔分别为 50～70m、70～150m 和 150～200m。

2)地质构造

武汉市属扬子陆块区下扬子陆块之鄂东南褶冲带的四级构造单元——武汉台地褶冲带。该台地褶冲带由古生代—中生代沉积地层组成,其间发育规模不大的山间凹陷或断陷小红盆,多被第四纪堆积物覆盖,零星露头主要为志留纪、泥盆纪和二叠纪地层。区内经多期构造改造过程,以褶皱为主,断裂也十分发育。构造运动按作用特点和相互关系,大致可划分为加里东-海西期、印支期和燕山期三大阶段,目前所展现的构造形迹主要是印支期和燕山期的产物,以近东西向线状褶皱和近东西向、北西向、北北(东)向脆性断裂为主,构造连续性好、特征清晰,宏观上表现为近东西向的线状。

研究区东南一隅属梁子湖凹陷,凹陷呈北北东向展布,与襄广断裂北的麻城盆地处于同一构造线上,可能同属团麻断裂控制。

3)地层岩性

武汉市区分布古生代至新生代地层。古生界地表出露不广,多隐伏于新生界之下。新生界新近系地表未见出露,埋于第四系松散堆积物之下。松散堆积物分布广泛,约占武汉市区总面积的1/3。

第四纪以来,武汉地区地壳运动处于沉降时期,因此表层大面积覆盖了第四纪地层。第四系中更新统主要为洪冲积黏性土;上更新统为洪冲积砂砾石、粗砂、粉细砂、黏性土;全新统下部为冲积砂砾石、粗砂、粉细砂,上部为一套湖积-冲积堆积形成的粉土、粉质黏土、黏土、淤泥质土、淤泥。武汉市土层下基岩种类较多,主要为中生代沉积岩,具体种类有泥岩、砂岩、灰岩、硅质岩、砾岩等。各地层特性见表5-1。

4)水文地质

武汉地区地表水系发达,沟渠纵横。地表水资源充足,水域面积2 205.06km²,占总面积的25.79%,居内陆省会城市之首。武汉市为内陆城市,地表水系以长江为干流,汉江、府环河等支流向长江汇聚,湖泊、沟渠、塘堰星罗棋布。中更新世时,境内属古云梦泽边缘部分,几经地壳升降形成今日江湖密布、港汊交错的特征。

从湖泊枝叉发育方向分析,境内湖泊的发育与北东向、北北西向断裂构造形迹密切相关,属构造湖。据湖泊所处地貌单元分析,可分为两种类型:其一处于低垄岗平原区;其二处于一级阶地区。

处于低垄岗平原区的湖泊,是因中更新世末地壳上升、古云梦泽退缩形成的残留湖。境内东湖、严西湖、南湖、汤逊湖、梁子湖、鸭儿湖、墨水湖、后官湖、南太子湖等均属此类。该类湖泊处于垄岗平原地势低洼处,水面标高18m左右,湖水由窄小水道向低级阶地缓缓排泄。由于区内挽近期地壳升降运动具自北向南掀斜特征,故此类湖泊反映了北浅南深的特点。据东湖调查资料,湖水北浅南深,水深2~6m,平均深度2.3m左右,湖底沉积淤泥类软土最厚可达4m。其次,湖泊南、北两岸坳沟发育情况是北岸坳沟多且伸延远,南岸相对少而短。

处于一级阶地区的湖泊,是由全新世地壳掀斜升降,导致河床摆动、壅塞形成的。境内北湖、沙湖、什湖、东西湖、武湖等均属此类。该类湖泊湖水浅,也具北浅南深的特征,由窄小水道向长江、汉江排泄。此类湖泊由于近代人类围垦筑垸,湖面逐渐缩小,有的已不复存在,仅留下湖盆洼地的形迹,如东西湖。

表 5-1 武汉城市地质调查岩土地层表

界	系	统	组		代号	地层编号及岩土名称		
新生界Cz	第四系Q	新近堆填				(1)单元层	(1-1)杂填土	
							(1-2)素填土	
							(1-3)冲填土	
							(1-4)淤泥(塘泥)	
			露头区	覆盖区				
		全新统	走马岭组		Qhz	(2)单元层	(2-1)一般黏性土、淤泥质土	(2-1-1)粉土
								(2-1-2)黏性土
								(2-1-3)黏性土
								(2-1-4)淤泥质土、淤泥
							(2-2)黏性土、粉土、砂土互层	
							(2-3)砂层	(2-3-1)粉砂
								(2-3-2)粉细砂
								(2-3-3)粉细砂
							(2-3a)	(2-3a)黏性土
							(2-4)砾卵石层	(2-4-1)中粗砂夹砾石
								(2-4-2)砾卵石
		上更新统	青山组		Qp_3q	(3)单元层	3-1	(3-1-1)砂土、粉土层
			下蜀组		Qp_3x			(3-1-2)黏性土
								(3-1-3)黏性土
								(3-1-4)黏性土夹碎石
								(3-1-5)黏性土与砂土过渡层
		中更新统		辛安渡组	Qp_2x		3-2	(3-2-1)黏性土
								(3-2-2)砂土
								(3-2-3)砾卵石
			王家店组		Qp_2w		3-3	(3-3-1)红土
								(3-3-2)残坡积土
								(3-3-3)红黏土
								(3-3-4)红黏土
		下更新统		东西湖组	Qp_1d		3-4	(3-4-1)黏性土
								(3-4-2)黏性土夹碎石
			阳逻组		Qp_1y		3-5	(3-5-1)含砾黏土
								(3-5-2)中粗砂砾石
						(4)单元层	(4-1)坡积土	
							(4-2)残积土(含红黏土)	
							(4-2a)红黏土	(4-2a-1)红黏土(可塑—硬塑)
								(4-2a-2)红黏土(流塑—软塑)

续表 5-1

界	系	统	组	代号	地层编号及岩土名称		
新生界Cz	新近系N	上—中新统	广华寺组	N_1g	(5)单元层	(5-1)泥岩、砂岩	
	古近系E	古新统—上白垩统	公安寨组	K_2E_1g		白垩系—古近系岩层	(5-2-1)泥岩
							(5-2-2)砂岩
中生界Mz	白垩系K						(5-2-3)砂砾岩
							(5-2a)玄武岩
	侏罗系J	下统	王龙滩组	T_3J_1w		侏罗系岩层	(5-2b)砂岩
	三叠系T	下统	蒲圻组	T_2p		三叠系岩层	(5-3-1)粉砂岩
			嘉陵江组	T_1j			(5-3-2)白云岩
			大冶组	T_1d			(5-3-3)灰岩
							(5-3-4)泥灰岩
古生界Pz	二叠系P	上统	大隆组	P_3d		二叠系岩层	(5-4-1)硅质岩
			龙潭组	P_3l			(5-4-2)粉砂质泥岩
		中统	孤峰组	P_2g			(5-4-3)硅质岩
			栖霞组	P_2q			(5-4-4)灰岩
			茅口组	P_2m			(5-4-5)灰岩
			梁山组	P_2l			(5-4-6)碳质页岩
		下统	船山组	P_1c			(5-4-7)灰岩
	石炭系C	上统	黄龙组	C_2h		石炭系岩层	(5-5-1)灰岩
			大埔组	C_2d			(5-5-2)白云岩
		下统	和州组	C_1h			(5-5-3)粉砂岩
			高骊山组	C_1g			(5-5-4)粉砂质泥岩
	泥盆系D	上统	黄家蹬组	D_3h		泥盆系岩层	(5-6-1)石英砂岩
			云台观组	D_3y			(5-6-2)砂岩
	志留系S	下统	坟头组	S_1f		志留系岩层	(5-7-1)泥岩
							(5-7-2)砂岩
新元古界	南华系Nh	下统	武当岩群	Nh_1w		武当岩群岩层	(5-8-1)片岩
							(5-8a)凝灰岩

武汉有“百湖之城”的美誉，现有大小湖泊 166 个，在正常水位时，湖泊水面面积 803.17km²，居中国城市首位。汤逊湖是亚洲最大的城中湖（面积达 47.6km²），东湖位居其次，面积 33.9km²。

二、武汉市浅层地温能开采地质条件

（一）浅层地质结构特征

武汉地区位于江汉平原东部，属平原边缘隆起地带，北靠大别山，区内地形东高西低、北高南低，总体地貌表现为平原上残丘突露景观（约占总面积的 5%），水系发达（约占总面积的 25%），其余为剥蚀堆积低岗和冲洪积平原。区内地层浅部为剥蚀堆积、冲洪积成因的第四系黏性土、砂层，深部基岩为古生界至新生界，岩性包括泥岩、砂岩、灰岩、页岩、硅质岩等。武汉市第四系覆盖薄，除武昌洪山广场、汉阳王家湾古河道段外，厚度一般 20～50m，在低丘地段（如武汉大学、龟山、蛇山）基岩直接出露地表。

1. 岩土体特征

1）第四系覆盖层特征

长江、汉江两岸一级阶地广泛分布有第四系全新统冲积黏性土、砂类，一般上部为黏性土，厚 15～20m，呈可塑—软塑状；下伏粉细砂、中粗砂及砂砾石层，厚 25～40m，赋存孔隙承压水。在青山地区，地表为粉质黏土与粉细砂互层，下伏砂、砂砾石层，赋存孔隙承压水。一级阶地平坦低洼处，上部为黏性土，下伏流塑状淤泥类土，深部可能有砂、砂砾石层存在，赋存孔隙承压水。

青山地区二级阶地，地表为第四系上更新统冲积粉土与粉细砂，厚约 20m，岩性较松散，下部为黏性土，间夹透镜状淤泥类软土。东西湖地区二级阶地上部为第四系上更新统冲积黏性土，含灰白色条带，局部夹淤泥类软土，厚约 10m；下部砂层分布不稳定，厚 5～10m，赋存孔隙承压水。在东西湖农场一带，上部为上更新统冲积黏性土，下伏湖积淤泥类软土，呈可塑—流塑状。

三级阶地为长江、汉江两岸广大的低垄岗平原地段，覆盖层多为第四系中更新统冲积网纹状黏土，厚 10～40m，以硬塑状为主，含水透水性差。武汉第四系厚度分区见图 5－2。

2）基岩特征

武汉市基岩出露区分布于三大残丘条带上，多为倒转向斜，岩性多为泥盆系、志留系、三叠系砂岩、灰岩，硬度较大，耐风化剥蚀。

隐伏基岩多呈东西走向，随时代、地层组合软硬不均，其中志留系泥岩较软，白垩系—古近系砖红色粉砂岩多为软质岩，新近系黏土岩、砾岩多呈半胶结状态。在不同地段，多时代

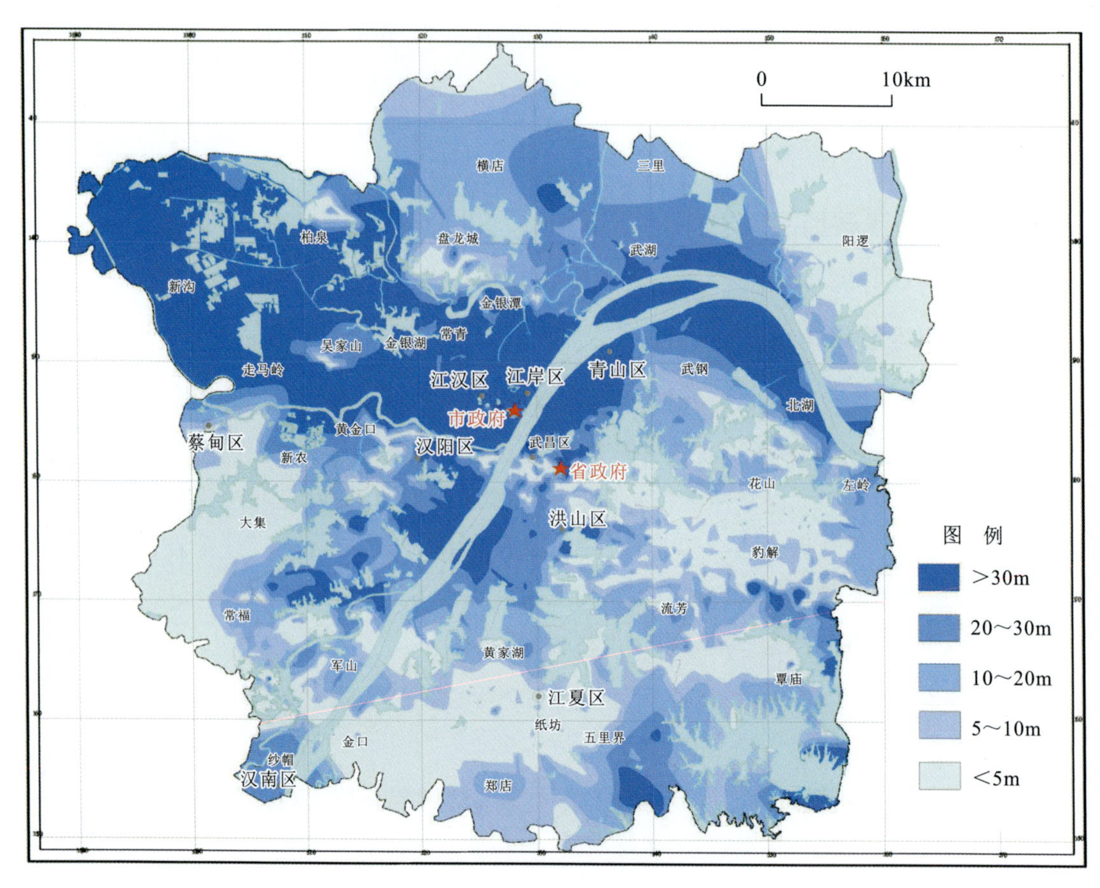

图 5-2 武汉第四系厚度分区图

（据湖北地球物理勘察技术研究院，2016）

岩层因岩层倾角、倒转关系呈多种组合状态。

在碳酸盐岩发育地段，不同程度地发育岩溶现象，其中武昌白沙洲—汉阳中南轧钢厂一线，由于第四系砂层与灰岩直接接触，在地下水活动与岩溶活动共同作用下，发生过多次岩溶地面塌陷，详细分布见图 5-3。

2. 地下水类型及含水岩组特征

依据含水岩组的岩性、地下水的赋存条件，将武汉地区地下水划分为 4 种类型 9 个含水岩组及 2 个隔水岩组（表 5-2），由于 T_3J_1w、T_2p、Nh_1w 地层及 K_2E_1g 的玄武岩分布面积及水量很小，本次评价不予考虑。

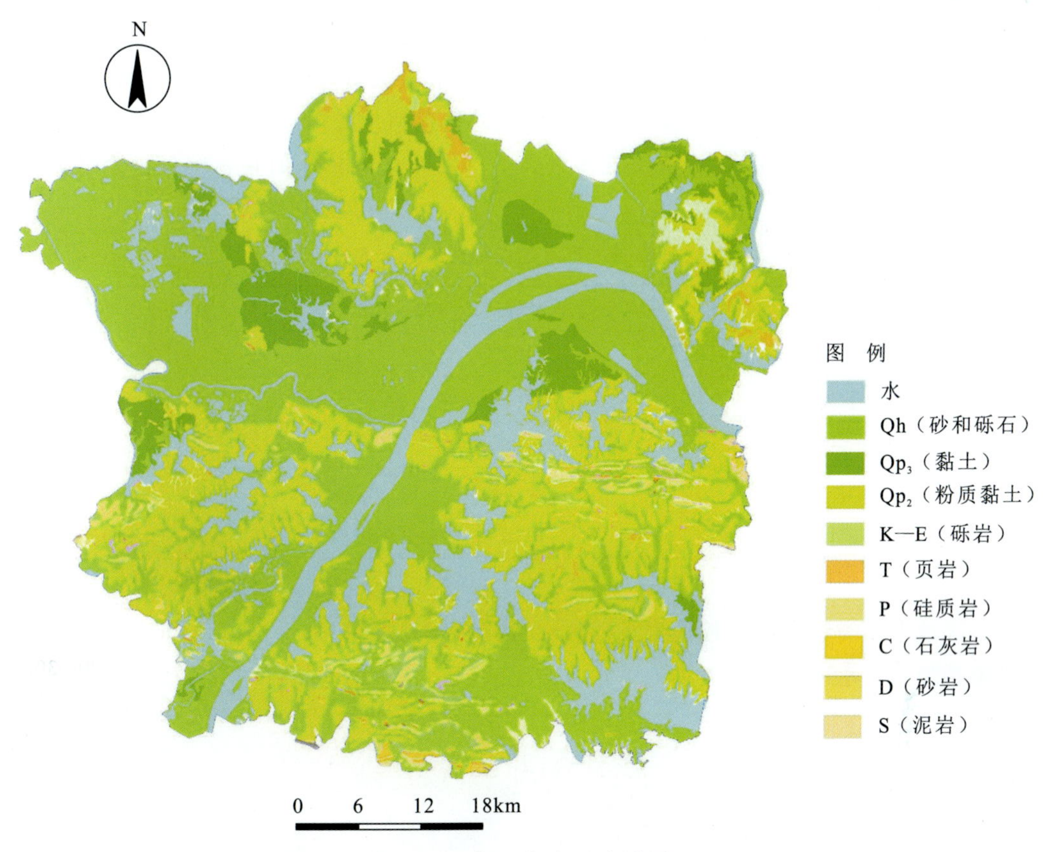

图 5－3　武汉市城区地质图

S. 志留系；D. 泥盆系；C. 石炭系；P. 二叠系；T. 三叠系；K—E. 新生代；Qp_{2-3}. 中晚更新世；Qh. 全新世

表 5－2　地下水类型及含水岩组划分表

（据湖北省地质环境总站，2018 修改）

地下水类型	含水岩组及隔水岩组	代号
松散岩类	第四系全新统孔隙潜水含水岩组	Qhz
孔隙水	第四系全新统孔隙承压含水岩组	Qhz
	第四系上更新统孔隙承压含水岩组	Qp_3q
碎屑岩类裂隙孔隙水	新近系裂隙孔隙承压含水岩组	N_1g
碎屑岩类裂隙水	古新系—上白垩统裂隙承压含水岩组	K_2E_1g
	中二叠统（孤峰组）—上二叠统（大隆组）裂隙含水岩组	P_2g-P_3d
	上泥盆统—下石炭统裂隙含水岩组	D_3C_1
碳酸盐岩	下三叠统（嘉陵江组）裂隙岩溶含水岩组	T_1j
裂隙岩溶水	上石炭统—中二叠统（茅口组）裂隙岩溶含水岩组	C_2P_2m
非含水岩组	志留系砂页岩、泥岩隔水岩组	S_1f
	第四系中更新统（王家店组）—上更新统（下蜀组）黏土隔水层	$Qp_2w—Qp_3x$

区内各地下水类型的富水性强度均按单井涌水量划分，共划分为5个等级，由大至小分别为水量丰富、水量较丰富、水量中等、水量贫乏和水量极贫乏，见表5-3。为便于平行比较，将单井涌水量进行了统一换算。第四系松散岩类孔隙水按内径203.2mm、降深5m进行单井涌水量统一换算后划分；前第四系含水岩组按钻孔实际抽水时最大降深的单井涌水量结合泉流量统计划分。

表5-3 富水性指标分级标准表

分级	钻孔单井涌水量/($m^3 \cdot d^{-1}$)	泉流量/($m^3 \cdot d^{-1}$)
水量丰富	>1000	>100
水量较丰富	500～1000	50～100
水量中等	100～500	10～50
水量贫乏	10～100	1～10
水量极贫乏	<10	<1

本区地下水类型主要有松散岩类孔隙水、碎屑岩类裂隙孔隙水、碎屑岩类裂隙水和碳酸盐岩类裂隙岩溶水4种。各类型地下水分布见武汉水文地质略图(图5-4)。

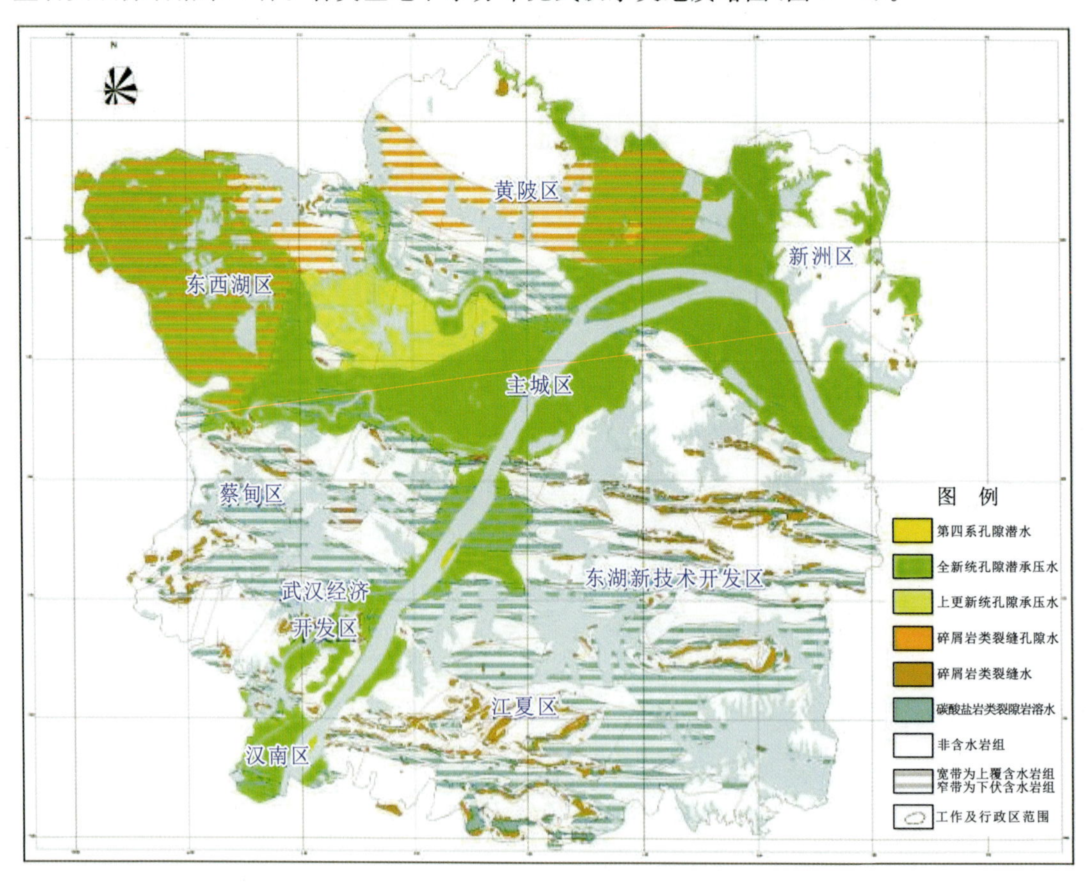

图5-4 武汉水文地质略图

(据湖北省地质环境总站，2018修改)

3. 地下水水温动态

地下水水温与补给和岩组空间分布密切相关，近地表处地下水水温变化幅度较大，接受江水补给的地下水水温变化幅度次之。

武汉市全新统孔隙潜水水温变化幅度最大，基岩风化裂隙水、碳酸盐岩裂隙岩溶水、孔隙承压水水温变化幅度也较大，碎屑岩类裂隙孔隙承压水、上更新统孔隙承压水水温变化幅度较小。

全新统孔隙承压水水温，在4—9月随气温升高有相应的抬升，最高可达20℃左右，冬季最低水温约16℃，年变幅约4℃。上更新统孔隙承压水、碎屑岩类裂隙孔隙承压水和碳酸盐岩裂隙岩溶水水温动态特征无显著变化，最高19℃，最低17℃，年变幅约2℃。

4. 含水层回灌能力

含水层裂隙、孔隙是地下水回灌的主要通道，裂隙、孔隙的发育规模及连通性决定了含水层的回灌能力。武汉地区已建地源热泵系统工程项目大多数利用第四系孔隙承压水，也有较少项目利用碳酸盐岩岩溶水，回灌与抽水均为同一目标含水层。对于第四系孔隙承压水，含水层的颗粒粒径越大，孔隙率越大，连通性能更好，易于回灌地下水。一般来说，砂砾(卵)石层的回灌能力强于砂层；岩溶水赋存于可溶性碳酸盐岩层中，岩溶发育规模大，岩溶通道发育密集的区域，回灌能力普遍高于第四系砂层孔隙承压水。

根据本次项目搜集的相关回灌试验资料及现有地源热泵项目水资源论证报告，在岩溶水发育丰富地区，回灌量可达$50m^3/h$；长江、汉江一级阶地第四系孔隙承压水含水层中，含水层细颗粒含量越大，回灌量越小。从空间分布上反映为一级阶地前缘至后缘，回灌量逐渐减小。一级阶地前缘部分地区回灌量达$30\sim50m^3/h$，最大可达$84m^3/h$；一级阶地中部，回灌量减小至$10\sim30m^3/h$；后缘地区，回灌量一般小于$20m^3/h$。

武汉市自2000年开始采用地下水源热泵技术，第四系砂层孔隙承压水地区地源热泵系统在运行初期回灌能力强，回灌率有保证；运行一段时间后，普遍出现回灌困难问题。在对这些回灌率降低较明显的热源井进行调查时，发现回灌井都有不同程度的淤积堵塞。

(二)岩土体热物性特征

在武汉市共采取870组岩土样进行室内测试，其中物理性质测试437组，热物性测试433组，获取了岩土层物理参数及热物性参数，包括导热系数、比热容、热扩散系数、密度、干密度、含水率、孔隙率(裂隙率)等，样品测试过程均符合中国地质调查局技术要求及有关行业技术规范，样品测试结果可直接用于本次研究。

武汉地区地层情况多样，本次评价主要按照岩土体地层时代及其主要岩性来确定各项参数标准参考值，对岩土体参数分类别进行归纳统计，剔除异常数据。

1. 岩土体物理性质与热物性参数

在确定岩土体导热系数时，还综合参考了不同地区、不同地点、不同地层组合热响应试验计算结果。岩土体物理性质指标参考了地区规范值和其他工程勘察项目试验结果。对因勘探点未揭露到的岩土体，参照国标经验值取值，最后确定武汉地区参考值。评价区范围内少量分布于黄陂、新洲等地的玄武岩和武当岩群片岩、凝灰岩由于无测试样本，暂无相关参数。武汉地区主要岩土体物理参数及热物性参数统计见表5-4。

表5-4 武汉地区主要岩土体物理参数及热物性参数统计汇总表

地质时代	编号	岩土名称	含水率 ω	密度 ρ	孔隙率 ϕ	比热容 C	导热系数 λ
			%	g/cm^3	%	$\times 10^3$J/(kg·K)	W/(m·K)
Qh	1	杂填土、人工填土	15～42	1.90	27～60	1.24～1.55	1.13～1.38
	2	淤泥质土、淤泥	25～83	1.75	30～77	1.48～1.76	1.08～1.33
	3	黏土、粉质黏土	20～50	1.89	38～59	1.22～1.51	1.48～1.75
	4	粉土夹粉砂、粉砂夹粉土	22～46	1.84	40～53	0.98～1.62	1.65～2.22
	5	粉砂、细砂	16～61	1.86	34～54	0.96～1.64	1.90～2.47
	6	中砂、粗砂	13～70	1.95	32～56	0.89～1.59	2.30～2.52
	7	砾卵石	20～63	2.20	40～63	0.81～1.22	2.17～2.49
Qp_3	8	黏土、粉质黏土	16～30	1.98	38～47	1.13～1.52	1.64～1.89
	9	含砾黏土、砂砾石	10～34	1.98	30～51	0.94～1.13	1.76～1.96
Qp_2	11	黏土、粉质黏土	16～29	1.98	36～46	1.06～1.27	1.73～1.97
	12	黏土夹碎石	17～26	1.98	29～47	1.25～1.48	1.91～2.04
K－E	13	粉砂岩	6～10	2.34		1.04～1.28	1.70～2.05
	14	砾岩	5.6	2.45		0.96～1.09	2.19～2.30
T	15	灰岩	0.2	2.68		0.83～0.94	2.65～2.74
	16	粉砂岩	6.4	2.44		0.76～1.14	2.17～2.52
P	17	碳质页岩	8.3	2.43		0.73～1.12	2.14～2.37
	18	硅质岩	0.1	2.73		0.71～0.86	2.76～2.88
	19	灰岩	0.4	2.65		0.81～0.90	2.48～2.57
C	20	灰岩	0.8	2.68		0.83～0.91	2.50～2.64
D	21	石英砂岩	0.6	2.60		0.74～0.88	2.88～3.07
S	22	泥岩	8.5	2.47		0.88～1.03	2.33～2.48

注：数据来自《武汉城市地质调查浅层地热能资源调查与评价专题成果报告》。

2. 参数分析

统计结果表明，土体比热容普遍高于岩体，一般大于1.0kJ/(kg·K)，且土体粒径越小，含水量越高，比热容一般越大。岩石中粉砂岩、砾岩比热容最大，页岩次之，灰岩、石英砂岩比热容相对较小，多小于1.0kJ/(kg·K)。

导热系数方面，黏性土的导热系数较小，一般小于2.0W/(m·K)，砂土导热系数与岩石的相近，且大于黏性土，一般大于2.0W/(m·K)。

(三)浅层地温场特征

1. 总体特征

武汉市浅层地温能调查评价区120m深度内地温在16～22.6℃之间，呈现出南高北低的总体趋势，武昌洪山区原湖北省商业高等专科学校、洪山区幸福村、黄陂区蔡店乡源泉村、江夏区五里界镇4处存在地热异常。

从地温场平面特征分析，浅层地温场受整体东西向构造格局和南北向气候分带共同影响，北部因靠近大别山，年平均气温稍低于南部，所以平均地温偏低0.4℃。武汉市大的构造走向呈东西向，所以等温带多呈东西向。评价区内断陷盆地、构造断裂延伸、地下水活动等在小范围内带来地温局部变化，如4个地热异常点、武汉经济开发区科技服务中心处低温异常，多是局部因素影响所致。

目前，武汉市开展长期监测的浅层地温能开发利用项目较少，根据已有经验和估算，只要项目设计合理、间距恰当，在冷热负荷基本相当的情况下，地埋管换热系统换热管群范围内和地下水源热泵系统影响范围内地温不会出现单向持续上升或下降现象，更不会引起区域地温场的变化。

调查评价区120m内地温在18.3～20.5℃之间，温度等值线总体上呈东西向延伸。据调查资料显示，调查评价区南部温度高于北部，南部地温一般为18.9～19.5℃，北部地温一般为18.5～19.1℃，黄陂区地温相对最低，仅为18.4～18.7℃。其中部分地点测得的平均地温相对异常，如汉阳经济开发区东风公司研发中心处测得的平均地温为20.5℃，而在其西向距离约4km的东风商品研发院及西北向约5km的武汉经济开发区科技服务中心处测得的平均地温为18.4℃；江夏区武汉滨湖电子有限责任公司办公楼处测得平均地温为20.4℃，而在其西南向3km武汉建筑工业材料设计研究院处平均地温为18.3℃，东向约5km的湖北省科技馆新馆处平均地温为18.4℃；蔡甸城区祥鑫天骄城处平均地温为20.0℃。

2. 浅层地温场垂向分布特征

总体来说，地下120m范围内地层由浅至深，温度由低到高，温度值范围一般为16～22℃，如新洲区阳逻开发区工业园R2孔，地温由20m处的17～18℃至120m处逐渐增加为20℃，每20m地温的增幅为0.3～0.4℃。同时由于地层、水文地质条件、地质构造、地热条件等影响，温度范围及温度增幅在不同区域也存在着一定差异。如洪山区光谷五路湖北省科技新馆R1孔，20m处地温仅为16～17℃，40～80m段温度逐渐稳定在18℃左右，至100m处温度较80m处又有所下降；蔡甸区祥鑫天骄城小区R3孔处地温可达18.5～22.6℃，同等深度地温值较正常区域均高出1～2℃，每20m温度增幅也达0.5～1.0℃(图5-5)。

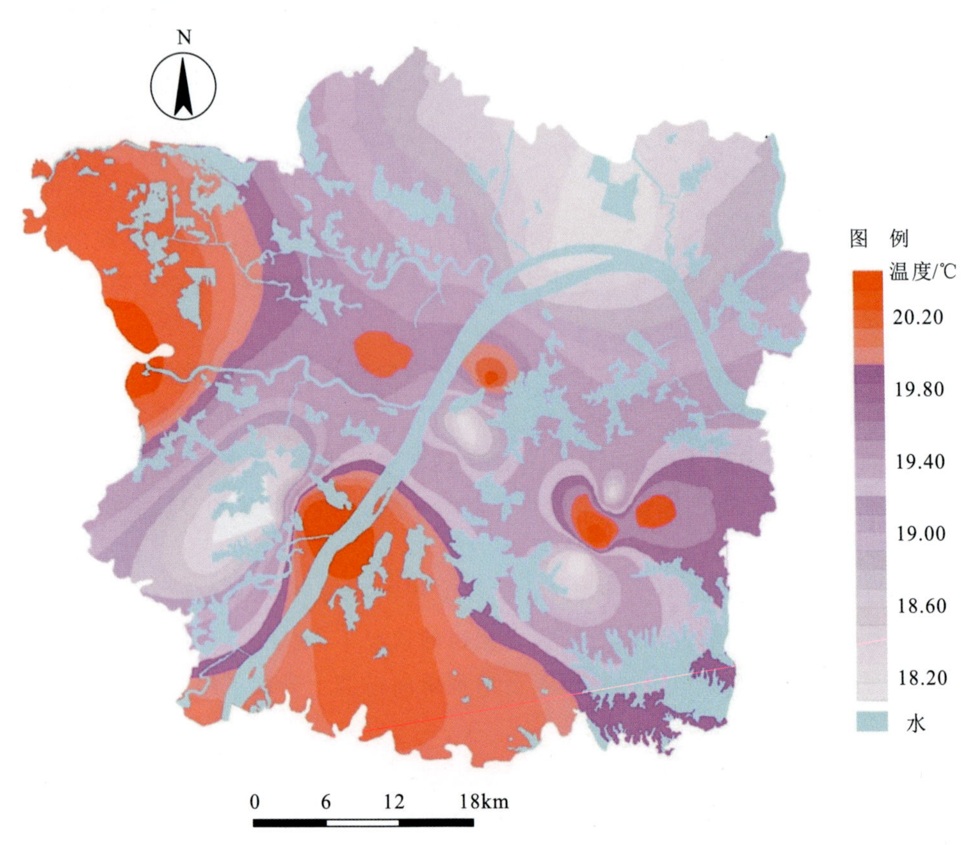

图 5－5 武汉市 120m 深度内平均地温等值线图

（资料来源：《武汉城市地质调查浅层地热能资源调查与评价专题成果报告》）

根据变温层监测孔监测结果，调查评价区内地下约 15m 至地表范围内温度变幅较大，其中 0～5m 段年温度变幅最大，5～15m 段温度变幅逐渐减小，地下深度 15m 以下受季节气候影响相对较小。引起表层地温变化的主要因素为季节气候的影响，且随深度增加，影响逐渐减小。如硚口区古田五路湖北省地质调查大楼 BJJC－5 孔，地下 1m 处温度变幅可达 17℃，5m 处变幅减小至 4.6℃，15m 处温度变幅仅有 0.7℃，15m 以下温度逐渐稳定。蔡甸区常福龙王工业园 R5 孔地温变化情况较能反映调查评价区内地温垂向变化的一般规律，其 1～5m 温度变幅为 3.2～17.8℃，14m 处变幅为 0.6℃，20m 以下温度随深度逐渐增加，每 20m 增幅约为 0.3℃（图 5－6）。

（四）地层热响应特征

在武汉市进行了 16 组现场热响应试验，测试深度一般为 60～120m，测试方法包括恒热流热响应测试、恒冷流热响应测试以及稳定工况测试。这些试验过程均符合中国地质调查局技术要求及有关行业技术规范，试验测试结果可直接用于本次研究。

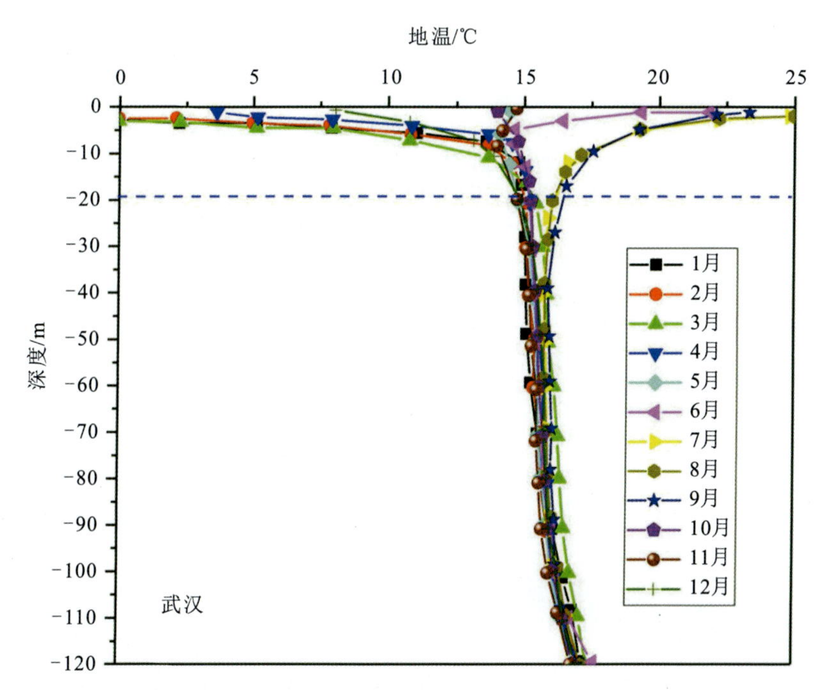

图 5-6　主城区试验点 120m 深度范围内温度剖面图(蔡甸区天府龙工业园)

(Wang et al, 2019)

1. 恒热流热响应试验孔

根据武汉市地层及工程应用概况，恒热流热响应试验孔加热功率随深度、地层的不同，选择 3～6kW，各孔试验求取的岩土体现场热物性参数见表 5-5。

长江、汉江一级阶地第四纪覆盖层厚度相对较大，综合比热容大于其他区域，最大值大于 1.35kJ/(kg·K)，而在覆盖层厚度较小的区域，综合比热容普遍小于 1.0kJ/(kg·K)；综合导热系数分布特点与综合比热容相反，长江、汉江一级阶地一般低于其他区域，覆盖层厚度小和下伏基岩为石英砂岩、硅质岩、灰岩地区的综合导热系数最大，可达 2.7～2.8W/(m·K)。

2. 试验结果及分析

据现场热响应试验结果及搜集到的相关参数统计和计算，制冷工况下武汉地区换热孔每延米换热量一般为 50～65W/m，供暖工况换热量略低。

表 5-6～表 5-8 为单因素对换热孔换热量的影响分析统计表。根据数据分析，单个试验条件的变化对结果无显著影响。

表 5-5 武汉市现场热响应测试热物性参数统计表

试验编号	测试孔地点	测试深度/m	地层类型	覆盖层厚度/m	孔径/m	地埋管类型	初始平均地温/℃	单位深度钻孔总热阻/[m·(℃/W)]	容积比热容/[J·(m³·K)]	导热系统/[W/(m·K)]
R1	武汉市洪山区光谷五路湖北省科技新馆	119.5	Qh 粉质黏土、S_2f 泥岩	9.0	0.15	双 U 型管	20.14	0.092	2203	1.806
R2	武汉市新洲区阳逻开发区工业园	119.8	Qp 含砾粉质黏土、K－E 泥质粉砂岩	5.4	0.15	双 U 型管	20.18	0.089	2673	2.538
R3	武汉市蔡甸区祥鑫天骄城小区	120.3	Qp 粉质黏土、S_2f 泥岩	29.8	0.15	双 U 型管	20.68	0.121	2442	2.810
R4	武汉市汉南区纱帽镇湖北国土资源职业学院	122.7	Qp 粉质黏土、T_1d 灰岩	26.1	0.15	双 U 型管	19.87	0.148	2434	2.390
R5	武汉市蔡甸区常福龙王工业园	120.7	Qp 粉质黏土、K－E 泥质粉砂岩、砾岩	11.5	0.15	双 U 型管	20.24	0.113	2444	2.298
R6	武汉市沌口开发区枫树三路	99.5	Qp 粉质黏土、K－E 泥质粉砂岩、砾岩	14.7	0.15	双 U 型管	20.52	0.105	2244	2.741
R7	武汉市黄陂区盘龙城滠口街	120.5	Qh 粉质黏土、碎石、K－E 泥质粉砂岩	9.0	0.15	双 U 型管	20.35	0.115	2150	2.306
R8	武汉市东湖高新区凤凰山	120.8	Qp 粉质黏土、T_1d 灰岩	13.8	0.15	双 U 型管	19.86	0.135	2196	2.008

注：数据来自《武汉城市地质调查浅层地热能资源调查与评价专题成果报告》。

表 5-6　武汉市不同换热温差下换热量表

供回水换热温差/℃	每延米换热量/(W·m^{-1})
1.78～1.86	54.39～68.26
2.02～2.86	48.55～64.93
3.02～3.80	50.26～66.80
4.00～4.43	51.20～62.50

注:数据来自《武汉城市地质调查浅层地热能资源调查与评价专题成果报告》。

表 5-7　武汉市不同回填料下换热量表

回填料	每延米换热量/(W·m^{-1})
原浆加黄沙	48.55～66.80
原浆加水泥浆	47.56～61.46
黄沙	52.00～58.80
水泥砂浆	50.00～61.46

注:数据来自《武汉城市地质调查浅层地热能资源调查与评价专题成果报告》。

表 5-8　武汉市不同加热功率下换热量表

加热功率/kW	每延米换热量/(W·m^{-1})
2.539～2.600	48.55～55.67
3.016～3.965	49.28～66.80
4.123～4.581	56.90～63.10
5.016～5.332	51.20～56.10

注:数据来自《武汉城市地质调查浅层地热能资源调查与评价专题成果报告》。

换热功率受孔径、埋管方式、埋管口径、有效埋管深度、回填料、加热功率、循环水流量、流速、换热温差、地层初始温度、地层综合导热系数、比热容以及地下水发育程度等多方面因素影响,是岩土体特定场地、试验条件的综合反映。总体而言,岩土层比热容越大,导热系数越大;换热地层中含水层厚度越厚,地层的单位长度换热效率也越高。

三、武汉市浅层地温能评价

(一)地表水资源

武汉市位于长江、汉江交汇处,区内江河纵横,湖泊密布,地表水资源丰富。

1. 地表水分布

1)湖泊分布

武汉市的湖泊属于淡水型,具有底平、水浅、水生生物资源丰富、湖泊功能显著等共同特征。全市共有大小湖泊166个,合计水面面积803.17km²(跨界的湖泊只计算武汉市内的面积)。其中全市中心城区湖泊和远城区面积大于0.1km²的湖泊有147个(包括中心城区湖泊38个,远城区湖泊109个),远城区小于0.1km²有19个湖泊。湖泊总容积为19.53×10^8m³。在全市湖泊中,面积大于0.5km²湖泊有83个,面积大于1km²湖泊有58个,面积在3.33km²以上的有31个。其中较大的湖泊有严西湖、东湖(洪山)、汤逊湖、梁子湖、豹湖、斧头湖、上涉湖、鲁湖、东湖(蔡甸)、西湖(蔡甸)、武湖、后湖、涨渡湖、南湖、南太子湖、金银湖、墨水湖、黄家湖、青菱湖等。武汉市中心城区主要湖泊特征值见表5-9。

表5-9 武汉市中心城区主要湖泊特征值表

行政区划	湖泊名称	面积/km²	正常水位/m	最高水位/m	容积/×10^4m³	平均水深/m
江岸区(2)	鲩子湖	0.103	18.12	19.13	16.50	1.60
	塔子湖	0.300	18.60	19.10	66.00	2.20
江汉区(6)	西湖	0.050	18.17	19.23	6.26	1.25
	北湖	0.094	18.35	19.15	18.78	2.00
	机器荡子	0.117	17.40	18.17	23.38	2.00
	小南湖	0.036	17.78	18.55	5.42	1.50
	菱角湖	0.091	18.60	19.10	11.00	1.20
	后襄河	0.040	18.10	18.80	8.06	2.00
硚口区(2)	张毕海	0.548	22.00	22.50	109.68	2.00
	竹叶海	0.180	22.00	22.50	18.04	1.00
汉阳区(7)	莲花湖	0.075	20.96	21.77	7.52	1.01
	墨水湖	4.813	18.65	19.65	1227.37	2.55
	北太子湖	0.512	18.50	19.30	65.56	1.28
	月湖	0.676	21.15	21.65	115.66	1.71
	龙阳湖	1.900	19.15	20.15	142.46	0.75
	南太子湖	6.585	18.63	19.13	526.76	0.80
	三角湖	2.346	18.63	19.13	360.00	1.53
武昌区(4)	紫阳湖	0.155	19.33	19.65	12.37	0.80
	内沙湖	0.076	19.15	19.65	6.88	0.90
	水果湖	0.126	19.15	19.65	11.00	0.87
	四美塘	0.078	21.40	21.50	15.68	2.00

续表 5-9

行政区划	湖泊名称	面积 /km²	正常水位 /m	最高水位 /m	容积 /×10⁴m³	平均水深 /m
洪山区(19)	青菱湖	10.996	17.63	18.63	1 319.47	1.20
	黄家湖	8.515	17.63	18.63	1 447.53	1.70
	野湖	2.043	17.63	18.63	286.08	1.40
	杨春湖	0.604	19.15	19.65	78.48	1.30
	南湖	7.640	17.63	18.63	790.00	1.03
	野芷湖	1.723	17.63	18.63	220.02	1.28
	晒湖	0.128	19.33	19.65	14.93	1.17
	外沙湖	3.197	19.15	19.65	260.00	0.81
	严西湖	15.735	19.13	20.13	2 989.75	1.90
	严东湖	8.340			2 085.00	2.50
	北湖	2.215	19.13	20.13	332.28	1.50
	竹子湖	0.710			213.00	3.00
	青潭湖	0.550			137.50	2.5
	东湖	4.028	19.15	19.65	6 870.92	1.71
	五加湖	0.130			28.60	2.20
	木鹅湖	0.140				
	严家湖	2.215			664.50	3.00
	车墩湖	1.460			438.00	3.00
	汤逊湖	52.186	17.63	18.63	8 349.68	1.60

注：摘自武汉水务网及水务局相关资料。

2)河流分布

武汉市区内河长在5km以上的支流及小河流约有140多条，其中较大的河流有长江、汉江、金水河、府河、滠水河、倒水河、举水河、通顺河、东荆河、巡司河等。

(1)长江：长江从武汉市西南部的汉南区廖家堡入境，穿越市区，在新洲区大埠镇出境，境内流程145.5km，水面宽度一般在1000～2000m之间。市域多年平均入境水量6493×10^8m³，汉江多年平均入境水量554×10^8m³。1956—2000年，长江、汉江多年平均流量为7047×10^8m³，最大入境量为9045×10^8m³(1998年)，最小入境量为5659×10^8m³(1972年)。长江入境后沿程接纳金水、汉江、通顺河、府河、滠水、倒水、举水等中小河流来水。长江武汉段水文特征以汉口站为代表，多年平均水位19.18m(吴淞高程，下同)，历年最高水位29.73m(1954年)，历年最低水位10.08m(1865年)。汉口站多年平均实测径流量7061×10^8m³，平均流量22 400m³/s。

(2)汉江：汉江从武汉市西部蔡甸区入境，在龙王庙附近汇入长江，境内流程约62km，水面宽约300m。汉江多年平均入境水量$554\times10^8m^3$(含东荆河、通顺河分洪水量)，汉江武汉段水文特征以新沟站为代表，多年平均水位20.76m，历史上实测最高水位30.97m(1998年)，实测最低水位15.12m(1979年)。汉江高水位时，分流部分水量入东荆河和通顺河。东荆河经仙桃至汉南区边界入长江，通顺河经仙桃至蔡甸区沌口入长江。

(3)府河：府河发源于随州市，流经随州、广水、安陆、云梦、孝感，进入武汉市东西湖区和黄陂区，至江岸区谌家矶汇入长江。全长316km，境内河段长约48km，多年平均入境水量$36.36\times10^8m^3$，入长江水量$42.02\times10^8m^3$。最大入境量为$90.30\times10^8m^3$(1998年)，最小入境量为$7.17\times10^8m^3$(1978年)。据黄花涝水位站(1996—2003年防汛中用童家湖水位站资料，但由于该站水位资料不成系列，此处无法采用)观测资料统计，多年平均水位19.98m，实测最高水位29.03m(1968年)，最低水位15.26m(1988年)。

(4)巡司河：巡司河源于汤逊湖，全长14.9km，经陈家山闸、解放闸与长江相通。

3)污水分布

武汉市大约60%的城区有雨污合流制管网，90%以上的城市人口使用化粪池，污水排入合流制管网和明渠。

2. 地表水水温分析

在武汉市，一般冬季江河水温比地面水温略高，夏季江河水温比地面水温略低。以长江为例，冬季水温一般为7~8℃，夏季水温一般为27~28℃(表5-10)。汉江水温一般较长江水温略低。关于汉江、长江在武汉段的水温评价，秦红等(1998)指出武汉地表水利用节能条件是水温小于28℃。从这个角度来看，长江、汉江完全符合这个条件，而且长江与汉江流域面积广、水量丰富、水深较大、流速大、自然净化能力强，利用江水作为地源热泵的热(冷)源条件非常优越。武汉城区依江而立，因此可以对沿江城区进行集中供冷供热。

表5-10 武汉市月气候参数表(2001—2009年)

	1月	2月	3月	4月	5月	6月	7月	8月	9月	10月	11月	12月
最高气温/℃	7.9	10.0	14.4	21.4	26.4	29.7	32.6	32.5	27.9	22.7	16.5	10.8
最低气温/℃	0.4	2.4	6.6	12.9	18.2	22.3	25.4	24.9	19.9	13.9	7.6	2.3
湿度/%	77	76	78	78	77	80	79	79	78	78	76	74
风速/($m\cdot s^{-1}$)	1.8	1.9	2.1	2.0	1.9	1.9	2.1	1.9	1.8	1.7	1.6	1.7
降雨量/mm	43	59	95	131	164	225	190	112	80	92	52	26
降雨时间/d	9.1	9.5	13.5	13.0	13.2	13.3	11.2	9.0	9.0	9.3	8.0	6.6
光照时长/h	104	105	116	151	189	180	233	241	174	167	144	137
光照强度/[MJ/($m^2\cdot$月)]	739	803	994	1427	1807	1939	2842	2673	1860	1520	1188	1009

武汉市的湖泊多为浅盆湖，湖水温度与地面温度相差不大。以东湖为例，其平均水深约2.73m，最大水深约5m，湖面年平均水温为18.4℃，湖底为18.3℃，冬季最低湖水表面温度可达−0.2℃，夏季湖面温度可达32℃（表5-11）。利用湖泊水作为地源热泵系统的热（冷）源，利用效果有待进一步探讨。

表5-11　武汉市湖泊实测温度表

日期	湖名	气温/℃	深度/m	湖底温度/℃	湖面温度/℃
2009年7月13日	汤逊湖	32.90	1.8	28.94	29.31
			2.1	28.31	29.19
			2.5	28.19	29.44
2007年1月1日	汤逊湖	5.52	1.6	6.81	6.27
			2.3	6.92	6.14
2007年2月5日	汤逊湖	6.86	1.7	10.66	9.82
			1.9	10.83	9.95
2009年7月13日	东湖	32.70	2.3	28.94	29.10
2012年5月15日	东湖	26.20	2.1	23.17	23.64
			3.5	22.23	23.50
			1.4	23.44	23.50
2007年1月1日	东湖	5.81	1.3	7.33	6.82
			1.7	7.50	6.74
2007年2月5日	东湖	6.73	1.7	10.44	9.71
			2.0	10.52	9.82

注：数据来自《武汉城市地质调查浅层地热能资源调查与评价专题成果报告》。

3. 地表水地热潜力计算

为了评估武汉市地表水资源浅层地热潜力，对研究区内分布的湖泊和河流进行了评估。本书收集武汉市水利局和之前出版的文献数据（Wang et al，2017），总结了研究区域内33个湖泊的信息，如表5-12所示，湖泊的分布如图5-7所示。

研究区域内湖泊的体积从$5.42\times10^4m^3$到$8\ 349.68\times10^4m^3$不等，平均深度为0.75～3.28m，湖泊的温度受到气温影响较大。此外，还进行试验测定了湖泊的温度。根据在选定的湖泊中进行的温度测量数据并参考相关文献（万素琴等，2007），夏季温度较高，如表5-11所示。湖底的温度比湖面低1℃左右。测量仪器采用的是PT100温度计（精度±0.01℃）。根据收集到的数据，可以采用公式（4-20）估算从湖泊中提取的可用热能（Milnes el al，2013）。

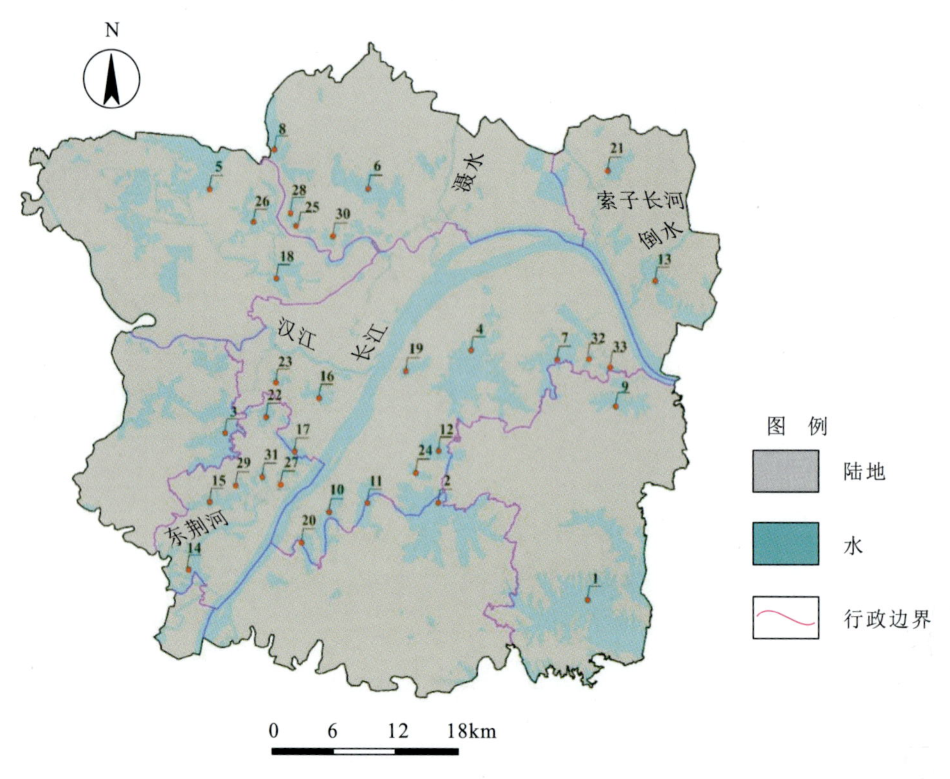

图 5-7 武汉市区主要河流湖泊分布图

在小规模系统或温度变化不超过±6℃的情况下,对地下水生物的影响可以忽略。考虑到地表水源热泵的可持续性,在评估可利用地热能时,湖泊的温度变化应在夏季低于气温,冬季高于气温。根据选定湖泊在一年中最热的7月份测得的温度,湖泊平均温度的最大变化设定为±1.0℃。季节最大可开采地热能计算结果见表5-12。

表 5-12 武汉市区湖泊分布及季节可开发能源估算表

序号	湖名	面积/km^2	水位/m	平均深度/m	体积/($\times 10^4 m^3$)	可用能源/TJ
1	牛山湖	57.20	21.30	1.78	10 181.6	427.63
2	汤逊湖	52.18	17.63	1.60	8 348.8	350.65
3	后官湖	37.30	17.63	1.53	5 706.9	239.69
4	东湖	33.20	19.65	2.73	9 063.6	380.67
5	姚子湖	23.40	21.70	1.92	4 492.8	188.70

续表 5-12

序号	湖名	面积/km^2	水位/m	平均深度/m	体积/($\times10^4 m^3$)	可用能源/TJ
6	后湖	16.32	19.15	1.65	2 692.80	113.10
7	严西湖	14.21	19.13	1.90	2 699.90	113.40
8	童家湖	9.12	22.00	2.20	2 006.40	84.27
9	严东湖	9.11	19.15	2.50	2 277.50	95.66
10	青菱湖	8.84	17.63	1.50	1 326.00	55.69
11	黄家湖	8.19	17.63	1.70	1 392.30	58.48
12	南湖	7.67	17.63	1.03	790.01	33.18
13	陶家湖	4.75	22.00	2.17	1 030.75	43.29
14	官莲湖	4.04	18.33	2.20	888.80	37.33
15	珠山湖	3.67	19.00	3.28	1 203.76	50.56
16	墨水湖	3.64	18.65	2.55	928.20	38.98
17	南太子湖	3.59	18.63	0.80	287.20	12.06
18	金银湖	3.29	18.60	2.20	723.80	30.40
19	沙湖	3.08	19.15	0.81	249.48	10.48
20	野湖	3.00	17.63	1.40	420.00	17.64
21	朱家湖	2.52	21.03	1.60	403.20	16.93
22	三角湖	2.39	18.63	1.53	365.67	15.36
23	龙阳湖	1.69	19.15	0.75	126.75	5.32
24	野芷湖	1.62	17.63	1.28	207.36	8.71
25	马家湖	1.59	18.56	1.06	168.54	7.08
26	杜公湖	1.55	18.60	0.90	139.50	5.86
27	王家湖	1.40	19.15	2.21	309.40	12.99
28	任凯湖	1.34	18.62	1.40	187.60	7.88
29	烂泥湖	1.21	18.50	2.08	251.68	10.57
30	盘龙湖	1.13	19.12	1.21	136.73	5.74
31	汤湖	1.06	19.00	0.88	93.28	3.92
32	竹子湖	0.67	19.15	1.70	113.90	4.78
33	青潭湖	0.60	19.08	1.45	87.00	3.65

河流是另一种重要的地表水资源，本书还对2011—2012年长江、汉江的气温监测结果进行分析，两个监测点均位于武汉市主城区。结果表明，长江、汉江气温随季节变化剧烈，长江的气温在10.86～28.2℃之间变化，汉江的气温在7.69～30℃之间变化，且变化幅度更剧烈。其他检测参数包括pH值、电导率和氧气含量，以评估水泵用水的适用性。此外，还需要调查有机物质含量，以分析水污染。长江年流量33 980m^3/s，汉江年流量1829m^3/s。考虑到热泵出口温度冬季为5℃，夏季为35℃，夏季最热月和冬季最冷月的最大可利用地热能由河流温度确定。表5－13列出了武汉市8月和1月两水系可获得的最大能量。这些数据可为河流系统的地表水源热泵系统安装提供参考。

表5－13　武汉市主要河流系统可用地热能表

河流	流速/($m^3 \cdot s^{-1}$)	可用能源/GW	
		夏季	冬季
长江	33 980.00	1003.00	820.00
汉江	1 829.00	39.00	20.00
东荆河	36.71	0.40	0.77
滠水	12.14	0.13	0.26
索子长河	46.20	0.51	0.97
倒水	22.96	0.25	0.48

（二）地下水资源量评价

本次评价的地下水资源总量包括地下水资源量和地下水可开采量。地下水资源量是指有长期补给保证的地下水补给量的总量。本区地下水资源量主要由大气降水入渗补给量，长江、汉江的渗入补给量，相邻含水岩组地下水的越流补给量和侧向径流补给量4种组成。地下水可开采量是指在经济合理的条件下，不发生因开采而造成地下水位持续下降和水质恶化、地面沉降等环境地质问题，不对生态环境造成不利影响，有保证的可开采地下水量。地下水开采资源模数是指在不使开采条件恶化、不致引起严重环境地质问题的条件下，单位时间允许从单位面积含水层中抽出的最大水量，数值上等于地下水可开采量与开采区面积之比。

武汉市区地下水可开采量13 121×10^4 m^3/a，不同地区计算成果见表5－14。

表 5-14 武汉市地下水可开采量、可开采模数一览表

行政区	位置	地下水可开采量/($\times 10^4 m^3 \cdot a^{-1}$)		地下水可开采模数/[$\times 10^4 m^3/(km^2 \cdot a)$]
武昌城区	徐家棚地区	1146	4572	20.75
	武钢—胡家墩	2505		28.64
	白沙洲地区	644		17.34
	白沙洲至武汉工程大学、中医学院—苏家墩一带	277		7.83
汉口城区	汉口城区	2981	2981	29.51
汉阳城区	黄金口地区	558	1 252	58.25
	鹦鹉洲地区	616		36.02
	鹦鹉洲、太子湖	78		7.83
东西湖	慈惠墩—走马岭—辛安渡一带	3691	4316	12.26
	东流港—三店农场一带	366		3.00
	东流港—水岗一带	259		5.69
合计		13 121		

注:①碎屑岩类裂隙含水岩组富水性差,不参与计算。

②数据来自《武汉城市地质调查浅层地热能资源调查与评价专题成果报告》。

考虑地下水源热泵系统为开放式,这样的系统取热方式是将地下水从含水层中抽出,换热完成后再回灌下去。因此,可利用的水资源取决于含水层的岩性、厚度和水力性质。研究区地下水资源主要赋存于第四系中,主要非承压含水层为长江、汉江冲积层。研究区含水层的厚度从几米到几十米不等,如图 5-8 所示。此外,研究区还发现砂岩和石灰岩等承压含水层。由于抽水和回灌效率较低,不鼓励利用承压含水层作为开采目标。因此,地下水源热泵系统的首选地下水资源主要是无侧限含水层,研究区内无侧限含水层的厚度为 4.0~44.9m,承压含水层的厚度为 1.6~30m。

利用观测井对地下水温度进行测量,测量站以 4h 的时间间隔连续采集含水层中的数据。测量发现夏季日气温可达 20℃左右,冬季降至 16℃左右,随季节变化有 4℃左右的波动。为了估算含水层系统的浅层地温能开发潜能,对井的抽水速率进行了半定量评估。本研究中取蓄水系数 $S=0.2$,罗拉堡方程二次项系数 $C=1900m^2/s^5$,将饱和厚度减少 50%($a=0.5$)。注水井的流量取决于含水层的水力学性质,通常低于抽水速度。因此,可以根据抽水量和具体地质条件确定注水井数。注水井和抽水井之间的温差 $\Delta T=6℃$。

图 5-9 显示了通过考虑研究区的无侧限含水层估算地热潜能,绘制的浅层地热潜能可分为 4 个区间,可开采地热潜力最大的地区主要分布在长江冲积层。该地区有相对厚的无侧限含水层,并且具有较高的导水率。单井可采量为 233~291kW。第二个可高度开发的地

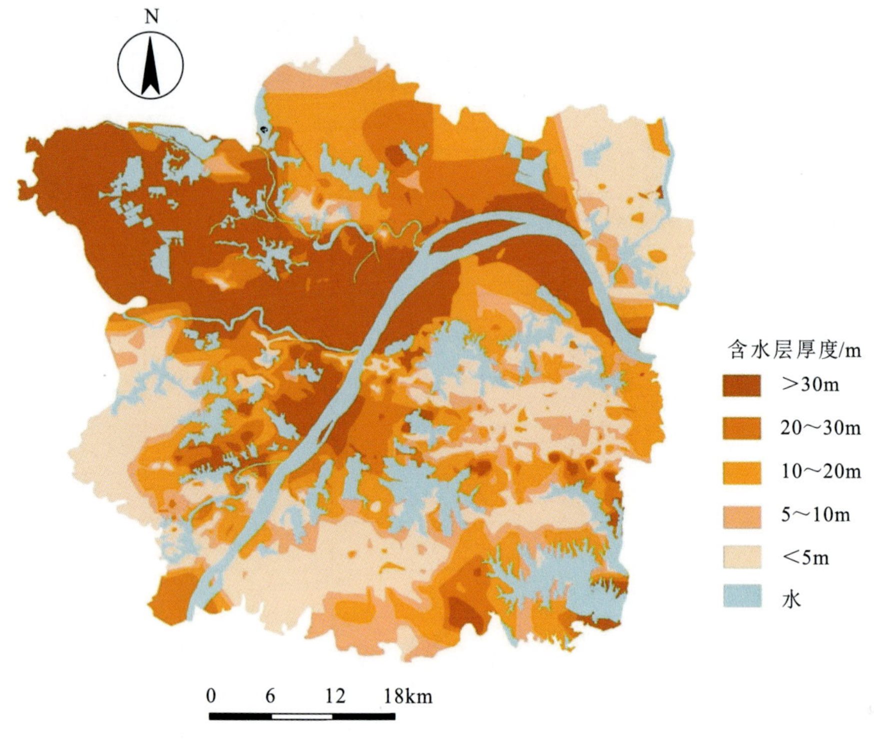

图5-8 武汉市区地下含水层厚度分布图

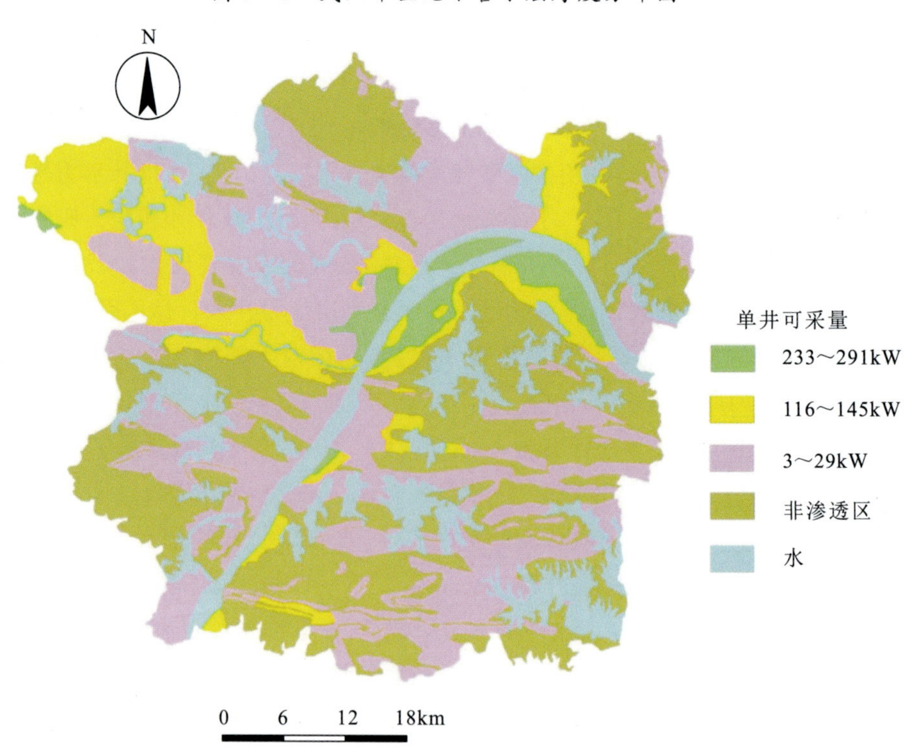

图5-9 武汉市区地下含水层地热潜能评价图

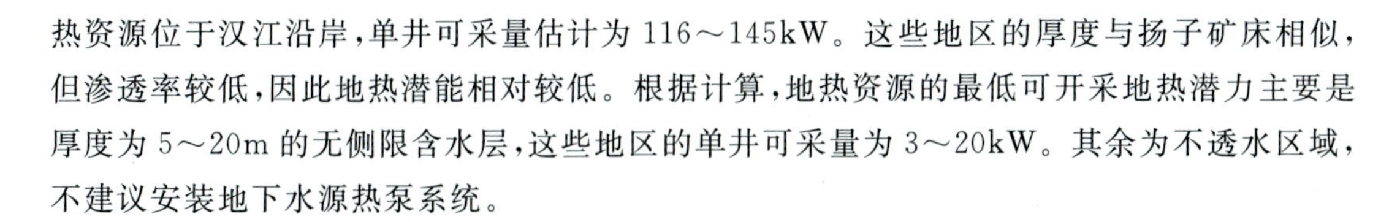

热资源位于汉江沿岸，单井可采量估计为116～145kW。这些地区的厚度与扬子矿床相似，但渗透率较低，因此地热潜能相对较低。根据计算，地热资源的最低可开采地热潜力主要是厚度为5～20m的无侧限含水层，这些地区的单井可采量为3～20kW。其余为不透水区域，不建议安装地下水源热泵系统。

（三）土壤源地热资源

1．土层分布情况

本次调查评价主要针对不同岩土类型展开，其中第四系主要可分成一般黏性土区、隐伏老黏性土区和老黏性土区。

（1）一般黏性土区：主要分布在一级阶地、河漫滩及二、三级阶地的坳沟部分，以汉口地区及武昌、汉阳的沿江一线为主。该层地层具明显的沉积相二元性结构，上部为一般黏性土，厚1～12m，粉土厚2～5m，局部大于5m；粉土或粉砂夹粉质黏土互层，顶板埋深6～12m，厚3～5m。中部为厚30～45m砂、砾卵石层，由厚30～40m粉砂、细砂逐渐过渡到中粗砂夹砾、卵石层（厚2～8m，局部缺失）。底部为基岩。局部地段人工填土、淤泥、淤泥质软土互层，如大兴路、武昌老护城河、紫阳湖、六渡桥等地的人工填土厚6～8m，沙湖、月湖、三眼桥—新华下路一带的淤泥、淤泥质软土厚7～18m。

（2）隐伏老黏性土区：主要分布在剥蚀堆积平原的坳沟地区和一、二级阶地的结合部，如东西湖、汉阳、武昌残丘南麓的部分地区，一般黏性土厚度大于8m或湖积淤泥、淤泥质软土厚度大于20m，中部为老黏性土，底部为基岩。局部人工填土厚度大于8m。

（3）老黏性土区：主要分布于武昌东南和汉阳大部分城区范围，属剥蚀堆积平原土层（主要为Qp_3、Qp_2），厚3～28m，主要为老黏性土及老黏性土混碎石、残积土，底部为基岩。残丘边缘部分存在坡积层，在武昌地区的长江古河道（分布在紫阳路—付家坡—水果湖—武重一带）的第四系覆盖层厚度超过100m。

2．基本物理性质

1）土层一般物理力学性质

（1）人工填土层：人工填土层由杂填土和素填土组成，堆积时间久、结构比较密实、均匀的人工填土可作为多层建筑物天然地基持力层。结构松散、组成物质不均匀、层间上层滞水与地表水存在水力联系的填土层可能对基坑边坡稳定性构成危害。素填土土石分类为松土，土石分级为Ⅰ类。

（2）一般黏性土：一般黏性土俗称“硬壳层”，浅部多呈可塑状态，但具有自上而下土的含水量增大、逐渐变软的特点，个别地段缺失。一般黏性土土石分类为松土—普通土，土石分级为Ⅰ—Ⅱ类。

（3）淤泥、淤泥质软土：淤泥、淤泥质软土往往夹有厚薄不均的粉土，是武汉地区主要软弱土。该层天然含水量高、孔隙度高、压缩性高、承载力低，具有结构灵敏、流变、蠕变性质，是影响地基沉降、深基坑稳定或构成城市环境危害的不利土层。淤泥、淤泥质软土土石分类为松土，土石分级为Ⅰ类。

(4)粉土：粉土往往夹有黏性土、砂土薄层或与黏性土、粉砂互层，是黏性土与砂土的过渡层，含过渡性承压水，水理稳定性差。一级阶地粉土层和粉土与粉砂、一般黏性土互层往往是构成基坑的主要土层，如地下水控制设计不当，会产生渗水、流砂、管涌现象，对基坑工程构成危害。松散状态浅层粉土可能会产生地震液化。中密状态粉土可作为多层建筑的桩端持力层。粉土土石分类为松土，土石分级为Ⅰ类。

(5)砂、砾卵石：砂、砾卵石层厚度大，分布比较稳定，顶部为稍密状态，下部为中密—密实状态，承载力高，压缩性低。该层中赋存有丰富的孔隙承压水，水位标高在14～20m之间变化。砂、砾卵石土石分类为松土—普通土，土石分级为Ⅰ—Ⅱ类。

(6)老黏性土：老黏性土压缩性低，承载力高，为超固结土，多裂隙，具遇水软化、失水干裂特点，有“天旱一把刀、下雨一团糟”的俗称，局部地段分布不稳定，厚薄不等，顶板坡度大，可构成不均匀地基。局部地段还存在一定的膨胀性。老黏性土土石分类为普通土—硬土，土石分级为Ⅱ—Ⅲ类。

(7)底部基岩：第三系(古近系＋新近系)黏土岩和志留系、侏罗系泥岩、页岩等为极软岩，极易风化，遇水软化，强风化带厚薄不一，风化界限不明显，往往软硬不均，局部地段强风化与中等风化岩石呈互层状态。第三系粉砂岩、志留系砂页岩等为次软岩，第三系砾岩、侏罗系硬质砂岩、泥盆系石英砂岩等为次硬岩。底部基岩土石分类为软石—次坚石，土石分级为Ⅳ—Ⅴ类。

2)土层渗透性质

一般而言，砂土层渗透性能较好，是含水层；黏性土层渗透性能较差，可视为隔水层；填土层的渗透性较复杂，视其成分含量不同、密实程度不同而有很大的差异。武汉地区一级阶地有关地层的渗透系数在无条件试验时，可参照表5-15使用。

表5-15 武汉市区土层渗透性质指标表

岩土名称	渗透系数/($m\cdot d^{-1}$)	岩土名称	渗透系数/($m\cdot d^{-1}$)
粉土	0.1～1.0	粉　砂	1.0～10.0
细砂	10.0～35.0	砾卵石	35.0～60.0

3)岩土热物性

岩土的热物性与密度、湿度及化学成分有关。导热系数随着密度和湿度的增加而变大，湿度对比热容的影响也较大。就武汉市而言，岩石的热传导性能最好，黏性土次之，砂土再次之，淤泥最差。武汉市土层热物性指标可参考表5-4。对于武汉市广泛分布的泥岩等岩石目前还没有相关资料，建议在以后的工作中，对泥岩等岩层的热物理性质进行一定量的对比试验，以获得一些经验参数。

3.地下温度监测

地温是地源热泵系统设计和规划的重要参数。在这项工作中，使用图5-10所示的钻孔,在武汉市区地下 120m 的深度范围内测量了地温。结果表明,10m 深度内气温季节性变化对气温影响较大,地表温度在该深度以下全年相对稳定,为 18.7～20.2℃。地温梯度为 1.5～2.0℃/100m,温度随深度增加。

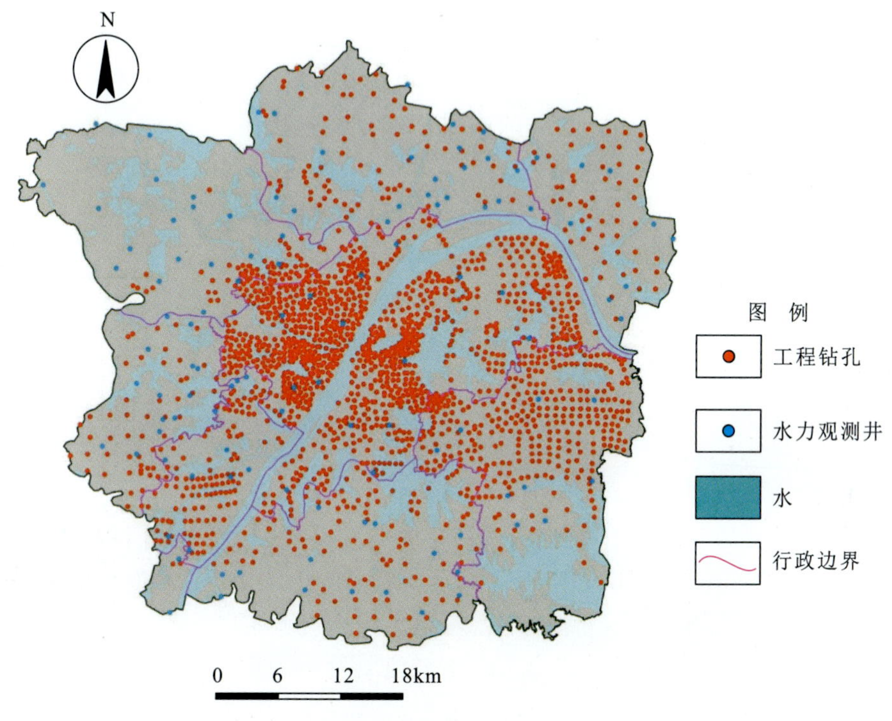

图 5-10　武汉市区工程钻孔及水力观测井分布图

为了保护深层含水层的地下水资源,政府只允许在地下 120m 深度范围内开采浅层地温能。使用从测量点获得的数据,在研究区地表以下 120m 深度范围内创建温度等值线。数据显示浅层地温在 18.2～20.3℃之间变化。研究区 120m 深度内的平均温度为 18.3～20.5℃。武汉南部地区气温在 18.9～20.5℃之间,北部地区气温在 18.5～19.1℃之间。根据绘制的温度等值线(图 5-5),与北部相比,南部地区的温度相对较高。地温分布不均是由岩性、水文地质条件和地温背景等多种因素造成的。这些数据提供了对初始地温分布的基本了解,将用于评估地源热泵系统的地热潜力。

根据所获得的地质背景、水文地质条件和热理性等资料,对地下热水系统浅层地热潜力进行了半定量评价。浅层地温能的勘探通常采用 BHE 矩阵法,如 5m×5m 的布置方式,然后考虑季节允许温差和单位容积的热容量,对可用热量进行评估。本研究以 120m 的总埋深和 6℃的温差作为单位面积浅层地热势的评价标准。

此外,还考虑了不同季节地源热泵系统的可开发利用量。净能量是衡量地源热泵系统可持续性的重要参数。通过考虑 25a 的地源热泵系统运行周期和 6°C 的平均温度变化,可估算出年不平衡净能量。图 5-11 显示了季节性地热能的最大可开采量。结果表明,研究区可划分为3个不同可开采量的地热区。图中最高地热可开采量(Q_{sea})为1 612.8MJ，其次为1 526.4MJ，最低面积为1 411.2MJ。年净能量(Q_{net})相对低于季节可开采能量，分别为64.0MJ/a、61.1MJ/a和56.4MJ/a。这两个参数对于确定土壤源热泵特定钻孔场的装机容量至关重要。

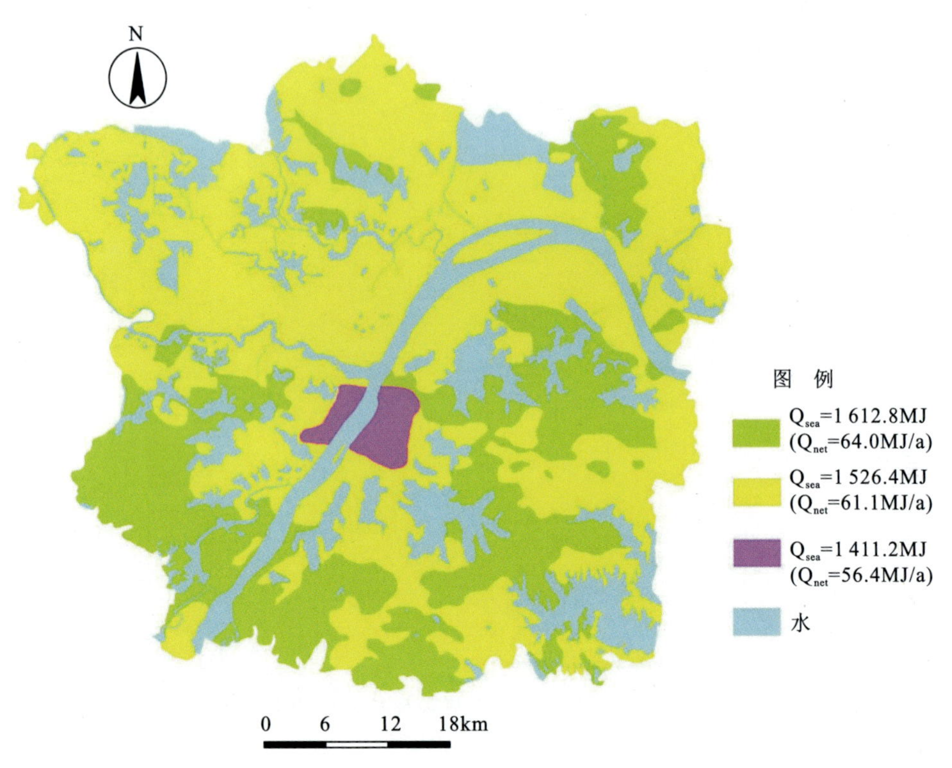

图5-11　武汉市区土壤源热泵系统(GCHP)120m深度内地热开采潜能评价图

第二节　单体地源热泵系统调查与评价

一、地埋管地源热泵系统实例

(一)项目概况

1. 项目位置

本应用实例中的地埋管换热系统安装于德国纽伦堡市的OCHS公司办公大楼，如图5-12所示。纽伦堡市为冬季寒冷的气候区，该地区的基本气候参数见表5-16。根据气候参数，并结合建筑的能源利用特点，本建筑采用地埋管换热器进行建筑的供热和制冷。办公楼于11月份进行采暖，日平均气温较低，温度范围-9～1℃。采暖期为11月至翌年3月，年平均采暖时间为1800h，在制冷期天气通常很热。7月平均日气温可达28℃。平均而言，建筑年平均制冷时间为850h，仅占制热时间的一半(Heskeand,2008)。

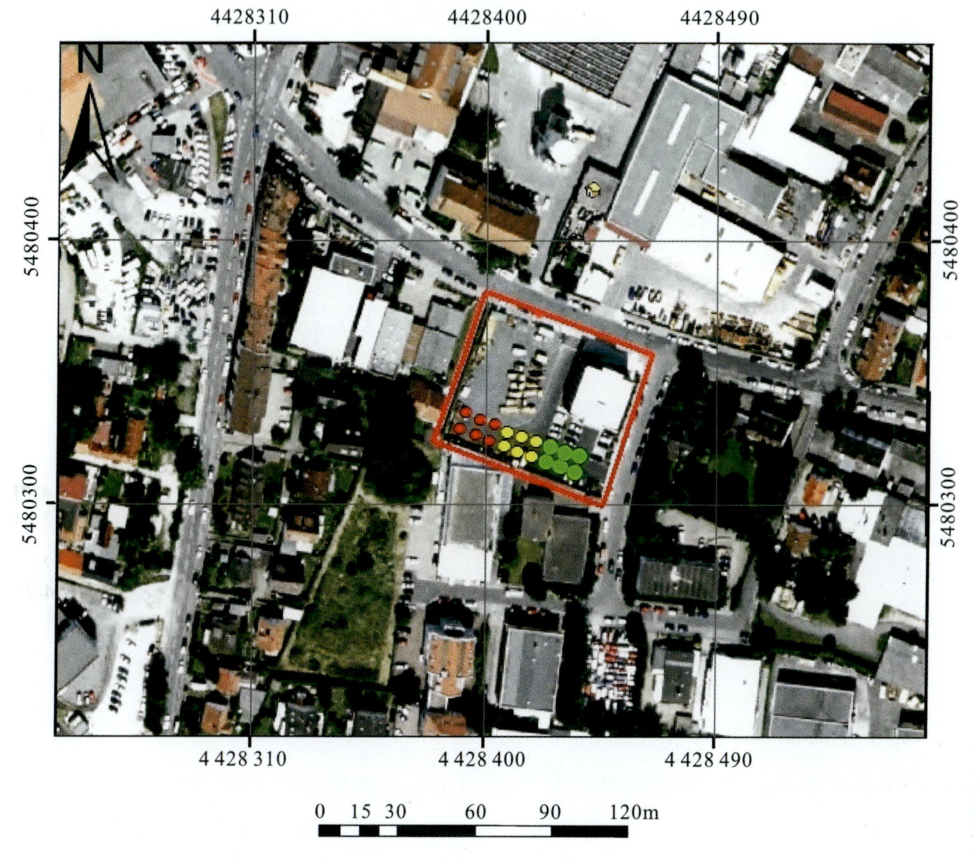

图5-12 OCHS办公大楼地埋管换热系统位置图

表5-16 德国纽伦堡区域气候参数表

项目	参数
经纬度	49°27′20.9″N,11°00′41.6″E
制热期	11月至翌年3月
制热期日平均气温	-9～1℃
年平均制热时间	1800h
制冷期	7—8月
制冷期日平均气温	14～28℃
年平均制冷时间	850h
年平均地下温度	8.7℃

2. 建筑概况

该建筑建造于2008年，共3层，地下室1处，总面积1530m²，如图5-13所示。建筑(办公室、会议室、走廊)总空调面积1150m²。辅助设备(服务器室、储藏室、热泵)位于地下室，面积380m²。一般来说，该建筑运行时间为每周一到周五的08:00—18:00。建筑物的最大热负荷设计值为50kW，最大冷负荷设计值为80kW。

图5-13 德国OCHS公司办公大楼

3. 地埋管换热器概况

地源热泵系统由3部分组成：钻孔换热器(BHE)、热泵系统和室内终端，如图5-14所示。钻孔换热器由18个钻孔组成，其中每组由6个直径相同的钻孔组成。根据直径可将钻孔换热器可分为3个区块：直径121mm的区块Ⅰ、直径165mm的区块Ⅱ和直径180mm的区块Ⅲ。3组钻孔换热器通过水平连接管平行连接。GWM-1和GWM-2是钻孔现场的两个调查井(图5-15)。

钻孔换热器与室内终端的连接由换热器(HX)和热泵(HP)两部分组成。在制冷模式下，热量被注入地面。在这种情况下，地下被用作散热端，以分散建筑物排出的热量。采用导热系数高的金属板作为换热器连接地下和建筑物。同时冬季在制热模式下，地下岩土体作为热源，热量由热泵系统从地面提取。

室内终端主要包括线圈和散热器。线圈嵌入建筑物的楼层，覆盖了办公室和走廊的所有楼层。由于楼层与房间空间接触面积大，可以实现高效的能量交换。在节能方面，本建筑的楼层设计保持恒温21℃。因此，避免高峰时间可以节省电力成本。此外，散热器安装在室内房间内，为供暖期提供更高的温度要求。

地埋管换热器的相关参数，包括配置参数和材料特性见表5-17。此外，装置内还包含一个水箱，作为一个热缓冲器来储存高压加热的热水，如图5-16所示。热缓冲存储器(BS)

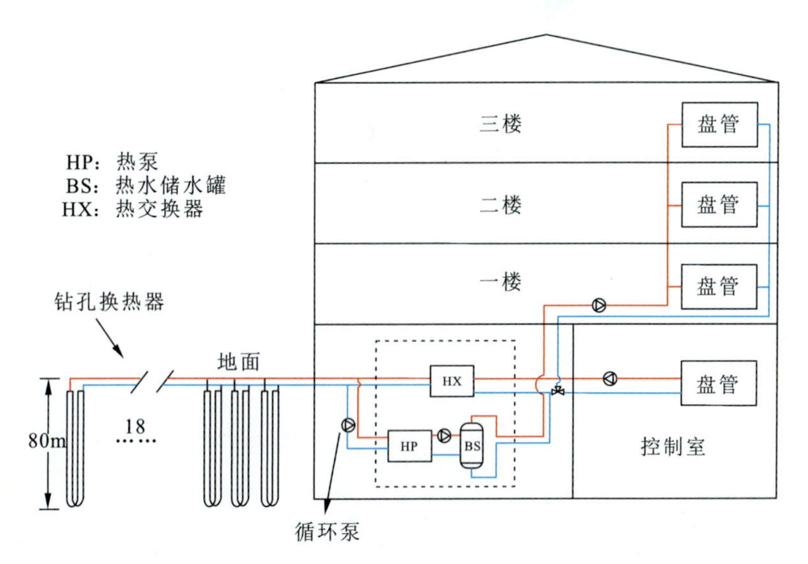

图 5－14　OCHS 办公大楼地源热泵系统(GSHP)简图

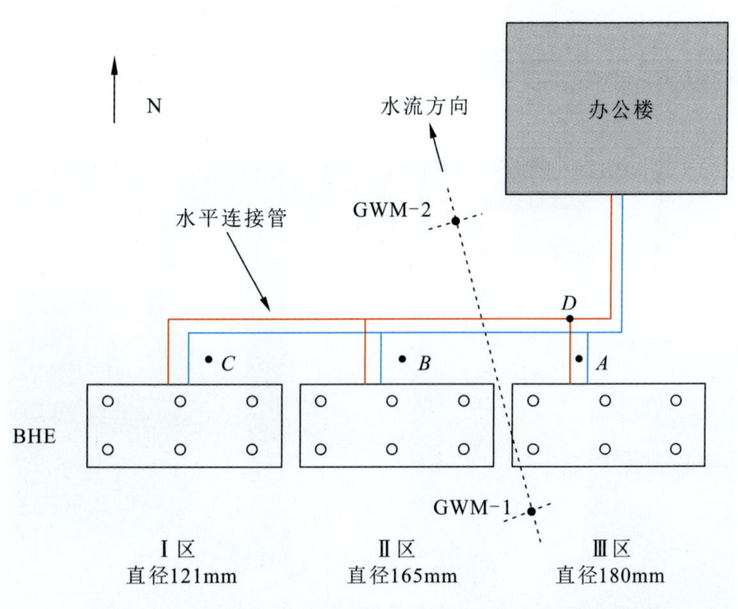

图 5－15　OCHS 办公大楼地源热泵系统布局示意图

与地板相连，以提供每个独立房间所需的能量。在热缓冲存储器内部，储存的热水温度在35～45℃之间。当水温降至35℃时，热泵(HP)开始运行，以满足温度要求。这种情况可以避免频繁打开/关闭热泵所消耗的能量。另一个重要的单元是安装在地下室的计算机服务器，该装置需要间歇地冷却。为了充分控制各装置的总能耗，压缩机采用变频器控制，以满足实际能源需求下的冷、热负荷。

表 5-17　OCHS 办公大楼钻孔换热器结构和材料参数表

内容	项目	参数
结构参数	钻孔直径	121mm/165mm/180mm
	钻孔深度	80m
	钻孔距离	6m
	埋管类型	双 U 型管
	埋管间距	70mm
	埋管直径	32mm
	管壁厚度	3mm
材料特性	埋管导热系数	0.38W/(m·K)
	灌浆混凝土导热系数	2.35W/(m·K)
	载热流体	30%(乙二醇/水)
	岩土导热系数	2.5～2.6W/(m·K)

图 5-16　OCHS 办公大楼热泵系统现场图(左:热水储水罐;右:热泵)

4. 数据监测系统概况

为了研究不同直径钻孔的地埋管换热器的传热效率,分别对每组地埋管换热器进行了温度、流量等参数的监测。首先安装了温度传感器(TST90,Endress + Hauser -

Messtechnik GmbH+Co. KG，Freiburg，Germany)，用于测量流体的出入口温度；还安装了流量计(Promag 53P40，Endress+Hauser - Messtechnik GmbH+Co. KG)，以监测通过U型管循环的流体流速。图5-17显示了测量装置的原理图，每6个钻孔直径相同的钻孔管道被组装成一个井室，传感器安装在密封室内。分别监测地埋管换热器每个直径的钻孔其流体温度和流速，其中温度传感器分别安装在不同深度(18m、46.5m和77m)的钻孔内部，共有12个传感器，包括6个温度传感器和6个流量计。传感器的规格、参数以及测量精度见表5-18。

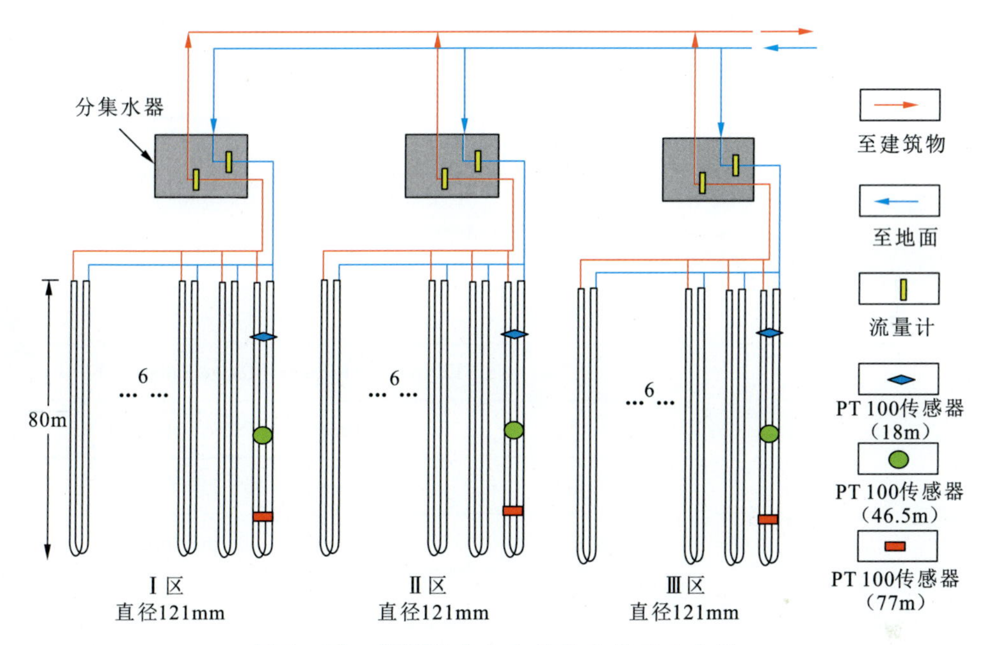

图5-17　OCHS办公大楼钻孔监测示意图

表5-18　OCHS办公大楼传感器数据采集项目表

监测项目	仪器	参数	规格
户外温度	电阻式温度计	厂商	Endress+Hauser - Messtechnik GmbH+Co. KG
		型号	TST434
		监测范围	-50～100℃
		精度	±0.05℃
		监测位置	建筑南侧

续表 5-18

监测项目	仪器	参数	规格
钻孔内温度	电阻式温度计	厂商	Endress+Hauser-Messtechnik GmbH+Co. KG
		型号	TST434
		监测范围	-50～100℃
		精度	±0.05℃
		监测位置	井深 18m、46.5m 和 77m
出入口温度	电阻式温度计	厂商	Endress+Hauser-Messtechnik GmbH+Co. KG
		型号	TST90
		监测范围	-50～200℃
		精度	±0.05℃
		监测位置	流体出入口处
流速	流量计	厂商	Endress+Hauser-Messtechnik GmbH+Co. KG
		型号	Promag 53P40，DN40 1 1/2”
		电压	85～260V
		监测范围	0～200dm^3/min
		精度	±0.2%
		监测位置	流体出入口处
能量计算	数据记录器 能量计算器	厂商	Endress+Hauser-Messtechnik GmbH+Co. KG
		型号	Memograph M RSG40
		监测位置	电脑连接，每 500μs 自动记录

图 5-18 为 OCHS 办公大楼现场监测仪器安装及集束管内部装置示意图。每个塑料空间内安装了两个集束管，下集束管用于监测循环至地面的流体，上集束管用于监测循环至建筑物的流体。标记 1、2、3、4、5 和 6 用于流体循环至建筑物，Ⅰ、Ⅲ、Ⅲ、Ⅳ、Ⅴ和Ⅵ用于流体循环至地面。平行连接的 BHE 管道分别组装成流体进出口。因此，每个管道的压力分布相同，流量分布均匀。此外，还使用传感器(TST434，Endress+Hauser-Messtechnik GmbH+Co. KG)监测室外温度。然后，分析了不同环境条件下的热性能。所有有关温度、流量和能量预算的信息都由数据采集系统连续记录，这些参数以及日期时间每 10min 存储 1 次。

图 5-18 OCHS 办公大楼现场监测仪器安装及集束管内部装置示意图

除了监测地埋管换热系统外，还监测地埋管附近的地质体。表 5-19 显示了两个钻探井(GWM-1 和 GWM-2)中温度传感器的安装情况。为了测量地下温度，这些传感器(PT 100，Endress+Hauser-Messtechnik GmbH+Co. KG，Germany)单独安装在井内，地下温度随 GSHP 系统的运行而变化。为了研究地埋管周围岩土体的温度分布，在每个钻探井的 8 个不同深度上有 8 个 PT100 温度传感器，如表 5-19 所示。

表 5-19 OCHS 办公大楼场地钻探井内温度传感器安装情况记录表

深度/m	GWM-1	GWM-2
5	×	×
12	×	×
20	×	—
22	—	×
32	×	×
40	×	—
42	—	×
46	×	—
50	—	×
60	×	×

续表 5－19

深度/m	GWM－1	GWM－2
72	—	×
75	×	—
×:有传感器;—:无传感器		

安装过程中，首先用扎带将 PT100 传感器固定在一个小塑料管中，然后用胶带将温度传感器固定在过滤管的特定深度，如图 5－19 所示。最后，过滤管安装在钻探井(GWM－1 和 GWM－2)中。温度传感器的所有电缆均与数据记录系统组装连接。

为了收集传感器监测数据，现场还安装了数据记录系统，系统分为两部分：数据显示系统和数据存储系统。图 5－20 显示了有关 GSHP 系统运行的监控数据记录。每 10min 记录一次流体进出口温度、流体流速、地面温度和能量计算值(kW·h)，系统将这些参数随时间自动绘制成曲线。数据存储系统(Memograph M RSG40，Endress＋Hauser－Messtechnik GmbH＋Co. KG，Well am Rhein，Germany)用于存储输出的数据，收集并存储了一系列数据集，包括流体温度、流体流速、钻孔温度和能量，时间间隔为 10min。

图 5－19　OCHS 办公大楼场地 PT100 温度传感器现场安装图

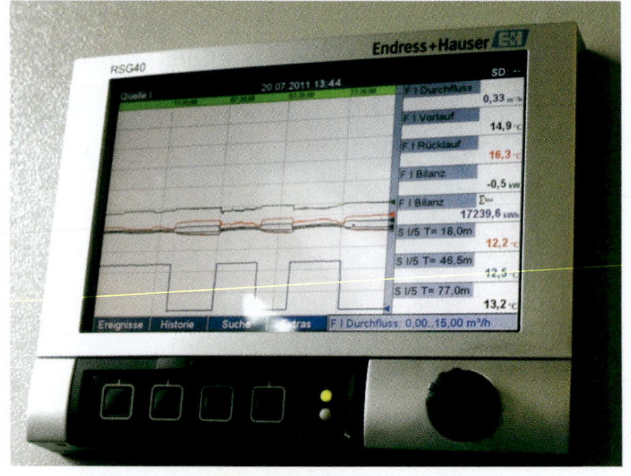

图 5－20　GSHP 数据监测系统

(二)工程地质概况

1. 钻井施工

钻井工作在安装 GSHP 系统的钻孔现场进行。埋管钻孔共有 18 个，按钻孔直径可分为 3 组：121mm、165mm 和 180mm。为了研究地层岩性，在钻孔现场钻了两口井用于取芯和测井：上游井为测点 1(GWM－1)，下游井为测点 2(GWM－2)。所有钻孔和钻探井的深度均为 80m。

钻井工作于2011年7—8月进行。GWM-1位于井田南侧，距离5m，如图5-21所示。

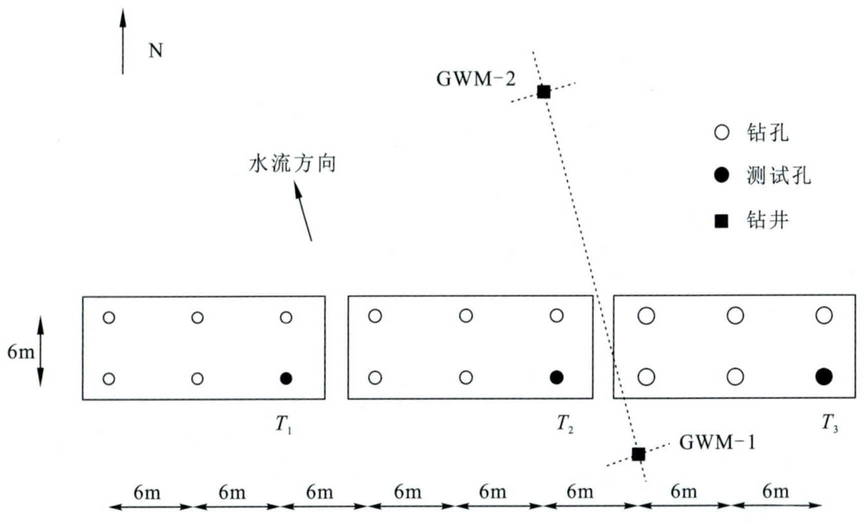

图5-21　OCHS办公大楼GSHP系统现场钻井位置分布图

这口井是为采集岩芯样品而钻的，GWM-2位于钻孔场北侧下游，距离20m，这两口井沿地下水流向排列。钻井现场施工见图5-22。

图5-22　OCHS办公大楼GSHP系统钻井现场施工图

根据从钻井GWM-1采集的岩芯描述和现场记录制作了地质剖面图。根据实验室测量要求，岩芯直径为100mm。根据收集到的钻孔岩芯，钻孔现场可分为5个地层，如表5-20所示。

表 5-20 OCHS 办公大楼场地地层岩性记录表

序号	深度/m	地层岩性	描述
1	0～4	第四纪沉积物	由松散沉积物组成，松散沉积物由黏土、淤泥、黄土、圆砂和砾石组成。第四纪沉积物的底部是细砂至中砂，深度为 2.10～4.00m。该层位于地下水位之上，地下水位在地表以下约 4.0m
2	4～25	砂岩	主要由石英砂组成，厚度约为 20.00m。砂的粒径主要从中粗粒到粗粒，砂岩的强度主要取决于颗粒的胶结物。该层的水平和垂直水力特性大致相同，钻芯取样完整性较差，存在一些裂缝。该层被视为含水层
3	25～55	黏土岩/砂岩	黏土岩为灰色，砂岩为红色，厚 28～30m。钻芯取样完整性较差，存在大量裂缝。该层水平方向渗透性较好，垂直方向渗透性较差
4	55～62	砂岩	为河流沉积砂岩，研究区的砂岩颜色从灰色到红色和黄色不等，在钻孔现场，厚度为 7.00m。该层被视为含水层
5	62～80	黏土岩	由灰色和深灰色黏土岩组成。由于渗透性较差，该层被认为是隔水层

2. 热物性参数测试

本部分根据在 GWM-1 测井中采集的岩样进行热物性参数测试，包括岩土体的导热系数和比热容。此外，还根据热响应测试（TRT）和增强型热响应测试（EGRT）计算了地埋管换热器的有效热导率和钻孔热阻。

1)室内试验测试

通过从 GWM-1 采集的样品测量岩土体的导热系数和比热容等热性能，对每个地层的热物性进行研究（图 5-23）。在这项工作中，采用仪器 ISOMET 2104（Applied Precision Ltd.，Stavitelska，Slovakia）进行测量，用表面探头测量采集的硬岩样品。表面探头中嵌入线性形状的金属，以产生加热功率。在与样品相反的位置使用导热系数为 0.16W/(m·K)的有机玻璃，将加热元件产生的热量几乎完全加热到样品的一半空间。根据线性源理论，被测样品的导热系数公式如下：

$$\lambda=\frac{2q}{4\pi}\frac{\ln t_2-\ln t_1}{Tt_2-Tt_1} \tag{5-1}$$

式中：λ 为导热系数[W/(m·K)]；q 为加热速率（W）；T 为温度（K）；t 为时间（s），t_2 和 t_1 表示两个不同时间内的测量值。

为了保证测量的精确度，本工作对每个样品重复测量 4 次取平均值。已知温度随时间变化的情况下，还估算了热扩散系数。热扩散系数是温度的时间导数与其曲率之比，如式（5-2）所示。然后，利用导热系数来划分热扩散系数，得到了体积热容。

$$\frac{\partial T}{\partial t}=\alpha\ \nabla^2 T \tag{5-2}$$

式中：∇为一阶导数；T 为温度（K）；t 为时间（s）；α 为热扩散系数（m^2/s）。

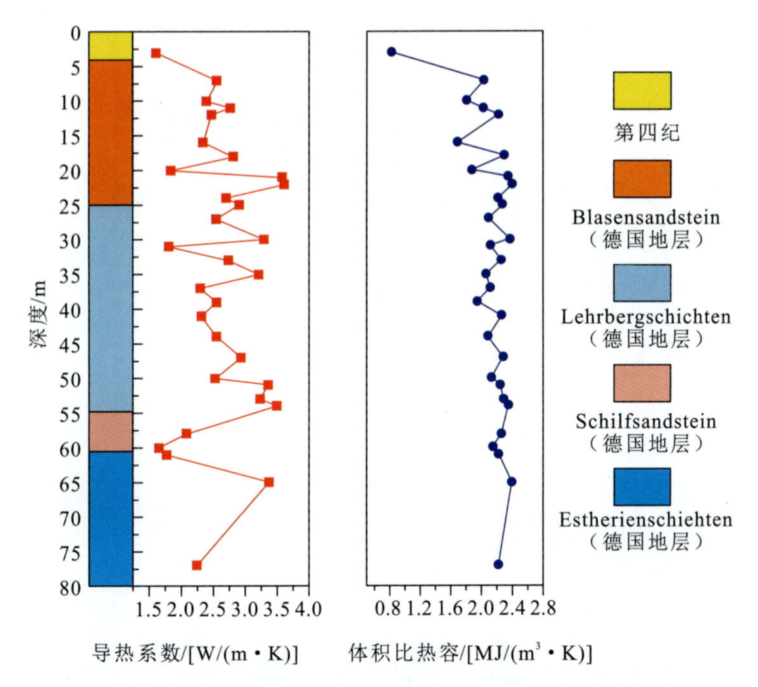

图 5－23 GWM－1 岩土体样品热物性参数室内测试结果图

图 5－23 给出了从 GWM－1 采集岩芯的实测导热系数和体积比热容。据观察，测得的热导率范围为 1.6～3.7W/(m·K)。这是因为井田地下为层间砂岩层和黏土岩层。黏土含量较多的岩样导热系数较小，反之亦然。经计算，岩土体的算术平均导热系数为 2.5W/(m·K)。

2)热响应测试(TRT)

本阶段主要进行了 3 次热响应测试(图 5－24)。第一次在直径为 121mm 的地埋管换热器中实施，试验周期为 7d(2012 年 5 月 16 日—2012 年 5 月 22 日)。第二次在直径为 165mm 的地埋管换热器中实施，试验周期为 7d(2012 年 5 月 23 日—2012 年 5 月 29 日)。第三次在直径为 180mm 的地埋管换热器中实施，试验周期为 5d(2012 年 6 月 1 日—2012 年 6 月 5 日)。

热响应测试结果表明，随着试验的进行，流体进出口温度不断升高。在整个测试期间，除了测试开始时的几分钟，输入的热量几乎保持不变，在 120～160h 的试验过程中，观察到环境温度突然变化，其温度范围为 12～25℃。这意味着空气温度的突然变化可能会严重影响试验结果。

3 种不同直径钻孔的导热系数大致相近，表明 3 个调查点的岩土体热物性相似。根据上述 TRT 测试，钻孔的有效热导率 λ_{eff} 为 2.54W/(m·K)。相比之下，实验室测得的导热系数平均值与热响应测试结果非常吻合。研究结果表明，热响应测试试验是确定地面有效导热系数的合适方法。地层有效热导率和钻孔热阻见表 5－21，室内测试和热响应测试导数系数对比见表 5－22。

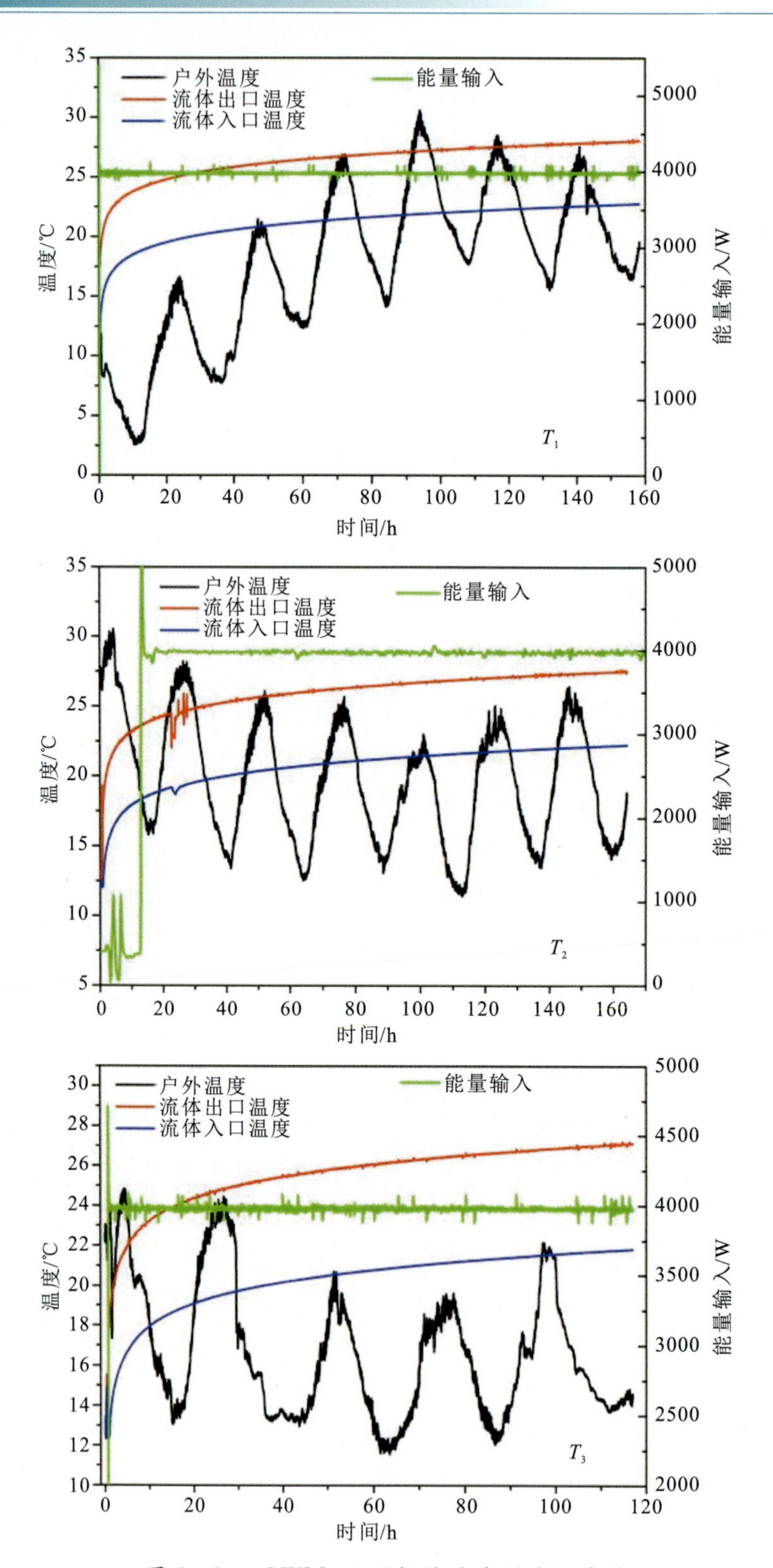

图 5－24　GWM－1 现场热响应测试记录图

表 5-21　OCHS 办公大楼场地地层有效热导率和钻孔热阻表

钻孔直径/mm	有效导热系数/[W·(m·K)$^{-1}$]	钻孔热阻/[(m·K)·W^{-1}]
121	2.54	0.093
165	2.53	0.105
180	2.55	0.110

表 5-22　GWM-1 岩土样品室内测试和热响应测试导热系数对比表

地层深度/m	室内测试结果/[W·(m·K)$^{-1}$]	TRT 测试结果/[W·(m·K)$^{-1}$]	差别/%
0～4	2.50	2.54	1.6
4～25			
25～55			
55～62			
62～80			

3)增强型热响应测试(EGRT)

利用分布式温度传感系统(DTS)进行了增强型热响应测试(EGRT)。在数据传输系统中,可以利用自发拉曼散射(SRS)测量光纤的温度分布。传感原理是基于光时域反射计(OTDR),其中从受激光脉冲中检测出反向传播光的频率变化。在实际应用中,可以获得0.5m 的空间分辨率和 10ns 的时间分辨率。

为了测量温度分布,采用了温度相关斯托克斯强度比和反斯托克斯强度比。然后通过光纤相关校准程序,根据这两条线的比率计算温度。这些关系可表述为:

$$\frac{I_{AS}}{I_S} \propto \exp\left(\frac{h\Delta(\nu R)}{kT}\right) \tag{5-3}$$

式中:I 为包含温度信息的反向散射光;k 为玻尔兹曼常数(J/K);T 为绝对温度(K);h 为普朗克常数(J·s);$\Delta(\nu R)$为拉曼 AS/Stokes 和瑞利散射光之间的频率差(Hz)。

在本研究中,光纤安装在两个钻探井(GWM-1 和 GWM-2)中。测量开始于 2013 年 8 月 22 日,加热持续 8d。图 5-25 显示了在钻孔现场进行的 EGRT 测试的测量设置。测试中分别记录电源输入和检测到的感应信号,以便进一步分析。首先测量了光纤的电阻,然后连续记录电压以计算输入功率。

本研究中的温度分布以 0.5m 的空间间隔和 2min 的时间间隔进行测量。测量装置由卡尔斯鲁厄大学应用地球科学系提供。传感探测器(N4386A,Apsensing Advanced Photophone GmbH,Boebligen,Germany)被选作从光纤检测到的解释性电信号。在测试过程中,

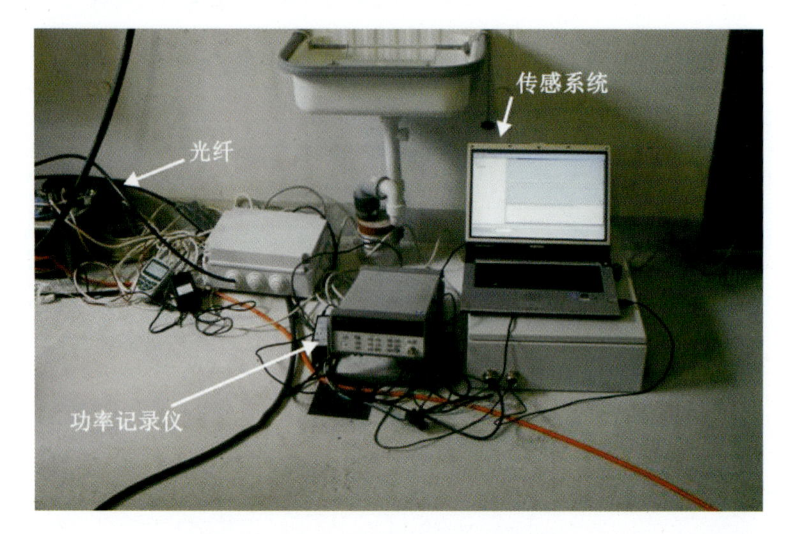

图 5-25 OCHS 办公大楼钻孔现场增强型热响应测试监测装置

测量结果输出同时存储在计算机中(图 5-26)。

图 5-27 显示了不同测试周期内 EGRT 测量记录的温度曲线。在加热前首先测量初始地温,并记录加热期间的地温变化。据观察,在顶部 10m 处,温度随着深度的增加而降低。在该深度以下,温度保持不变。加温后地质体温度主要在前 3h 升高较快,后期随时间的增加而平稳上升。

此外,在 23～25m 和 53～55m 的深度有两个温度曲线"跳跃点"。在这两个深度内,过滤管与地面之间的间隙用黏土填充,以限制不同含水层中的地下水越流。其余深度采用高导水率的砾石,以维持地下水的流动。在试验开始的几个小时内,由于温度响应主要由管道与地面之间的回填砾石引起,因此在评价地质体导热特性时,该阶段记录的数据被删除。实验室测量结果和 EGRT 结果的(图 5-28,表 5-23)比较和讨论如下。

表 5-23 导热系数室内测试与增强型热响应测试结果对比

地层深度/m	室内测试结果/[W·(m·K)$^{-1}$]	EGRT 测试结果/[W·(m·K)$^{-1}$]	差别/%
0～4	1.60	1.53	4.38
4～25	2.72	14.50	433.09
25～55	2.77	1.60	-42.24
55～62	2.22	2.24	0.90
62～80	2.24	2.28	1.79

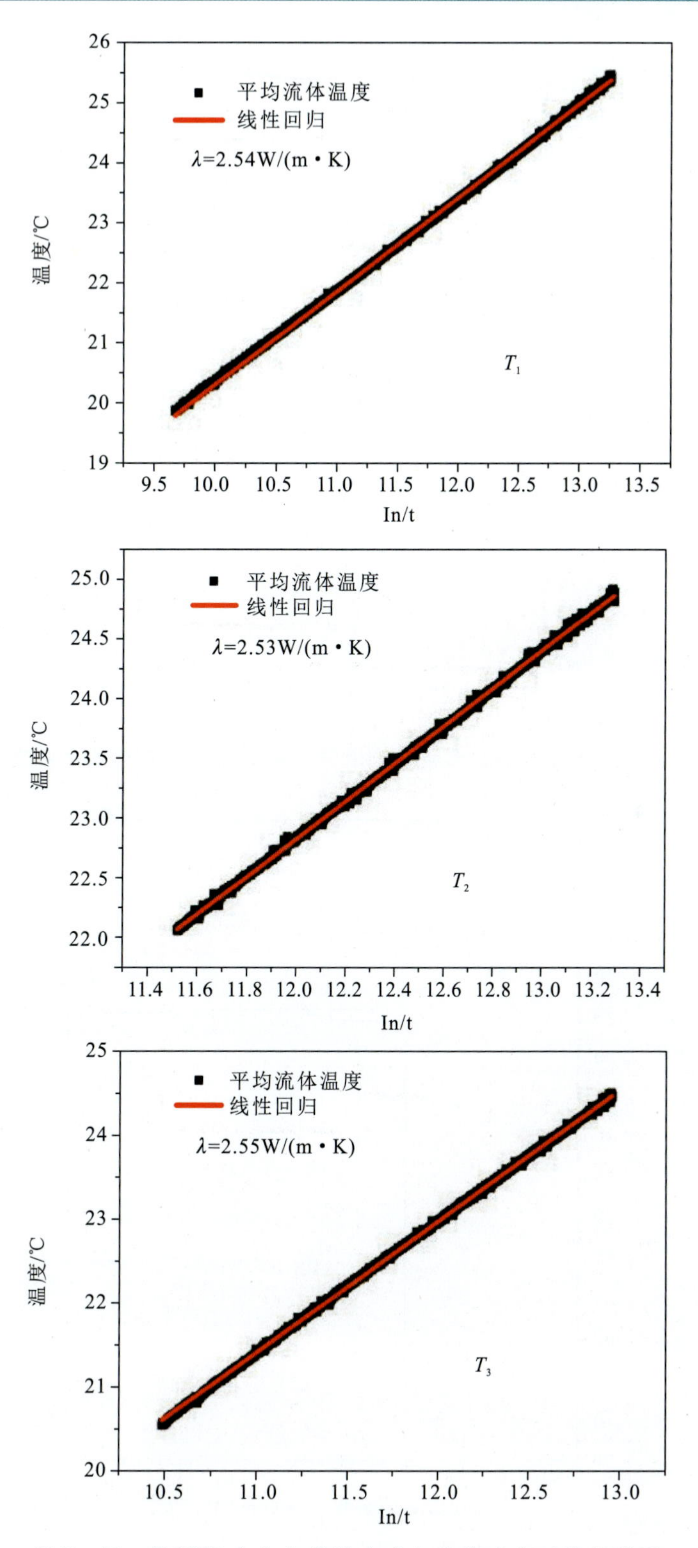

图 5-26　OCHS 办公大楼场地岩土体热响应测试结果图

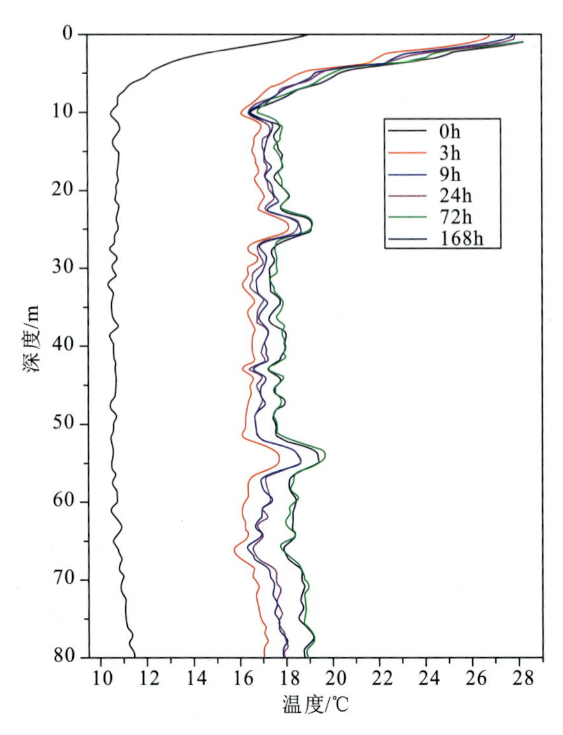

图 5-27　OCHS 办公大楼场地增强型热响应测试记录温度曲线图

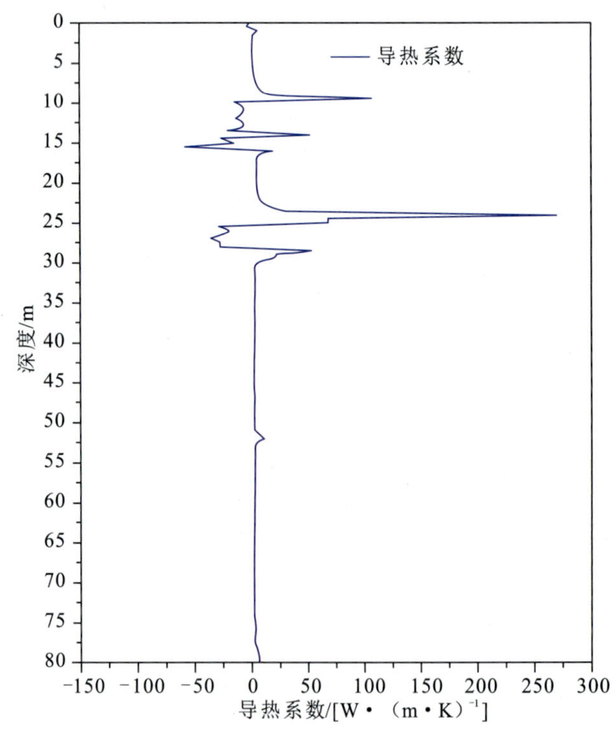

图 5-28　OCHS 办公大楼场地增强型热响应测试导热系数计算结果图

深度 0～4m 测得平均导热系数为 1.53W/(m·K)，该值与实验室测量结果[1.60W/(m·K)]相似。第四纪地层位于地下水位之上，该层无地下水流动。

深度 4～25m 导热系数测试值突变[－80～260W/(m·K)]，算术平均值估计为 14.50W/(m·K)，测量结果与实验室测量结果相差 433.09%。这可以归因于地下水流动的影响。据地球物理测试证实，该地层存在地下水流。地下水的流动带走了热量，导致传感器的温度波动。因此，该深度内的估算值不合理，不能代表该层的热物性。

深度 25～55m 与上含水层相似，实测导热系数变化剧烈。经地球物理试验验证，该深度范围内也存在地下水流动。因此，EGRT 测试结果明显偏离实验室结果。

深度 55～62m 为层状砂岩，平均导热系数为 2.24W/(m·K)，该值与实验室结果非常吻合。这一层被认为是含水层，但通过地球物理试验，认为该层的地下水流量可以忽略。

深度 62～80m 为黏土岩层。该层的平均导热系数为 2.28W/(m·K)，该值与实验室测量的结果[2.24W/(m·K)]非常吻合。在忽略地下水影响的条件下，EGRT 的测试结果与实验室测量结果非常吻合。因此，EGRT 适用于测试无地下水或地下水流量可忽略不计的岩土体导热系数。

以上研究也表明，地下水流动对 EGRT 结果有很大的影响。因此，在今后的工程中，应考虑地下水的影响。

3. 水文地质参数测试

为了进一步分析 BHE 的性能，还测试了岩土体的水文地质参数。在这项工作中，既进行了现场抽水试验，也进行了实验室渗透性测量。

在实验室测量中，选用了水头法来测量导水率。渗透性试验按照德国工业标准(DIN 18130—1998)进行，试验通过设置恒定正常压力来测量通过样品水量。由于可能出现泄漏问题，用示踪剂标记维持承压水，如图 5－29 所示。一般情况下，围压应设置为大于正常压力。水力传导率主要取决于样品的大小(直径、长度)以及水力参数，如水头和流速。根据这些测量参数，渗透系数可表示为：

$$K=\frac{V_w}{t}\frac{L}{As_w} \tag{5-4}$$

式中：k 为渗透系数(m/s)；A 为试样横截面积(m^2)；V_w 为水量(m^3)；L 为试样长度或高度(m)；t 为试验时间(s)；s_w 为抽水井水头差(m)。

为了研究不同地层的渗透性，对每个目标层分别进行抽水试验。选择 GWM－1 作为抽水井，GWM－2 用于观测井监测水位下降，如图 5－30 所示。以恒定流量从 GWM－1 抽水，记录 GWM－1 和 GWM－2 的水位变化。

当距离抽水井 R 半径范围内只有一口观测井时，Thiem 方法可用于解译水平抽水试验结果。根据测量数据，井流量公式如下：

$$W=\frac{2\pi kD(s_w-s_1)}{\ln(r_1/r_w)} \tag{5-5}$$

式中：W 为抽水速率(m^3/s)；k 为渗透系数(m/s)；D 为含水层厚度(m)；s_w 和 s_1 分别为抽

图 5-29　实验室渗透试验装置图

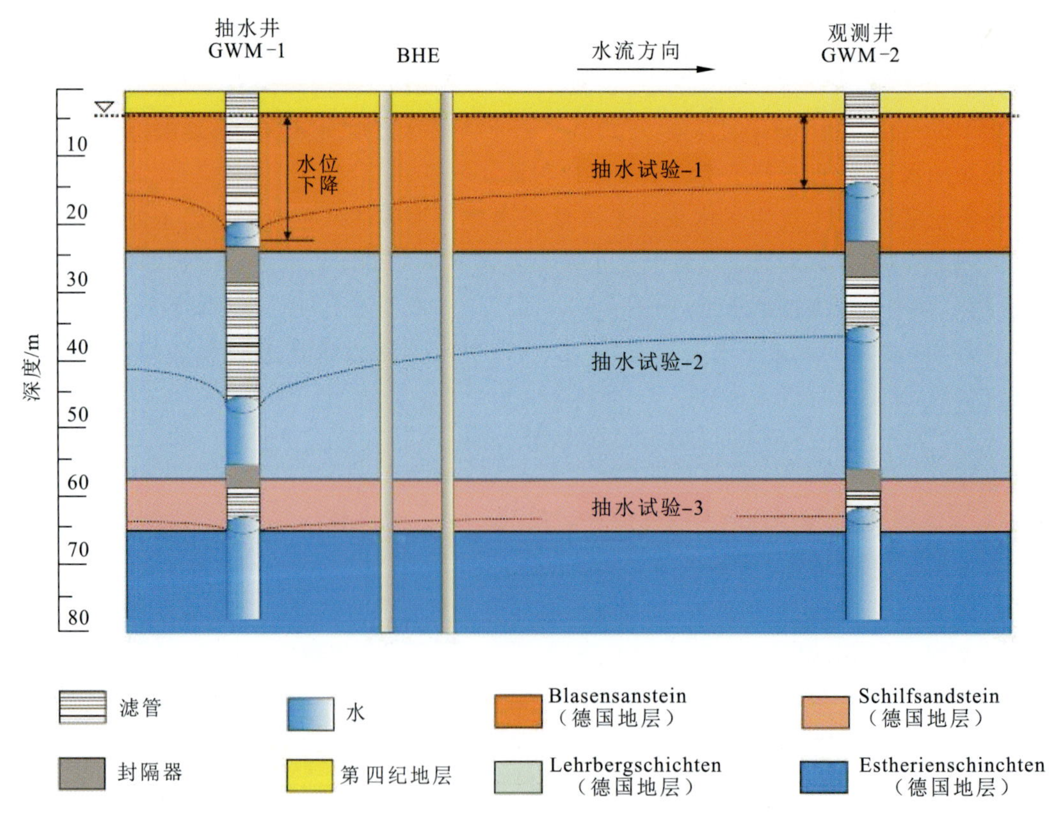

图 5-30　OCHS 办公大楼场地现场抽水试验示意图

水井与观测井的稳定水位(m);r_1 为抽水井与观测井之间的距离(m);r_w 为抽水井的半径(m)。

地质剖面图表明,地下有3个潜在的含水层,地层水力特性均通过抽水试验确定(图5-30)。此外,对地质剖面底部的泥岩也进行了渗透试验。为了进行抽水试验,在钻探井内安装过滤管,如图5-31所示。除23~25m和53~55m深处用黏土回填外,过滤管与地面之间的空隙用碎石填充。黏土填充主要防止不同含水层之间发生越流现象。

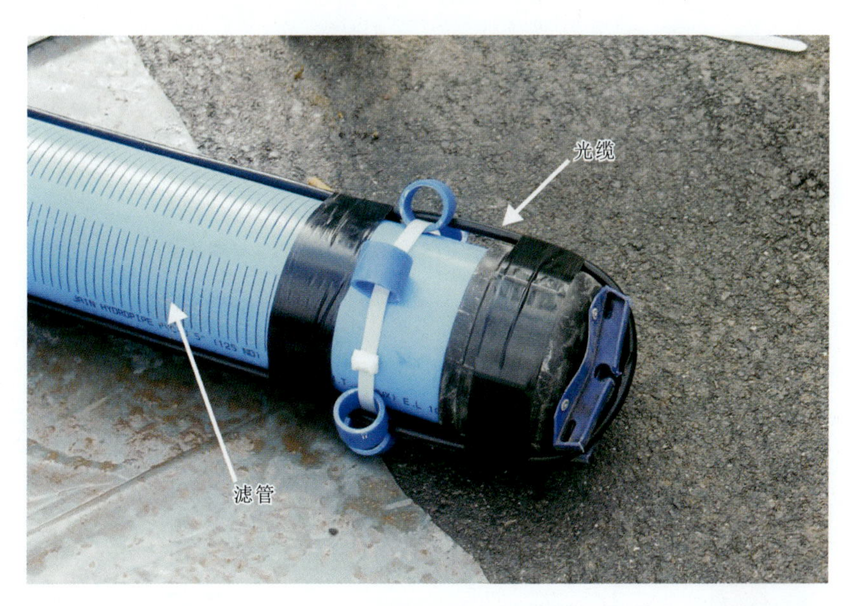

图5-31 OCHS办公大楼场地实验室抽水试验过滤管和EGRT光缆

图5-32为抽水试验运行期间的现场照片。在GWM-1抽水井内抽水,监测了GWM-1和GWM-2地下水位的变化,时间间隔为1min。

最后,通过现场抽水试验和实验室测量来研究地面的水力特性,如图5-33所示。现场抽水试验采用Thiem方法对水位变化进行了解译。由砂岩组成的岩层渗透系数最大,其值为1.74×10^{-5}m/s。由砂岩和黏土岩互层组成的地层渗透系数值为1.27×10^{-5}m/s。由砂岩组成的地层渗透系数值为9.8×10^{-5}m/s。渗透系数实测值表明,该处地层对地下水有良好的渗透性。此外,室内渗透性试验表明,从黏土岩层采集的土样渗透系数为6.74×10^{-9}m/s,因此该层可视为不透水层。

(三)3种不同孔径地埋管换热器性能评估

本节介绍了3种不同钻孔直径(121mm、165mm和180mm)钻孔热交换器(BHE)的热性能和经济性能。通过对地源热泵系统运行状态的监测,对其热性能进行了分析。基于监测数据,对冷热性能进行了比较和讨论。此外,采用投资节约法(SIR)分析了各种直径的经济性能。

图 5-32 OCHS 办公大楼场地抽水试验现场照片

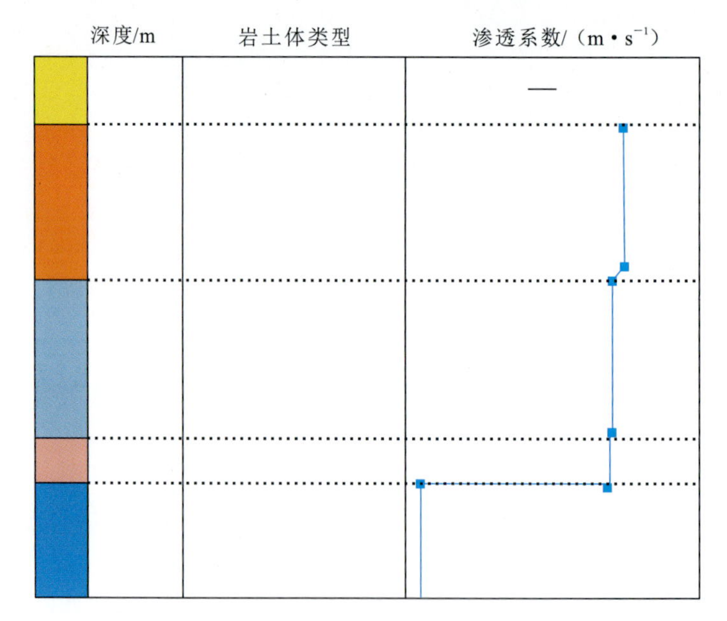

图 5-33 OCHS 办公大楼场地地层实测渗透系数图

1. 建筑荷载评估

1)月热负荷

本研究中对 GSHP 系统累计监测运行从 2009 年 3 月至 2012 年 10 月。钻孔换热器与周围岩土体的能量交换可计算为：

$$Q=W\times\rho C_{m}\times(T_{out}-T_{in})\tag{5-6}$$

式中：W 为流量（m^3/h）；ρ 为密度（kg/m^3）；C_m 为平均比热容[J/(kg · K)]；T_{out} 为出液温度

(K);T_{in}为进液温度(K)。

建筑物的瞬时(500μs)供给热量可由式(5-6)计算得出。为每隔10min存储1次结果的平均值。BHE和周围岩土体之间的热交换值可正可负,一般来说,建筑物的供给热量为正。

为了比较3种不同直径BHE的性能,本次研究了2010年的月换热量。月热荷载表明,3种直径BHE的换热量只有很小的差别,如图5-34所示。图中还可见,在冬季制热月份(即2010年1月和12月),165mm BHE的热性能最差。这表明,钻孔换热器的性能会受到换热器布局的影响。钻孔布局如图5-34所示,165mm BHE安装在中间,与另外两处BHE相比,其热相互作用更强。然而,这种现象在夏季制冷月份(即7月)不会发生,因为建筑对制冷的热需求较低。另一方面,地源热泵系统的运行时间与热负荷成正比。

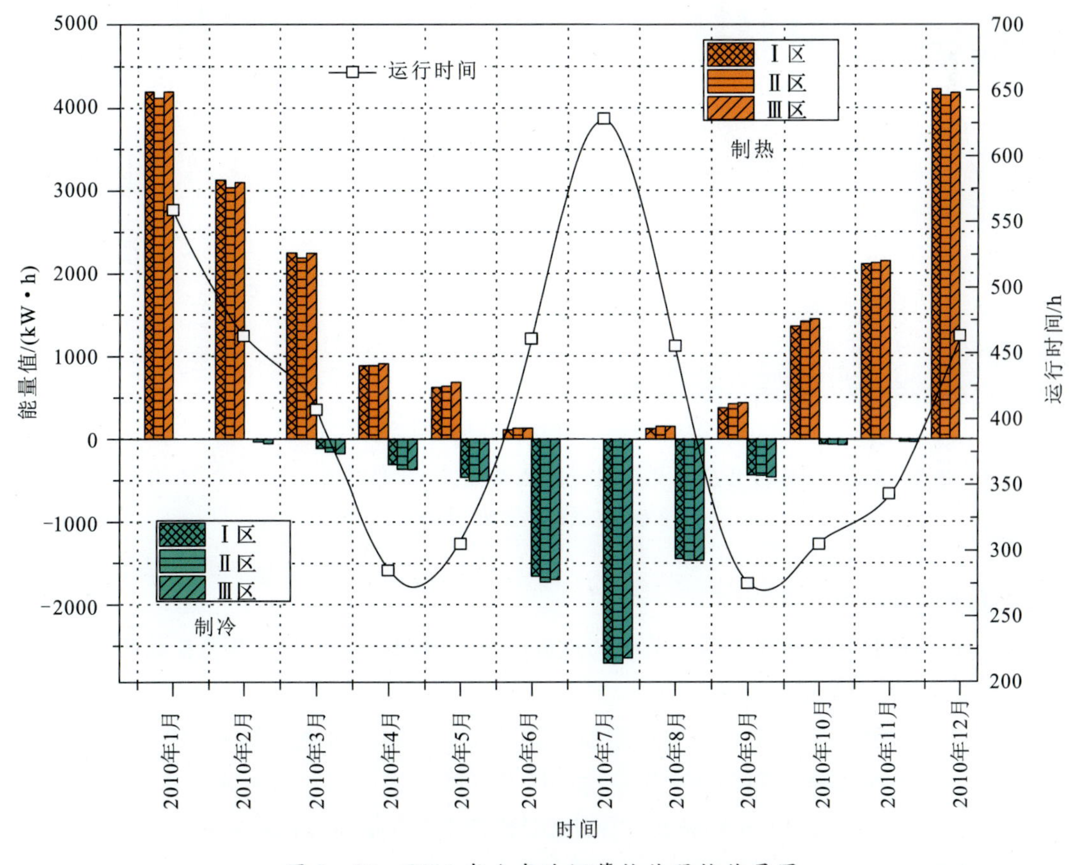

图5-34 2010年全年地埋管换热器换热量图

为了检验地埋管换热器的换热效率,还分析了各地埋管换热器的换热量,图5-35显示了月热荷载和环境温度。据观察,系统工作模式受环境温度的影响很大,当日平均环境温度降至10℃时,GSHP系统以制热方式运行。在日平均环境温度超过18℃期间,系统运行切换到制冷模式。

此外，供暖的月最大热负荷大于制冷的月最大热负荷。例如，2010 年最大热负荷约为 13MW·h，最大冷负荷仅为－8MW·h。这也验证了德国冬季寒冷的气候，如图 5－35 所示。1 月份平均环境温度为－3℃，寒冷天气一般持续数周甚至数月。夏天天气很热，但这段热期通常短于两周。因此，与制冷相比，制热需要更多的能量。

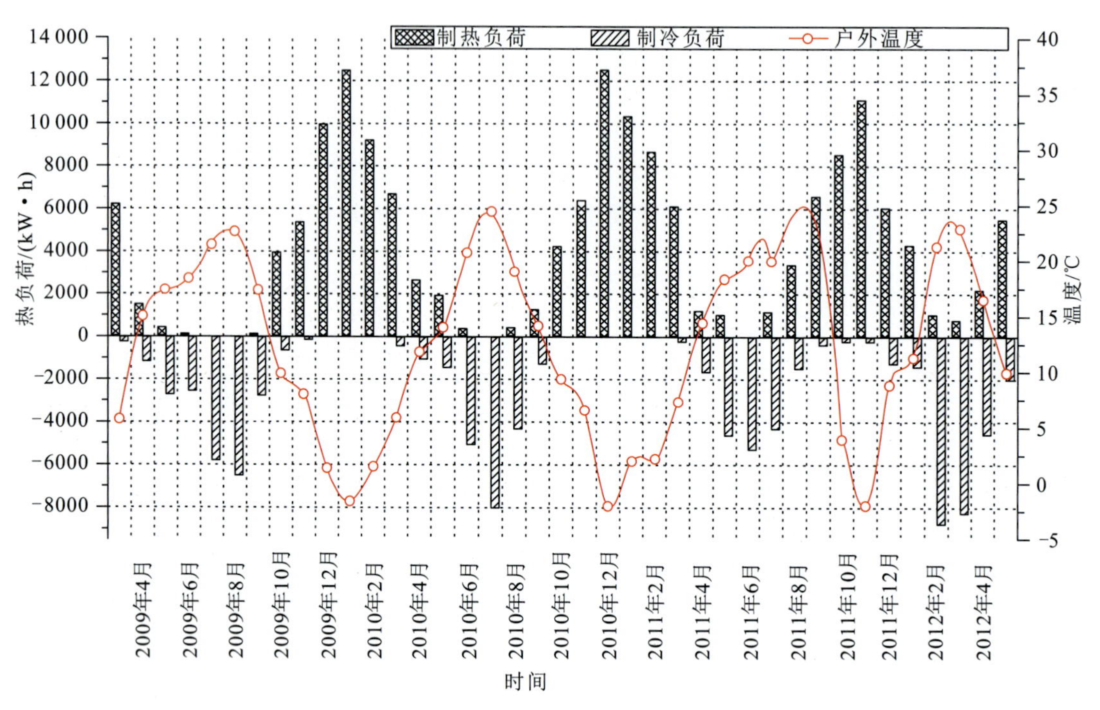

图 5－35　BHE 的月度热负荷图和环境温度(2009 年 3 月—2012 年 10 月)

(正值表示供暖，负值表示制冷)

2)年热负荷

系统运行的另一个重要参数为系统的热负荷。3 个区块的 BHE 年热负荷如图 5－36 所示，由热负荷和冷负荷的总和来计算。

热负荷随钻孔直径的增大而略有增加。Ⅱ区和Ⅰ区的平均绝对差为 342kW·h，而Ⅲ区和Ⅰ区的平均绝对差为 718kW·h/a。此外，Ⅱ区和Ⅲ区的相对值分别比Ⅰ区大 1.64％和 3.45％。这些结果表明，不同钻孔直径的 BHE 热性能有很小的相对差异。

2. 经济成本性能评估

1)成本回收期

为了分析地源热泵系统的经济效益，对其成本回收期进行了研究。成本回收期是指运营节约成本等于资本成本的时间。它对一项投资的经济效益评价具有重要的意义。值较小时表示收回成本所需的时间较短，并且在此期间具有更好的经济盈利能力。如表 5－24 所示，银行控股公司的资本成本通过计算每个组成部分的成本总和来计算。

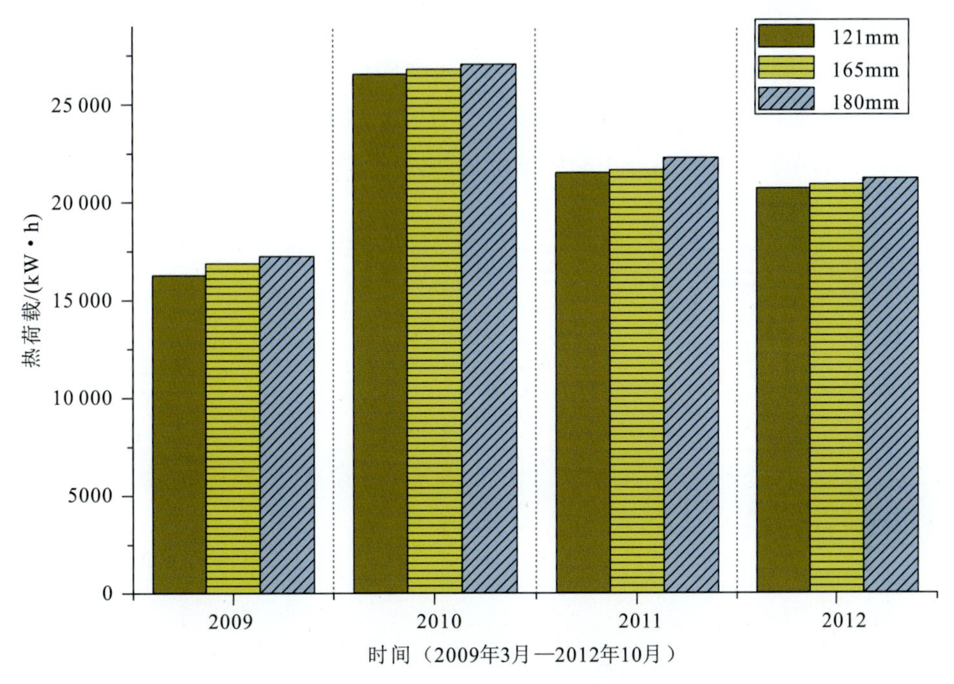

年份	热荷载/(kW·h)		
	121mm	165mm	180mm
2009	16 288.65	16 882.73	17 252.83
2010	26 566.30	26 741.52	27 104.00
2011	21 505.20	21 643.70	22 297.20
2012	20 721.55	20 925.85	21 200.05

图 5－36　BHE 的年热负荷(2009 年 3 月—2012 年 10 月)

表 5－24　GSHP 系统的资本成本表　　单位:欧元

组成部分	价格		
	121mm	165mm	180mm
钻孔施工	24 000	24 000	24 000
埋管	3 131.40	3 131.40	3 131.40
垫料	184.8	184.8	184.8
灌浆	1 374.3	2 555.52	3 041.28
热泵	2 666.67	2 666.67	2 666.67
附件	666.67	666.67	666.67
总和	32 023.84	33 205.05	33 690.81

注:附件包括循环水泵、连接管、气压罐和热水储水罐。

为了确定成本回收期，计算了3个BHE区块的节约成本，估计方法是将BHE的输出热量与电价相乘。可以观察到，节约成本量随时间不断增加，如图5-37所示。随着钻孔直径的增加，这两个参数（资本成本和节约成本）都存在扩大的趋势。但是由于3个区块的投资成本不同，节约成本的最大价值并不意味着最佳的经济盈利能力。

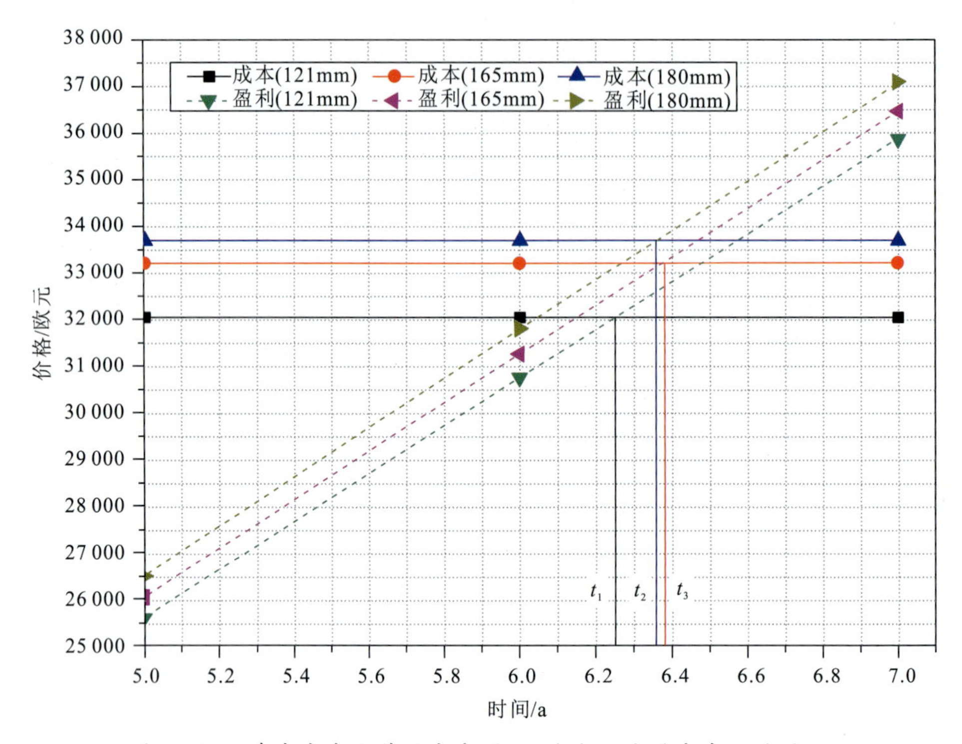

图5-37　资本成本和节约成本图（t_i为个区块的成本回收时间）

由图5-37可知，第Ⅰ区块的成本回收期最短，这表明第Ⅰ区块在该期间的经济盈利能力最高。此外，Ⅱ区的成本回收期最长，因此经济效益最低。平均而言，在GSHP系统运行6.3年后，钻井的资本成本可以得到偿还。

2）收益投资比（SIR）

当时间尺度大于系统的成本回收期时，成本回收期不适合评价系统的性能。为了对系统成本进行深入分析，我们对SIR进行了估算。SIR是一种性能系数，用于评估一项投资的效率，可用来比较多个不同投资的效率。计算SIR时，采用投资收益除以投资，结果以百分比或比率表示。SIR大于1的投资意味着投资在经济上是可行的。SIR还可用于对项目备选方案进行排名，以确定哪种方案对有限投资基金具有最高的储蓄潜力。

计算使用的所有相关成本均根据2010年的价格进行设定。$SIR_{Ⅰ}$分为两部分进行单独评估：第Ⅰ区为基本部分$SIR_{Ⅰ}$，第Ⅱ区和第Ⅲ区为附加部分$SIR_{Ⅱ-Ⅰ}$和$SIR_{Ⅲ-Ⅰ}$。本研究中的附加部分是指与第Ⅰ区相比，第Ⅱ区和第Ⅲ区的附加空间，如图5-38所示。在30a的系统运行中，$SIR_{Ⅰ}$、$SIR_{Ⅱ-Ⅰ}$和$SIR_{Ⅲ-Ⅰ}$的值分别为4.80、2.14和3.80。这些发现表明，第Ⅰ区的经济性能最好，第Ⅱ区和第Ⅲ区的附加部分的性能都较差。其次，$SIR_{Ⅱ-Ⅰ}$ 比 $SIR_{Ⅲ-Ⅰ}$ 小，说明Ⅱ区的热效率低于预期。这可以通过 BHE 的布局得到很好的解释，第Ⅱ区块安装在中间，与其他两个区块相比，其受热相互作用的影响更大。这一事实也表明，BHE 的热性能不仅取决于钻孔直径，还取决于 BHE 的布局和位置。

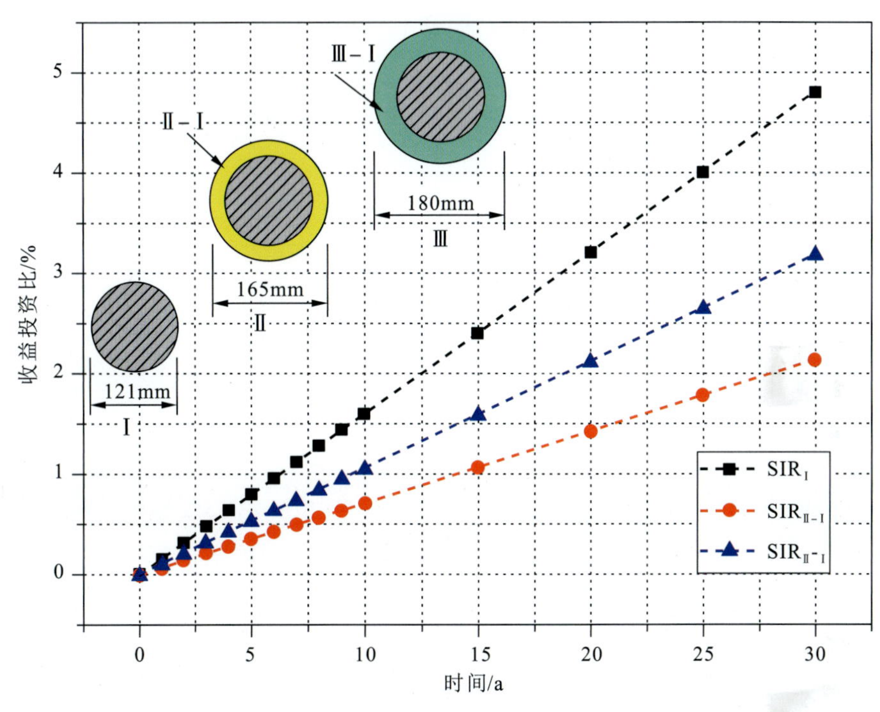

图 5－38　收益投资比与时间关系图

3. 钻孔成本评估

上述经济评估是基于每个区块 50 欧元/m 的钻孔成本进行的。事实上，不同直径的钻孔成本在很大程度上取决于钻孔方法以及项目承包商。为了更深入地了解投资，还需要考虑钻孔成本随钻孔直径的变化。

以上研究结果表明，钻孔直径最小的 BHE 具有最低的资本成本和最大的 SIR，且Ⅰ区具有最高的经济效益，而钻孔直径较大的 BHE 具有更大的热负荷和更高的节约成本。因此需要仔细评估直径较大的 BHE 额外钻井成本。为了评估钻井的最佳投资方式，参数定义为评估可接受钻井成本的比率。可接受成本是指在其寿命期内可以完全收回商业回报的投资。在本研究中，根据已知的Ⅰ区钻井成本计算Ⅱ区和Ⅲ区的可接受钻井成本，可确定可接受钻井成本的比率如下：

$$\Theta_{\alpha}=1+\frac{(E_i-E_{\mathrm{I}})}{C_{\mathrm{I}}}\times 100\% \tag{5-7}$$

式中：Θ_α为可接受钻井成本的比率；C_I为第Ⅰ区块的钻井成本；E_I 为第Ⅰ区块的节约成本，E_i 为需要评估钻井成本的钻孔换热器的节约成本。该值估计超过 30a 的系统运行时间。

图 5－39 显示了Ⅱ区和Ⅲ区可接受钻井成本的比率。当Ⅰ区钻井成本从 40 欧元/m 增加到 50 欧元/m 时，Ⅱ区和Ⅰ区可接受钻井成本的比率从 107.01％下降到 105.6％，而Ⅲ区和Ⅰ区可接受钻井成本的比率从 118.93％降至 115.14％。例如，当Ⅰ区的钻井成本为 40 欧元/m 时，Ⅱ区和Ⅲ区的可接受钻井成本比率分别为 107.01％和 118.93％。可接受的钻井成本可通过将 40 欧元/m 乘以相应的比率来确定。在本例中，Ⅱ区和Ⅲ区的可接受钻井成本分别为 42.80 欧元/m 和 47.57 欧元/m。

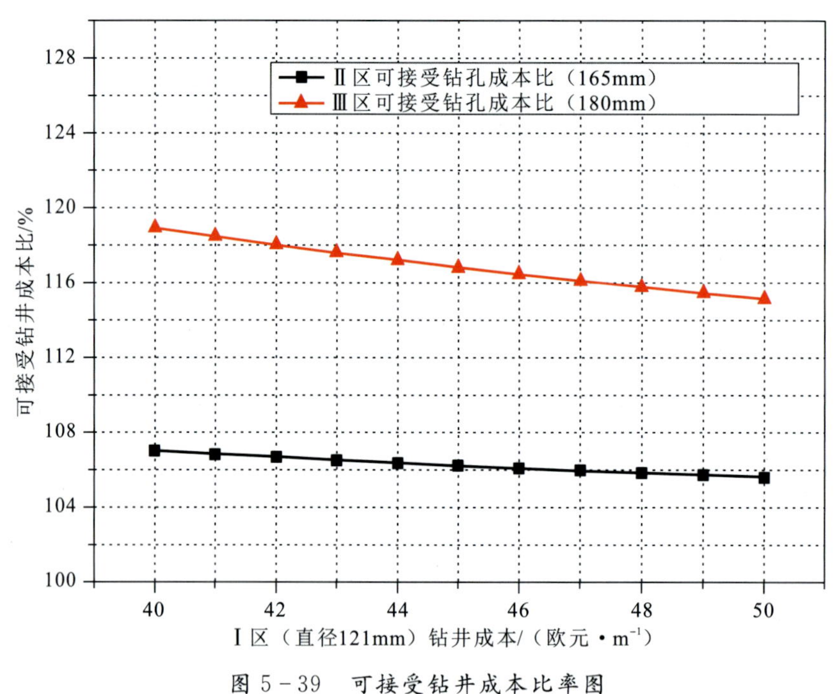

图 5－39　可接受钻井成本比率图

（四）地源热泵系统性能分析

本节分析了安装在德国纽伦堡 OCHS 公司办公楼的垂直地源热泵（GSHP）系统的性能。GSHP 系统的性能评估是基于系统运行 4 年以来通过监测获得的环境温度和热载体流体等相关参数。热性能分析主要基于包括 BHES 的热交换、连接管道的能量损失、循环水泵和热泵的能耗等测量和计算结果。此外，还研究了系统多年来的供暖和制冷性能。

1. 建筑能量需求

计算建筑负荷的能量需求时，需要考虑热交换、水平连接管的能量损失、运行循环水泵和热泵的功率输入。假设热泵的输入功率完全转化为热量，则建筑的热需求量可表示为：

$$Q_{bd}=Q_g+W_{hp}-Q_{el} \tag{5-8}$$

式中：Q_{bd}为建筑物的能量需求(kW·h)；Q_g为地下换热量(kW·h)；W_{hp}为热泵的能量输入(kW·h)；Q_{el}为水平连接管的能量损失(kW·h)。

图5-40显示了建筑物的月能量需求和相应的月平均环境温度。结果表明，冬季制热时的最大热负荷大于制冷时的最大冷负荷。例如，2010年最大热负荷约为17MW·h，最大冷负荷为−8MW·h。这是由于不同季节流体出入口温度差的存在差异。在冬季，温差值为3℃，夏季温差值则降至1.5℃。此外，冬季的流体流量与夏季较为接近。因此，建筑对空间供暖的能量需求大于制冷。

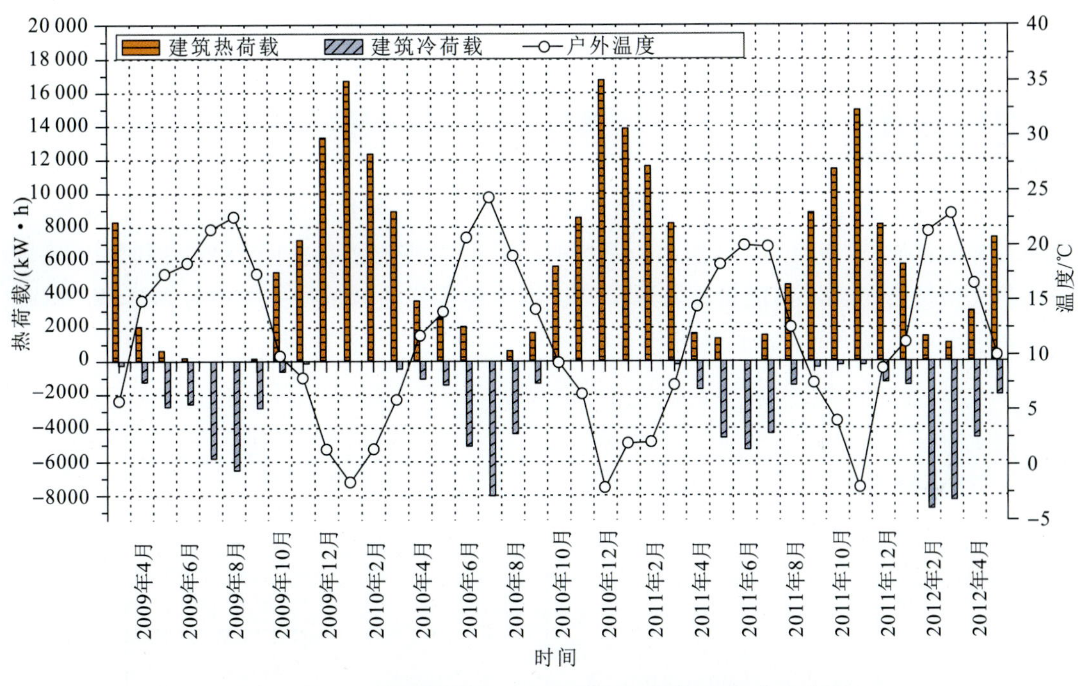

图5-40　2009年3月—2012年10月建筑能量需求图

(正值表示供暖，负值表示制冷)

热泵、循环水泵及其规格见表5-25。GSHP系统的能量输入取决于热泵的工作模式。在制热模式下，能量主要由热泵和循环水泵消耗。因此，功率输入是通过求和这两部分来计算的。在制冷模式下，热泵关闭，建筑物仅通过循环液体进行冷却。因此，夏季只考虑运行循环水泵的功率输入。

表 5－25　GSHP 系统循环水泵与热泵规格表

内容	制造商	型号	能耗
热泵	Uponor GmbH, Hassfurt, Germany	SWP 75 I	8.7kW/16.9kW (压缩机:1/2 台)
水泵-钻孔换热器	WILO AG, Dortmund, Germany	TOP－S65/13	960W
水泵-服务室	WILO AG, Dortmund, Germany	ECO 25/1－5	5.8～59W
水泵-地板	WILO AG, Dortmund, Germany	ECO 40/1－8	25～590W
水泵-屋顶	WILO AG, Dortmund, Germany	ECO 40/1－8	18～310W
水泵-散热器	WILO AG, Dortmund, Germany	ECO 40/1－8	18～310W

图 5－41、图 5－42 显示了 GSHP 系统的日能量负荷分布。可以看到 GSHP 系统的功率输入在 1.3kW 时保持恒定，如图5－41所示。水平连接管的平均能量损失约为 0.4kW，建筑物平均日制冷量为 11.7kW。2010 年 1 月 5 日采集了冬季水平连接管的热容量、能耗、热交换量和能量损失，如图 5－42 所示。系统的小时平均供热量为 20kW · h。同时，BHE 的平均热交换量为 17.8kW，能量输入为 6kW。水平连接管的能量损失率约为 2.3kW。这些数据将用于本书以下部分的性能分析。

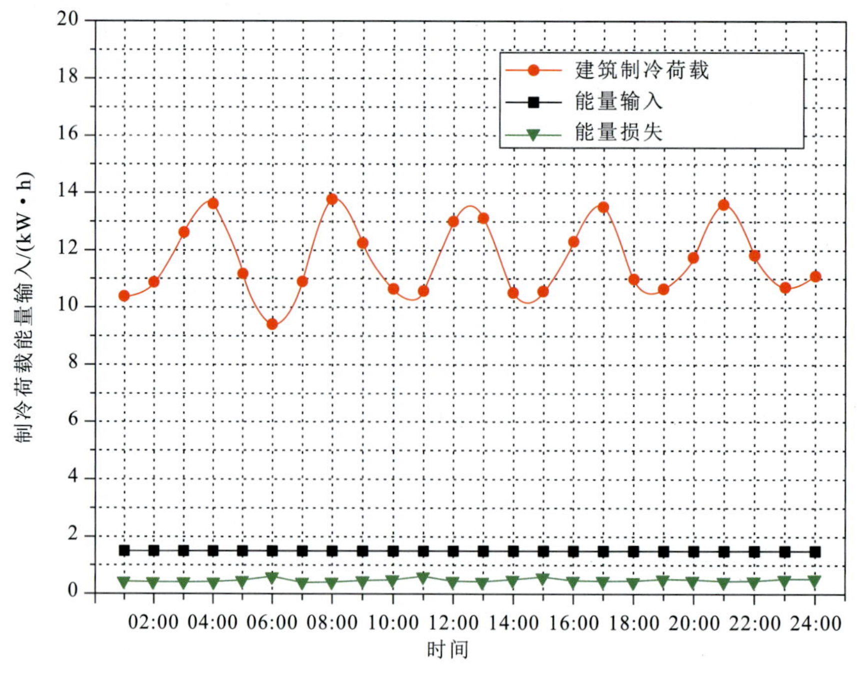

图 5－41　夏季(2010 年 7 月 10 日)GSHP 系统的制冷量、能量损失和功率输入图

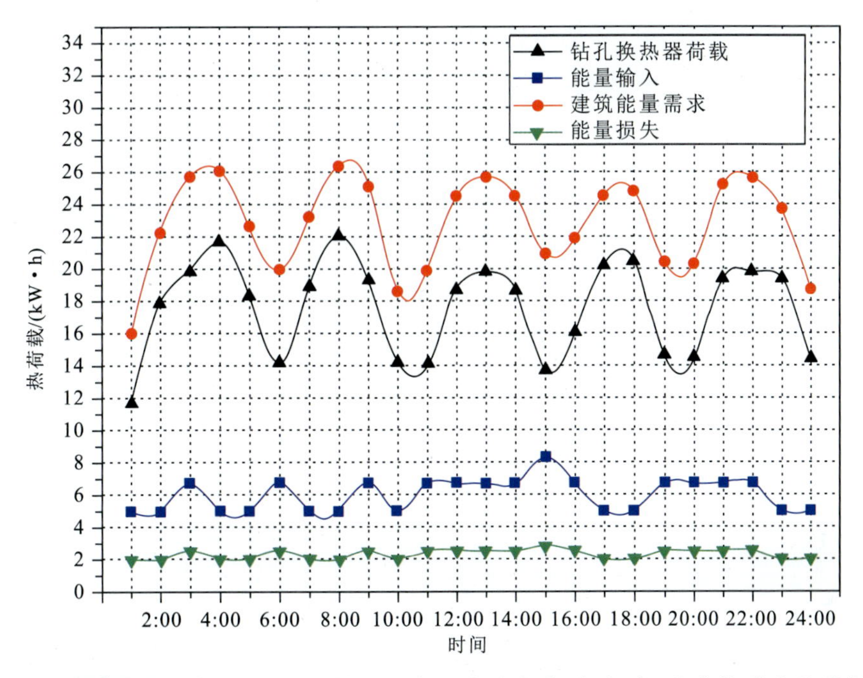

图 5-42　冬季(2010 年 1 月 5 日)GSHP 系统的供热量、耗电率、热交换量和热量损失图

表 5-26 给出了 BHE 的年热交换量、运行时间和功率输入。全年数据(2010 年和 2011 年)表明,BHE 中用于制热的热交换量大约是用于制冷的热交换量的 1.5 倍,且用于操作 GHP 系统的输入功率在加热模式下比在制冷模式下大 9.0 倍。

表 5-26　BHE 及其周围的热交换量

操作模式	钻孔直径/mm	热负荷/(MW·h)				钻孔直径/mm	总换热量/(MW·h)	差别/%
		2009 年	2010 年	2011 年	2012 年			
制热	121	9.06	19.42	15.52	9.75	121	83.27	100
	165	9.2	19.28	15.4	10.13			
	180	9.5	19.69	16.36	11.31	165	84.64	101.64
制冷	121	−7.23	−7.14	−5.99	−9.16			
	165	−7.69	−7.46	−6.25	−9.25	180	86.15	103.45
	180	−7.75	−7.41	−5.94	−8.18			

2. 系统性能评价

1)系统性能系数(COP)

GSHP 系统的性能在很大程度上取决于室内机的散热性能和压缩机的能耗。但由于系统运行期间的能量损失往往被忽略,因此 GSHP 系统的性能可能被高估。在本工作中,评估系统性能考虑了整个系统运行中的传热过程，包括建筑物的热负荷、系统运行时的能量损失和输入功率。制冷/制热性能由性能系数(COP)表示，其定义为：

$$\mathrm{COP}=\frac{Q_{b}-Q_{el}}{Q_{hp}-Q_{cp}} \tag{5-9}$$

式中：Q_b为建筑热负荷(kW·h)；Q_{el}为系统运行时的能量损失(kW·h)；Q_{hp}和Q_{ep}分别为热泵和流体循环泵消耗的功率(kW·h)。

考虑到冬季水平连接管能量损失较大，在两种情况下对其性能系数进行了估算。然后，比较了包括忽略水平连接管能量损失在内的COP性能，如图5-43所示。在该图中，能效比(EER)代表冷却性能，COP_1表示水平连接管不考虑能量损失的供暖性能，COP_2表示水平连接管考虑能量损失的供暖性能。计算可得冬季一天制热的平均COP为3.9，仅为GSHP系统最大值(5.2)的75%。考虑水平管道中的能量损失时，COP值降低到3.4。

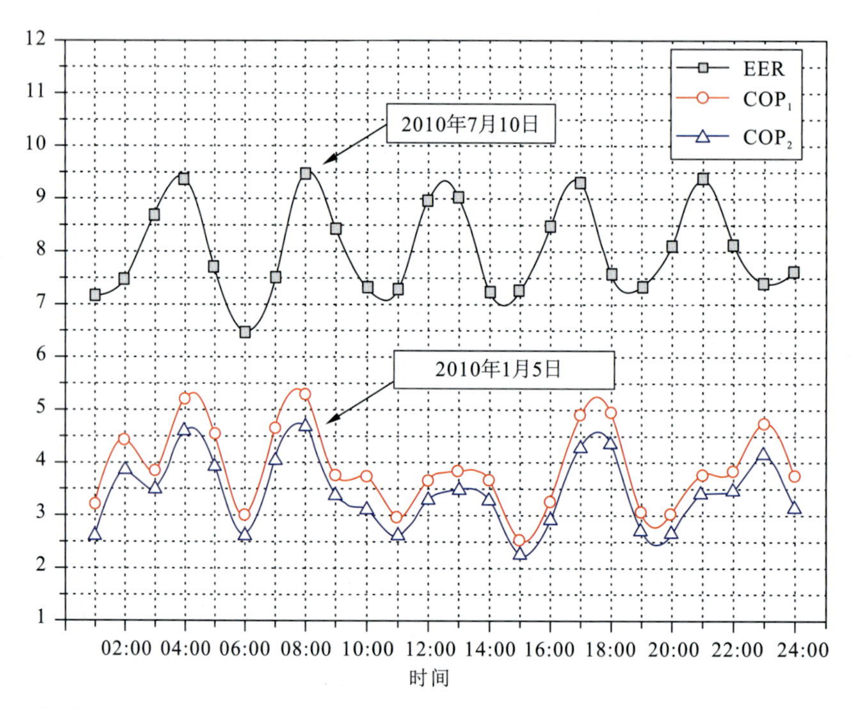

图5-43　冬季(2010年1月5日)和夏季(2010年7月10日)各一天GSHP系统性能对比图

2)系统能效比

在夏季制冷模式下，热泵关闭，运行GSHP系统的输入功率仅由循环水泵消耗的能量组成。因此，制冷性能可表述为：

$$\mathrm{EER}=\frac{Q_{b}-Q_{el}}{Q_{cp}} \tag{5-10}$$

式中：Q_b为建筑物热负荷(kW·h)；Q_{el}为系统运行时的能量损失(kW·h)；Q_{ep}为流体循环泵消耗的功率(kW·h)。图5-43显示了2010年7月10日GSHP系统的日EER。在夏季制冷模式下，平均日 EER 为 8.0，占最大 EER(9.4)的 86%。这表明，地源热泵系统的制冷性能比供热性能好。

3)不同季节系统性能

系统长期运行的季节性能效比(SEER)如图 5-44 所示。SEER 从 6.1 上升到 8.2。由于 2011 年夏季进行了 TRT 测试，GSHP 系统关闭了 2 个月，因此 SEER 在 2011 年降至 5.1。从其他年份来看，平均每年 SEER 增长 8.7%。另一方面，季节性 COP 呈逐年下降趋势。在系统运行的 4 年中，COP 值从 4.1 下降到 3.4，年下降率为 4.0%。系统制冷和加热性能之间的差别可以从 BHE 的冷热负荷不平衡角度很好地解释，如表 5-27 所示。由于地下岩土体的热注入量大于地下热抽出量，导致地温下降，这将不利于系统的制热，但对系统制冷模式却有积极影响。

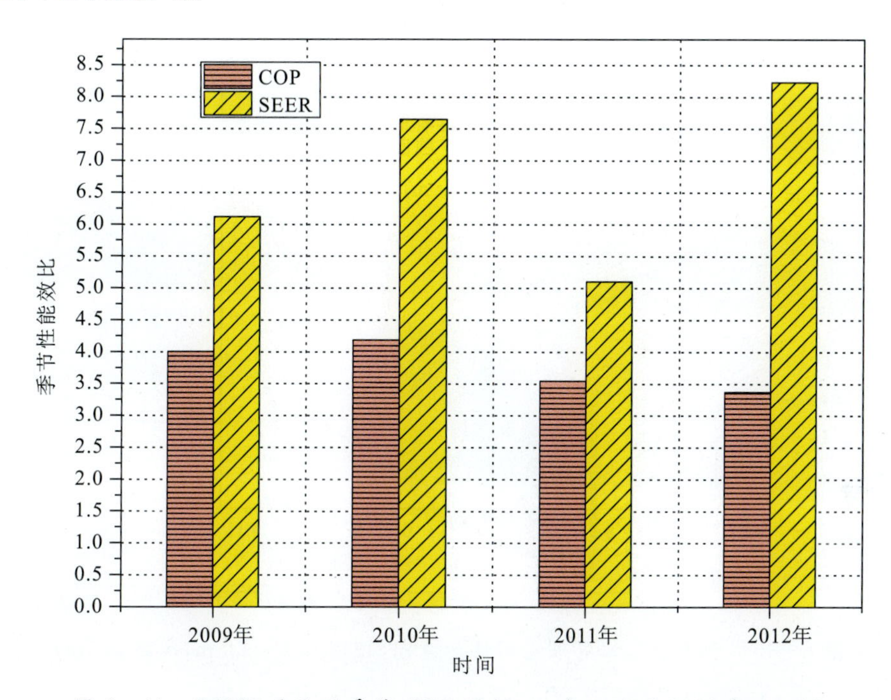

图 5-44 GSHP 系统的季节 COP 图(2009 年 3 月至 2012 年 10 月)

表 5-27 2009 年 3 月至 2012 年 10 月 GSHP 系统的能量分配表

时间	钻孔换热器负荷/(MW·h)		运行时间/h		能量输入/(MW·h)	
	制热	制冷	制热	制冷	制热	制冷
2009 年	27.76	22.66	1 373.67	2 845.00	8.84	3.70
2010 年	58.38	22.02	2 735.67	2 213.50	17.59	2.88
2011 年	47.27	18.17	2 753.50	2 741.17	17.71	3.56
2012 年	31.19	26.59	1 944.00	2 480.50	12.50	3.22

(五)数值模型模拟验证

1. 水平管道传热模拟

1)模型描述

为了建立热传导-渗流耦合模型,本书引入一个数值模型(Chiasson et al, 2000)。FEFLOW是一个适用于多孔介质中渗流-传热耦合模拟的商业有限元软件(Diersch,2005)。本文采用FEFLOW对水平管内的热损失进行了数值模拟。在FEFLOW6.0x版本中,在有限元矩阵系统中嵌入了与裂缝单元类似的一维离散单元。使用一维离散元(Wagner et al, 2010)可以模拟强制传热和渗流,如管道、隧道和裂缝中的渗流传热。本研究中,选用一维离散元模拟水平管内的传热和渗流。模型的尺寸为18m×5m×4m,水平方向离散为18层。模型严格按照试验现场安装的管道配置,如图5-45所示。

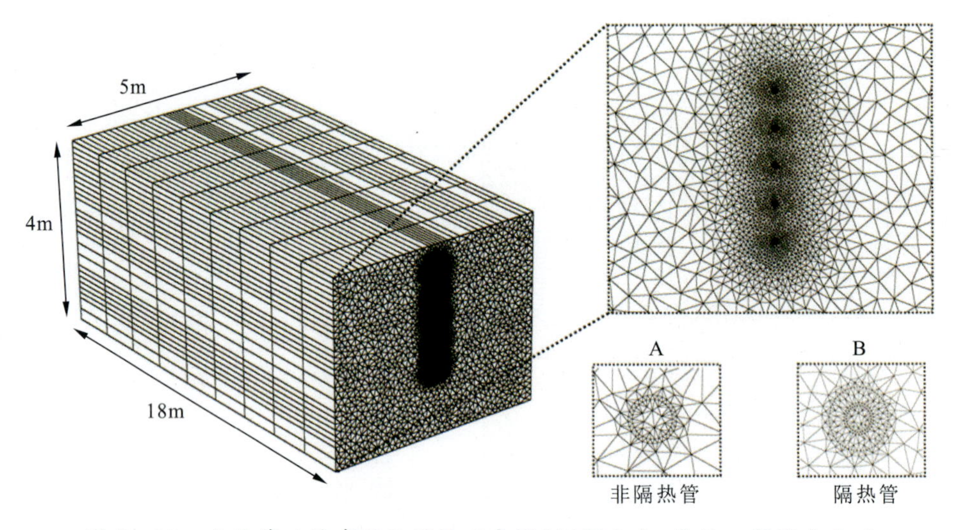

图5-45 水平管三维有限元网格示意图(埋深0.5～2.5m,间距0.5m)

管道处于地下水位以上,周围为沉积砂。因此,管外传热可以看作固体基质中的热传导。FEFLOW中通过多孔介质的传热被分解为固体和液体中的热传导以及通过液相的热对流(Diersch et al,2010)。将能量守恒定律应用于一定容积中,可以将渗流传热耦合控制方程表示为:

$$Q=C_{eq}\frac{\partial T}{\partial t}+\nabla(-\lambda_{eff}\nabla T+C_{f}vT) \tag{5-11}$$

式中:T为岩石/水的温度(K);C_{eq}为有效体积热容[MJ/(m^3·K)];λ_{eff}为不流动组分(固体和滞水)的导热系数;C_f为对流流体的热容[MJ/(m^3·K)];v为流速(m^3/h);Q为热源或散热器(W)。

在地下水流速为零的情况下,上式被简化为傅里叶热传导定律的形式(Rasoul,2010)。

控制方程描述一维离散元素通过管道的流动遵循达西定律，可以表示为：

$$Q=-K_{f}\frac{dh}{dx} \tag{5-12}$$

式中：Q 为单位横截面面积的流量（m^3/h）；K_f 为导水系数（m/s）；h 为水头（m）；x 为长度（m）。

为了测试埋管深度对热量损失的影响，模型模拟了距地表0.5～2.5m的埋管，深度间隔为0.5m。为了提高精度，对水平管道附近的网格进行了细化。此外，还对两种情况下的保温管和非保温管进行了建模，以对比能量损失情况。管道和保温层的结构与热物性如表5-28所示。本工作选用导热系数为0.033W/(m·K)的聚氨酯作为绝热材料。利用ISOMET2104测定了该地区砂层的热物性。考虑到寒冷地区的结冰问题，乙二醇被用作载热流体。模型中，由数据记录系统测量的日均流速定为输入流量。

表5-28　数值模型输入参数表

参数	值	单位
管道		
管道长度	18.0	m
管道出口半径	25.0	mm
管道厚度	4.6	mm
管道导热系数	0.42	W/(m·K)
绝缘导热系数	0.033	W/(m·K)
绝缘厚度	25.0	mm
岩土体		
土体导热系数	1.6	W/(m·K)
土体比热容	2.16	MJ/(m^3·K)
循环流体		
流体导热系数	0.65	W/(m·K)
流体密度	1.11	g/m^3
流体体积比热容	3.8	MJ/(m^3·K)
流速	48	m^3/d

地表温度由第一类边界条件（1st BC-Dirichlet）定义，该边界条件采用测量的环境温度为已知值（Diersch，2006）。在模型的底部，指定地下水监测温度为第一类边界条件。对于水平管道中的传热，载热流体的流动由第四种边界条件（Diersch et al，2010）定义。在FEFLOW中，第四种边界条件被设置为一个单独的节点来描述热/水/物质的注入或抽取（Wagner et al,2010)。为了模拟水平管内流体流动过程中温度下降引起的能量损失,模型采用了第一种边界条件,并将第四类渗流边界和第一类传热边界的节点指定为常数。因此,流体以恒定的流速和已知的入口温度进行循环。

2)模型验证

该数值模型应用模拟了埋深1.0m、长18m水平管道的温度变化。将流体出口温度的数值计算结果与现场实测温度进行了比较,以此验证模型的正确性。

根据建筑物的实际能源需求,地源热泵系统设计为间歇运行。因此,水平管内的能量损失由静置液中的能量损失和动态流体中的能量损失两部分组成。在管内流体悬浮过程中,由于载热流体与周围土壤的温差引起了能量损失。载热流体在管道中的传递过程中,温度产生下降。因此,流体温度下降可以由这两部分相加来确定:

$$\Delta T = T_{sf} + T_{df} \tag{5-13}$$

式中:ΔT 为总温降(℃);T_{sf}为静置液中的温降(℃);T_{df}为动态循环流体中的温降(℃)。

为验证该模型,对2010年1月1日至1月5日的监测结果进行了统计。将日均环境温度指定为模型顶部的第一类传热边界,底部则为实测的地下水温度。此外,A 点和 B 点(见图5-15)的日均流体温度被指定为模型流体入口温度。模型模拟了流体在水平管中静置20min。流体出口温度的数值计算结果连续记录5d。如图5-46所示,实时监测结果在数值计算结果之间波动,温度随时间变化的数值解与实测结果吻合较好。

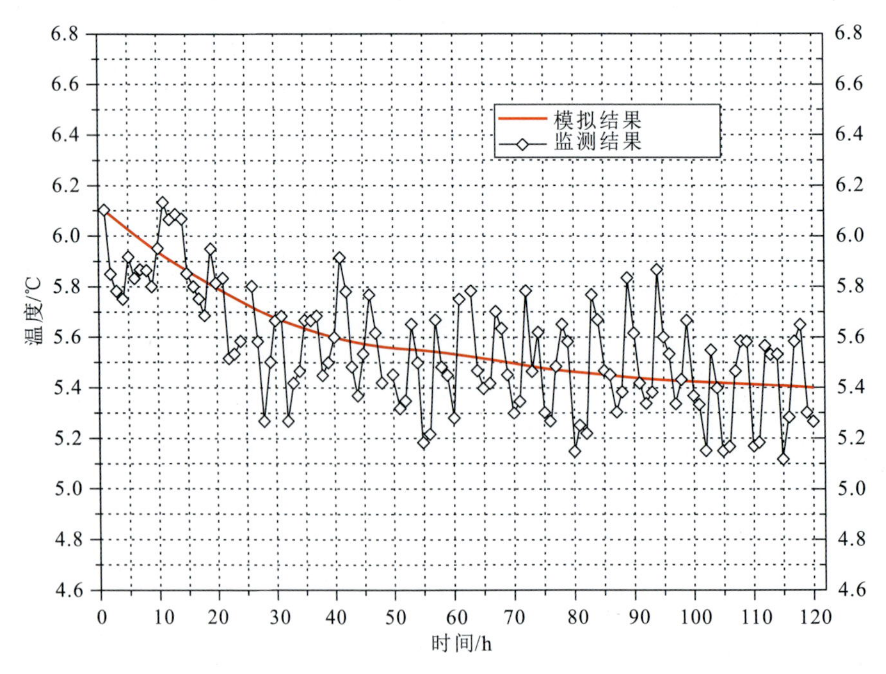

图5-46 C点(位置见图5-15)数值模拟和监测温度变化比较图

(2010年1月1日—1月5日)

静置液和动力液的详细温度下降值见表5－29。结果表明，在流体悬浮过程中，绝大多数会发生温度下降，而在管道的动态流体循环过程中，仅出现轻微的温度下降。通过与平均日照结果的比较，可以看出，数值模型与现场测量结果吻合得很好。

表5－29　日均流体温度下降值FEFLOW模拟结果和监测结果对比表

日期	户外温度/℃	入口温度/℃	日均流体下降温度/℃			
			FEFLOW模型			监测结果
			ΔT_s	ΔT_d	$\Delta T_{(in-out)}$	$\Delta T_{(in-out)}$
2010－01－01	3.06	7.49	－1.53	－0.07	－1.60	－1.61
2010－01－02	－1.89	7.05	－1.32	－0.15	－1.47	－1.44
2010－01－03	－1.90	6.97	－1.28	－0.15	－1.43	－1.38
2010－01－04	－1.79	6.91	－1.32	－0.15	－1.47	－1.43
2010－01－05	－3.74	6.82	－1.22	－0.18	－1.40	－1.41

3)模拟结果

(1)地温分布。

为了研究地下的温度分布，本书研究了5个不同深度环境温度的影响，如图5－47所示。0.5m深处的地温范围为0～22℃，而在2.5m深度范围内为6～15℃。计算结果表明，地温下降与管道埋深密切相关。

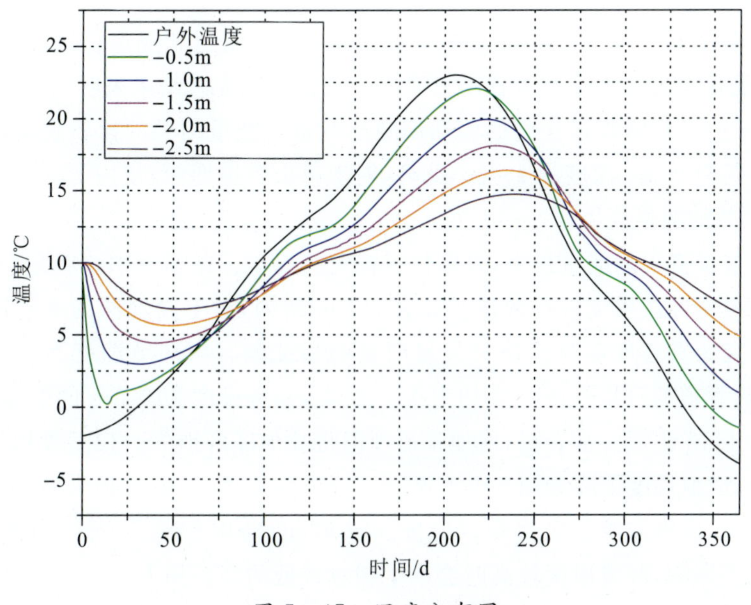

图5－47　温度分布图

（监测结果：户外温度；模拟结果：5个不同深度的地面温度）

(2)流体温度变化。

测量结果表明,夏季流体循环过程中能量损失较小,因此在本节中仅研究了冬季流体循环过程中的温度下降过程。模型中流体入口温度设定为7.0℃。为了模拟实际情况下的能量损失,对静置液中和动态流体中两种情况的能量损失进行了模拟。根据监测结果,模型模拟了环境温度为-2~5℃的静置液20min,而对于环境温度为-5℃时,采用较短的时间间隔15min。

不同环境温度下管道深度对温降的影响如图5-48所示。未隔热管道的流体温降如例A所示,最大温降值出现在环境温度为-5℃时。当环境温度升高到5℃时,该值急剧下降。例如,在环境温度为-5℃和5℃的环境下,管道在0.5m深处的流体温度下降到-6.22℃和-1.47℃。管道埋深与流体温度下降存在明显的相关性。这些结果表明,环境温度的升高会减缓流体温度的下降。在埋深方面,随着埋深的增加,流体的温降值逐渐减小。这与地温分布很好地对应,在较深的位置,冬季的地温较高,这将阻碍管道向周围岩土体的热扩散。

为了研究隔热管道中的能量损失,模型模拟一个使用25mm厚聚氨酯覆盖层的绝热管道。流体温降的数值结果如图5-48例B所示,其温降趋势与未隔热管道的情况相似。相比之下,隔热管中的温度降仅为在同一深度的未隔热管中的一半。

(3)能量损失对比。

结果比较了不同深度下隔热管和未隔热管的日均能量损失。计算能量损失量主要记录了流体温度下降值、流体速率以及时间间隔等数据。循环流体的能量损失可计算为:

$$E=\rho c(T_{in}-T_{out})\times W\times t \tag{5-14}$$

式中:E为能量损失值(kW·h),ρc为体积比热容[MJ/(m^3·K)];T_{in}、T_{out}分别为流体入口、出口温度(K);W为流速(m^3/h);t为时间(h)。

将日平均温度为-5℃时的能量损失计算值与未隔热管道和隔热管道进行了比较,如图5-49所示。能量损失的大小很大程度上取决于管道的深度。结果表明,在隔热和非隔热两种情况下,能量损失均随管道深度的增加而减小。每天能量损失的比较表明,2.5m深度的管道能量损失约为0.5m深度的25%。此外,对于每个管道埋深,使用25mm厚的绝缘层可以避免高达50%的能量损失。

通过水平连接管中的能量损失,可以估算损失的成本。在本节中,利用水平连接管中的日均能量损失量对经济损失进行评估。如表5-30所列,对不同埋深的水平连接管的经济损失进行了研究。管道埋深与经济损失呈明显的相关性。当环境温度为-5℃时,深度为0.5m的非隔热管道的日均经济损失约为17.42欧元,当深度为2.5m的非隔热管道时,日均经济损失为4.12欧元。这表明,增加管道埋深将减少经济损失。模型模拟结果也很好地验证了这一点,模拟温度下降如图5-48所示。管道埋深越大,能量损失越小。经济损失的计算方法很简单,即将能源损失值乘以电价[0.2欧元/(kW·h)]。另一方面,能量损失受环境温度的强烈影响,环境温度较高时会产生相对较低的经济损失。

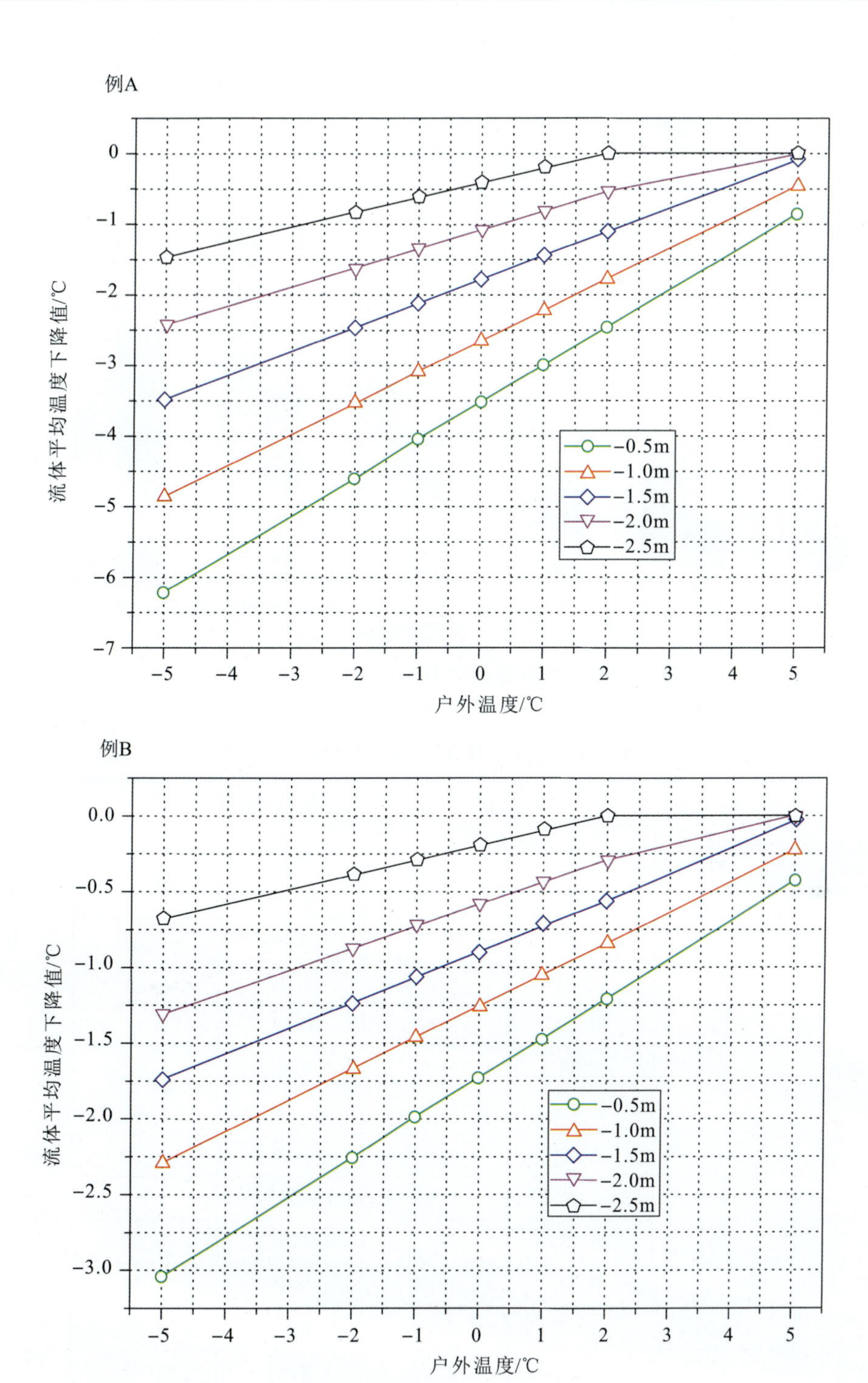

图 5-48　FEFLOW 模拟平均流体温度下降结果图

（A：未隔热管道；B：隔热管道）

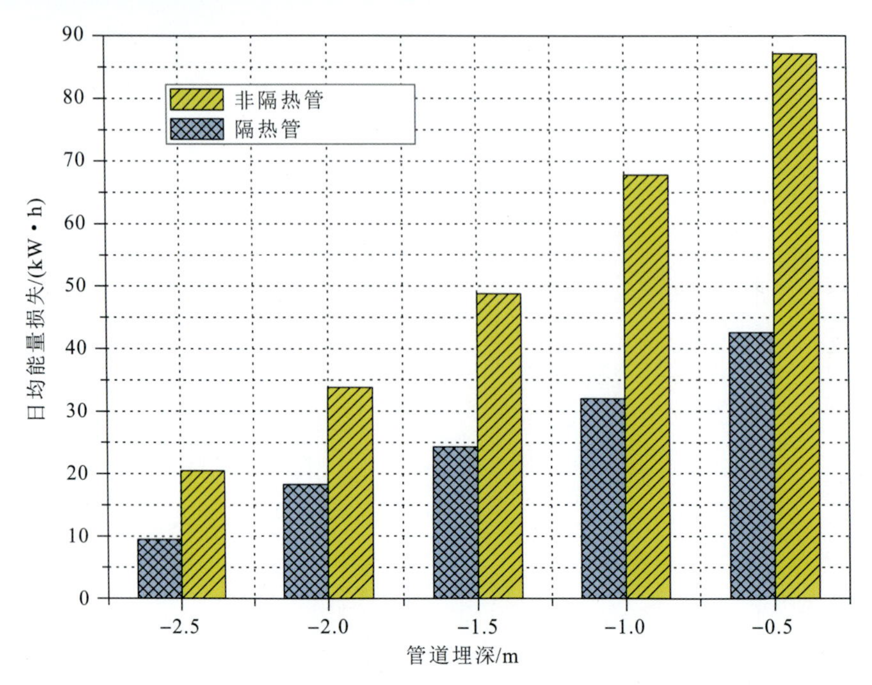

图 5-49 不同深度流体日均能量损失对比图

表 5-30 水平连接管道日均经济损失情况表

管道条件	户外温度/℃	经济损失/欧元				
		管道埋深				
		0.5m	1.0m	1.5m	2.0m	2.5m
非隔热管	-5	17.42	13.58	9.74	6.78	4.12
	-2	12.91	9.88	6.89	4.54	2.32
	-1	11.34	8.62	5.91	3.75	1.71
	0	9.86	7.39	4.86	3	1.12
	1	8.40	6.19	4.00	2.27	0.53
	2	6.89	4.93	3.08	1.48	0
	5	2.40	1.26	0.22	0	0
隔热管	-5	8.51	6.41	4.87	3.67	1.9
	-2	6.33	4.68	3.47	2.44	1.09
	-1	5.57	4.09	2.97	2.02	0.81
	0	4.84	3.52	2.52	1.62	0.53
	1	4.14	2.94	2.02	1.23	0.25
	2	3.39	2.35	1.57	0.81	0
	5	1.2	0.62	0.08	0	0

2. 地下钻孔换热器模拟

在目前的钻孔换热器(BHE)设计中,地面通常被认为是均质的。但在层状地层条件下,BHE 的热性能会随着地层的不同而产生或大或小的变化。因此,分析具有不同地层的 BHE 的传热性能对于 BHE 的施工设计十分重要。本部分考察了在 5 层不同性质的沉积岩层中 BHE 的热性能。首先研究了井场的热-水力特性。基于试验数据,建立了一个数值模型来研究该层状地下中的 BHE 的热交换。

本节分析了 3 组地层中 BHE 的热性能,调查工作在安装 BHE 的钻孔现场进行。首先对不同地层钻孔中的热学性质和水力性质进行了研究,然后利用 FEFLOW 开发了一个数值模型来研究 BHE 的传热,数值计算结果将与现场实测的 BHE 流体温度进行比较。此外,还利用示踪技术研究地下水,现场测量了地面温度分布,分析了热量传导在钻井方向的影响,最后对 5 种不同地层的 BHE 的传热进行定量研究。研究基于现场的 GWM-1 和 GWM-2 两个钻井进行。

1)模型建立

为了评价地下分层水流的传热特性,利用数值模拟方法建立了数值模型。在 FEFLOW 中,BHE 可以通过完全离散的网格来建模(Diersch et al,2010)。然而,由于需要大量的网格,该方法在参数设置和矩阵运算中花费了大量的时间。为了克服这些缺点,在 FEFLOW 6.0x 中开发了 1D BHE 模型(Diersch,2005)。在与裂缝单元相似的有限元矩阵系统中,将 BHE 模拟为垂直 1D 离散元。在 1D 单元中,U 型管的流体温度被表示为单位长度热通量温度响应的叠加。这种一维离散元已被证明能很好地拟合离散网格模型,特别是在长期性能预测中(Diersch et al,2010)。与完全离散化方法相比,这种方法在参数设置方面具有明显的优势,并且由于网格较少可节省计算时间。然而,由于载热流体和井壁之间的间隙用热阻表示,这种方法不能反映现场安装的实际配置。

在本研究中,选择一维 BHE 来模拟 BHE 的传热。整个模型尺寸为 200m×200m×90m,根据地质构造进行垂直离散。数值模型设置与现场 BHE 匹配,相邻钻孔之间的距离为 6m。为了获得更精确的结果,对 BHE 附近的网格进行了细化。

地下水流由第一类边界条件(1st BC-Dirichlet)模拟,该边界条件指定已知水头(Wagner et al,2012)。在监测钻井(GWM-1 和 GWM-2)中测量地下水位。两处钻井沿地下水流动方向钻探,利用水头(H_1-H_2)的差值除以它们的距离计算水力梯度(I),可表示为:$I=(H_1-H_2)/s$。在 FEFLOW 模拟中使用了局部坐标系,在坐标系中将地面设置为 0m,测量值可以利用这两个水头(H_1、H_2)的值和在边界中计算的水力梯度值(I)推导,如表 5-31 所示。进入模型区域的地下水温度也被视为第一类边界条件。在 FEFLOW 中,可以在 3D 的顶层节点设置一个或一系列的 BHE 来模拟一维 BHE 模型的热传输。BHE 的钻孔阻力设置可以通过计算结果或通过 TRT 试验的测量值预先设定(Dielsch,2005)。经过几十分钟的模拟,与完全离散模型相比,1D BHE 模型非常适合拟合流体出口温度(Diersch et al,

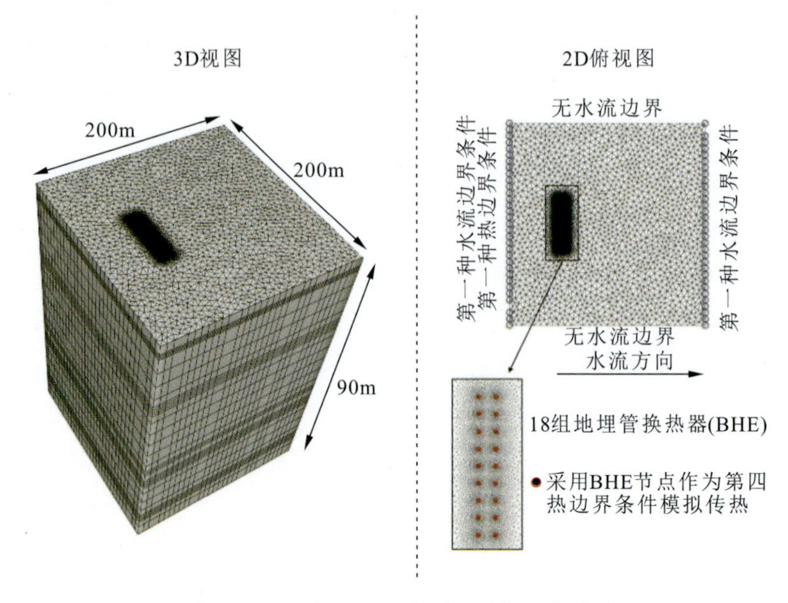

图 5-50　地下钻孔换热器模拟模型图

左:数值模型及其离散化的三维视图;右:模型域的二维俯视图和边界条件的设置。模型域根据地层垂直离散化,网格围绕地层的边界进行细化

2010)。为了从 1D BHE 模型获得有效的结果,两个不同的操作模式(制热和制冷)之间的时间间隔应该足够大。在本工作中,使用 TRT 测量的钻孔热阻:直径 121mm 为 0.093m·K/W、直径 165mm 为 0.105m·K/W 和直径 180mm 为 0.110m·K/W。

各向同性地基模型的输入参数总结在表 5-31 中。从产品规格可获得管道、回填料和载热流体的热物性。通过现场试验获得了水力传导系数和初始地温等参数。由于第四系位于地下水位以上,该层无地下水流。这一层的导水率是从当地报告中获得的。地面的热物理特性由热响应测试(TRT)和实验室测量确定。

表 5-31　各向同性地基模型输入参数表

参数	类别	符号	值	单位
水力梯度	含水层	i	3.7×10^3	—
导热系数	水	λ	0.65	W/(m·K)
	管道		0.38	W/(m·K)
	回填料		2.35	W/(m·K)
	载热流体		3.80	W/(m·K)
	地面		2.54	W/(m·K)

续表 5-31

参数	类别	符号	值	单位
体积比热容	水	$\rho_w c_w$	4.2	MJ/(m³·K)
	管道	$\rho_p c_p$	1.6	MJ/(m³·K)
	回填料	$\rho_f c_f$	0.6	MJ/(m³·K)
	载热流体	$\rho_b c_b$	2.5	MJ/(m³·K)
	地面	$\rho_g c_g$	2.2	MJ/(m³·K)
初始边界温度	第一类热边界条件	T_0	11.9	℃
孔隙率	地面	n	0.25	—
流体入口温度(冬季)	第一类热边界条件	T_{in}	6.5	℃
流体入口温度(夏季)	第一类热边界条件	T_{in}	16	℃

表 5-32 列出了分层地层模型的输入参数。根据所研究的地质剖面，对地层参数进行了设定，根据现场地质背景，分层模型 Z 轴离散化。网格在地质层边界上垂直细化，因此网格在垂直方向上分布不均匀。层状地层模型与同质地基模型具有相同的边界条件。

表 5-32 分层地层模型输入参数表

地层	深度/m	导热系数/[W·(m·K)$^{-1}$]	比热容/[MJ·(m^3·K)$^{-1}$]	导水系数/(m·s^{-1})	孔隙率
第四系	0～4	1.6	0.82	5×10^{-4}	0.35
Blasensandstein	4～25	2.72	2.12	1.74×10^{-5}	0.30
Lehrbergschichten	25～55	2.77	2.19	1.27×10^{-5}	0.20
Schilfsandstein	55～62	2.22	2.27	9.8×10^{-6}	0.30
Estherienschichten	62～80	2.24	2.23	6.74×10^{-6}	0.01

数值模型被用来模拟 BHE，向地下注入已知温度的能量。数值模型中的流体入口温度由数据记录系统记录。为了评价 BHE 的传热，热载流子出口温度的合成时间序列被记录下来。模拟的 BHE 传热速率 q 可以基于不同的入口温度 T_{in} 和出口温度 T_{out}、热载流子的体积 W、载热流体的体积热容量 $\rho_f \times c_f$ 和钻孔深度或埋管长度 H 来计算。根据系统运行情况，模拟了年采暖期 1800h(75d)、年供冷期 850h(35d)。传热速率可以表述为：

$$q=\frac{W\rho_f \times c_f (T_{in}-T_{out})}{H} \tag{5-15}$$

2)地温分布

该地源热泵系统于 2009 年初开始运行。在系统运行 3a 后，对地面温度的响应进行了研究。图5-51显示了GWM-1和GWM-2中的地温分布。测量实施了3个不同的月份，代表不同的操作条件，包括制热模式(2012年7月)、制冷模式(2013年3月)和季节间模式(2012年9月)。根据垂直分布，温度场可分为上、中、下3个部分。在0～10m之间的上部受到环境温度的影响，两个调查钻孔(GWM-1和GWM-2)之间没有明显的温度差。中部为10～62m，由3层地下水组成。在这一部分中，在制冷和跨季节期间，GWM-1的地面温度比GWM-2高1℃左右。然而，这种差异在冬季可以忽略不计。这可以通过两个钻井的位置很好地进行解释，GWM-1位于BHE的上游，GWM-2位于BHES的下游，当建筑物的热负荷大于冷负荷时，冬季从地面取暖的能量比夏季注入的能量更多。据监测，年供热量为47.03MW·h，年供冷量为25.03MW·h。因此，观察到BHE下游的地温长期下降。下游深度在62～80m之间，由地下水可忽略不计的黏土岩层组成。与中部相比，这一部分两个调查钻孔的地面温度差异较小，这是因为大量的能量是从地面提取，所以在BHE(GWM-1)周围的地面温度急剧下降。这些结果表明，与地下水可以忽略的黏土岩层相比，地下水流对3个含水层内地面温度分布的影响更大。

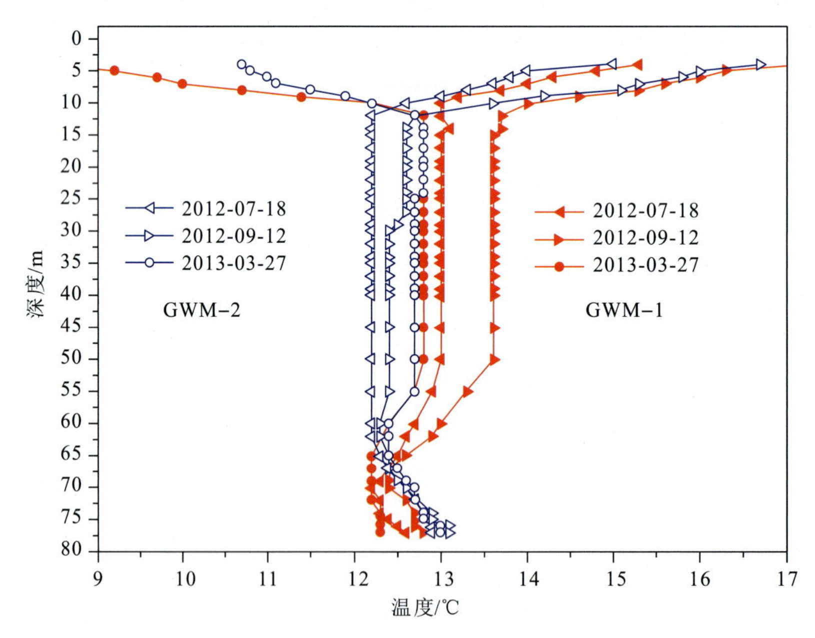

图5-51　两个钻孔(GWM-1或GWM-2)地温分布图

3)BHE传热效率

本研究对两种情况进行了数值模拟：一种是基于TRT获得的有效导热系数的均质地质模型；另一种是由实验室测试和抽水送试验获得的参数建立的其他地层模型。3种不同直径(121mm、165mm和180mm)的BHE之间流体出口温度差异可以忽略不计。1D BHE模型会影响操作开始后的几十分钟，之后BHE的性能取决于BHE的热阻。由于两个模式(加热和冷却模式)的运行周期持续了几个月，3组BHE测量的R_b值非常相似，数据不能反映流体出口温度的差异。在以上的试验中也证实了3种不同直径的BHE之间的热性能差异是可以忽略的。因此,在本研究中,BHE的平均流体出口温度主要用于验证模型。两种情况下流体出口温度显示出良好的一致性。将数值计算结果与现场实测结果进行比较,模拟的平均流体温度与测量非常吻合,如表5-33所示。评估时间间隔持续220d(2年系统操作),并给出一个小于0.2℃的RMSE值参数。

表5-33 模型流体出口温度与实测结果的比较表

时间/d	流体出口温度/℃			RMSE/℃	
	均质模型	层状模型	监测结果	$\Delta T_{\text{Hom-Mea}}$	$\Delta T_{\text{Lay-Mea}}$
1	7.50	7.56	7.54	0.18	0.16
10	7.41	7.47	7.36		
30	7.38	7.44	7.32		
50	7.32	7.37	7.66		
75	7.28	7.33	7.34		
100	15.18	15.12	14.80		
110	15.21	15.16	15.00		
130	7.32	7.38	7.36		
150	7.28	7.34	7.32		
185	7.24	7.29	7.26		
200	15.08	15.03	14.82		
220	15.17	15.12	15.05		

由于测量不确定性和数据噪点,很难出现完美的拟合。因此,需要评估流体出口温度的有效参数。在本书中,采用均方根误差(RMSE)进行评估。考虑到流量计温度传感器和数据噪点引起的不确定性,估计可接受误差为测量流体出口温度的2%。将RMSE的评价值设定为0.2℃。结果表明,均质模型和分层模型均具有相似的RMSE值,表明这两种情况的模型都能得到相似的能量输出。两个估计的RMSE值都在可接受的公差范围内,因此这两种模型都是合理的(图5-52)。

表5-34列出了试验测量和数值模拟获得的传热速率。结果表明,BHE的实测传热速率为22.53W/m,与均质地质模型(22.52W/m)和层状地质模型(22.61W/m)的模拟传热速率相似,在制冷期间也观察到了类似的现象。两个数值模型(均质地质模型和层状地质模型)给出相同的传热速率,表明BHE的整体性能可以利用地面参数的平均值或有效值来估计。然而,在一个分层的地质模型中,传热速率会随着地层的不同而变化,BHE的总长度可能会减小。因此,有必要进一步研究层状地质模型中不同地层的传热问题。

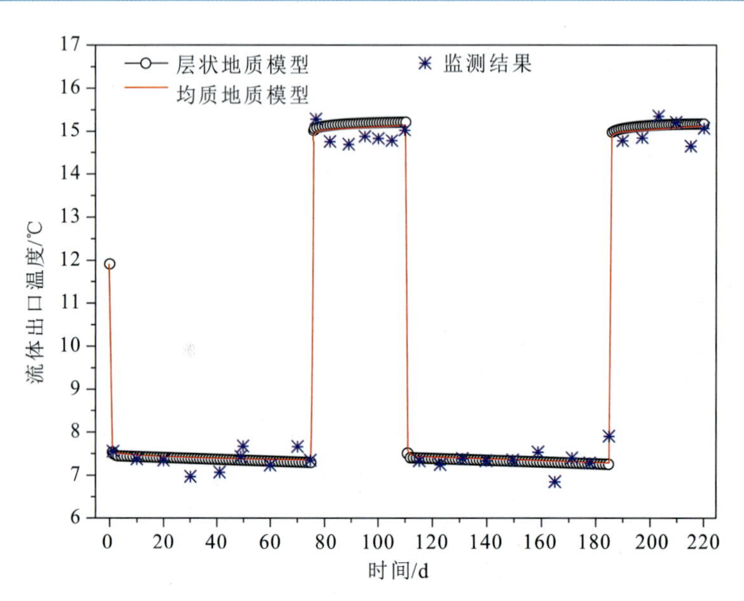

图 5-52　测量平均流体温度和模拟流体温度的对比图

表 5-34　模型模拟热输出与监测值比较表

方法	BHE 传热速率/(W·m^{-1})	
	制热	制冷
监测结果	22.53	-17.99
均质地质模型	22.52	-18.14
层状地质模型	22.61	-18.12

本书还利用层状地质模型对 BHE 的传热性能进行了研究。图 5-53 显示了均质地质模型和层状地质模型的 BHE 传热性能。由于地下水位线位于地下 4m，水位线以上为非饱和区域。对于均质地质模型，能量交换效率几乎均匀地分布在非饱和带以下，还可以看到 BHE 底部的传热能力稍小。这是由于流体温度随深度降低，导致底层传热效率降低 1.2%。另一方面，在具有层状地质结构的模型中，观察到基底黏土岩层的传热效率明显降低。与含水层相比，基底黏土层的传热效率仅为 74.1%，这表明含水层中 BHE 的传热效率明显较高。分析还表明，由于底部黏土岩层的传热效率较低，BHE 的总长度减小。

基于有限元地下流动计算程序 FEFLOW 开发的模型，对 BHE 中的热交换进行了模拟。图 5-54 为 25a 内 3 种不同直径钻孔的换热效率对比。结果表明，随着时间的增加，热传递速率减小。在未来 25a 的时间内，预计热传递速率将下降 1.4W/m，占初始热传递速率的 7.4%。

在 3 种钻孔直径中，180mm 直径的钻孔的热传递速率最大，165mm 直径钻孔的热传递率高于前 4 年 121mm 直径钻孔的热传递率。经过这段时间后，热效率大小在这两个钻孔直

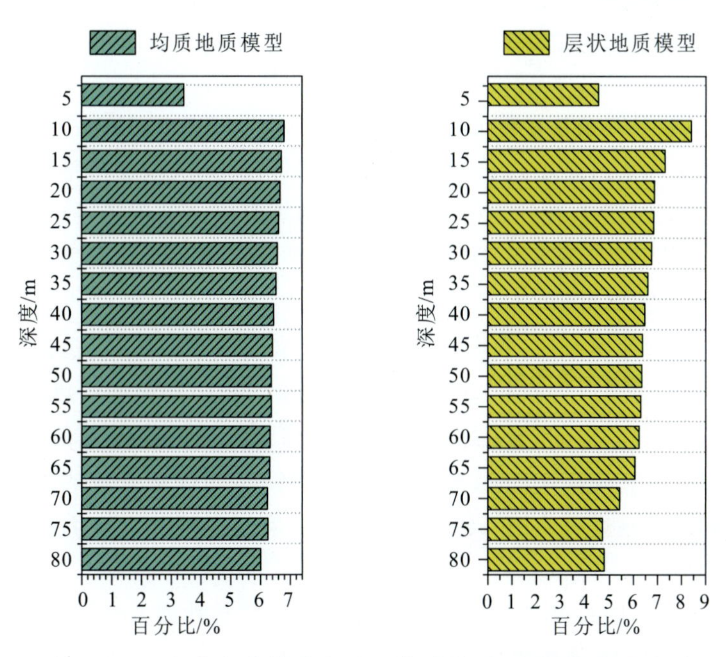

图 5-53　均质地质模型和层状地质模型 BHE 传热性能图

径之间反转。在未来 25a 的时间内，直径为 180mm 的钻孔平均热交换率比直径为 165mm 的钻孔高 1.8%，直径为 121mm 的钻孔平均热交换率比直径为 165mm 的钻孔高 0.6%。数值计算结果表明，由于各 BHE 之间的距离不足 6m，钻孔之间发生了较明显的热相互干扰。

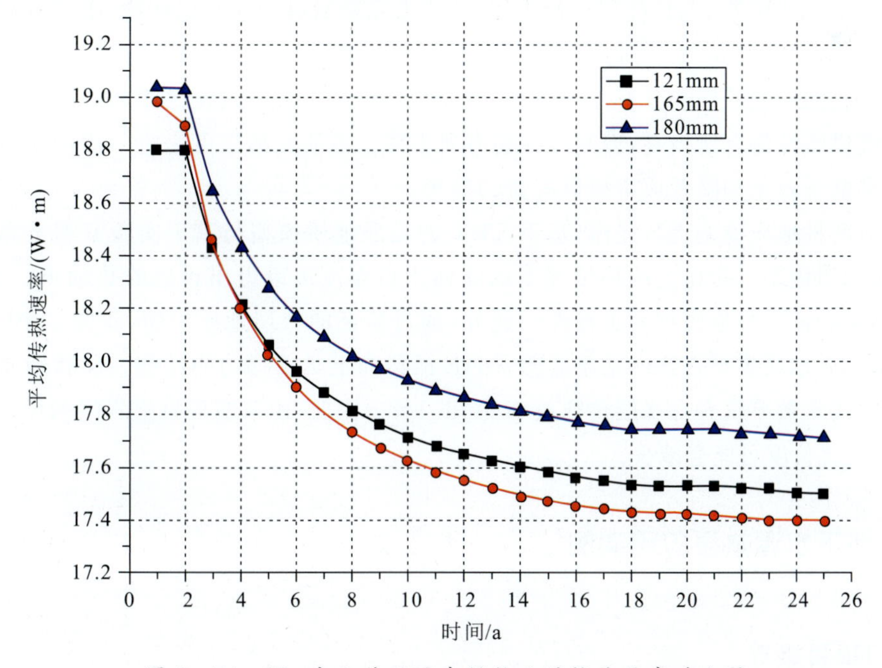

图 5-54　25a 内 3 种不同直径钻孔的换热效率对比图

(六)结论

本节对地源热泵系统的运行性能进行了研究，主要介绍了GSHP系统的安装，包括地埋管换热器、热泵系统和室内终端的安装，还介绍了流量传感器、温度传感器和数据收集记录系统的安装以监控GSHP系统的运行。为了研究地埋管换热器附近的地面温度变化，在两个不同深度的钻探井(GWM-1和GWM-2)中安装了多个温度传感器。监测数据用于进一步分析地源热泵系统的性能。

此外，介绍了场地地质条件，如热物性参数和水文地质参数，主要包括现场试验和实验室测试两部分。其中对两口钻探井进行了热响应试验(TRT)和增强型热响应试验(EGRT)来研究地面的传热性能，并进行了抽水试验和示踪试验确定地面的传热性能。另外，从GWM-1采集岩芯用于实验室测量；测量了沿GWM-1总深度采集的样品热物性参数和渗透系数，分析讨论了现场试验结果和实验室测试结果。这部分工作为进一步分析BHE性能提供了基础信息。

重点讨论了3种不同孔径双U型地埋管换热器的传热性能及经济性评价、地下分层钻孔换热器性能分析、GSHP系统性能分析，主要发现如下。

(1)对于钻孔直径不同的BHE热性能，增加钻孔直径将略微提高BHE的热性能。相比之下，直径165mm的BHE能量效率比直径121mm的BHE能量效率高1.64%，直径180mm的BHE能量效率比直径121mm的BHE能量效率高3.45%。

(2)考虑到成本，最小直径(121mm)的地埋管换热器具有最高的经济盈利能力。

(3)对不同地层的BHE性能分析表明，与渗透系数较高的含水层相比，渗透系数较低的隔水层仅具有74%的能效，且地下水流量对地埋管换热器长度优化具有重要意义。对地源热泵系统的供热、制冷性能分析发现，经过4a的系统运行，由于建筑供暖和制冷能源需求不平衡，系统供暖性能有所提高，但制冷性能有所下降。本研究结果可为进一步优化地源热泵系统、提高能源效率和降低成本提供有益的参考。

(4)对两种地质模型进行建模：基于TRT的均质地质模型与基于实验室测量和抽水试验的层状地质模型。对比这两种情况下的流体出口温度可以得出相近的热输出。然后，通过现场测量验证了数值模型的正确性。此外，通过验证的分层地质模型，研究了BHE传热效率。从均质地质模型得到的结果表明，BHE沿径向上具有均匀的性能。层状地质模型表明，基底层传热效率仅有含水层传热效率的74.1%。因此，由于底部黏土岩层的传热效率较低，BHE的总长度可能会减少。

二、地下水源热泵应用实例

(一)项目概况

项目选址于湖北省中部的钟祥市，钟祥市位于汉江中游，介于北纬30°42′—31°36′、东经

112°—113°之间，有着广袤肥沃的土地和优越的地理区位。东西最大横距83.5km，南北最大纵距100.6km，总面积4488km²。东与京山市相邻，南与天门市和荆门市沙洋区接壤，西与荆门市东宝区相连，北与宜城市、随州市毗邻。境内地貌多样，东西部多山，汉江两侧为平原，地势呈两侧高、中部平展、从北向南倾斜的状态，最高海拔1051m（斋公岩），最低海拔32m（舒台村）。山地主要由东部大洪山余脉和西部荆山支脉组成（图5-55）。

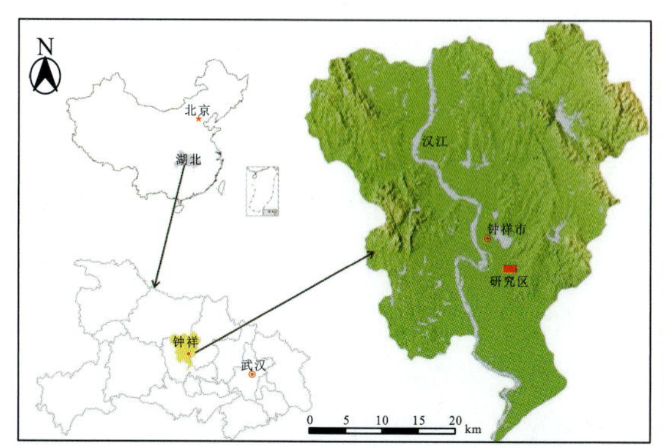

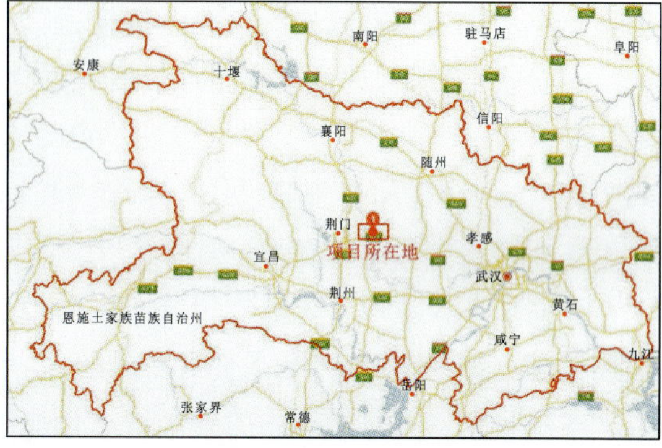

图5-55 钟祥市项目所在地位置图

钟祥市地处中纬地区，属于北亚热带季风气候，具有四季分明、光雨充沛、雨热同期的特点，加之地处鄂中丘陵和江汉平原的过渡地带，形成了特殊的气候特点。年平均气温15.90℃，极端最高气温39.7℃，极端最低气温－15.3℃，年平均降水量1000mm，无霜期262d，年平均相对湿度77%。太阳辐射和日照时数偏高，年日照2022h，是湖北省和荆州地区的最高值。旱灾和洪涝频繁，干旱一年四季均有发生，历来有“旱窝子”之称，其中中南部洪涝多于北部。

在水文方面，钟祥境内水域面积广阔，库、堰、河流、湖泊众多，水网密布。境内河流共计23条，其中对社会发展和生产建设有诸多影响的有汉江、蛮河、利河、竹破河、丰乐河、直河、长滩河7条；有大小湖泊35处，大多数分布在汉江两岸的平原湖区。

地下水源热泵系统是一种新型的可再生能源技术，该技术在国内外工业与民用建筑快速推广应用的效果都表明了水源热泵具有明显的节能效果。而大型温室是一种高耗能的农业生产设施，因此，把水源热泵用于大型温室供热和制冷，能够充分地发挥其节能效果，克服燃煤锅炉加温耗能高、污染环境的问题。在过去几年的发展中，大型温室一般同城市观光农业相结合，多建在城市近郊或旅游区，而空气质量是评价城市和旅游、休闲场所水平的重要指标，由于燃煤锅炉造成的空气污染，不少大城市已经开始限制使用燃煤锅炉取暖，研究城市近郊和观光农业大型温室燃煤锅炉加温的替代技术也势在必行。

本项目共包含17个温室大棚，总占地面积175 400m²，主要目的是解决冬天供暖和夏天制冷的问题。项目拟采用地下水源热泵系统进行供暖和制冷，因此需要对场地地下能源进行评估，对地下水情况进行调查，结合温室大棚能源需求，受湖北农青园艺科技有限公司委托，中国地质大学（武汉）工程学院为公司3期大棚地下水源热泵系统提出了可行的建议方案。

（二）可利用地热资源总量

在利用水源热泵对大棚进行供暖和制冷前，我们首先需要对大棚地下地热资源总量进行合理有效的评估，以确保该方案实施的可行性。在这里，我们可以采用热储法计算评价地热能储存量和地热资源的含水层热储量，其表达式如下。

在含水层带中，其地热能储存量按下式计算：

$$Q_r = Q_s + Q_w \tag{5-16}$$

式中：Q_r为地热能储存总量（MJ），1kcal=4.186 8MJ；Q_s为岩土体中的热储存量（MJ）；Q_w为岩土体所含水中的热储存量（MJ）。

热储法不仅适用于松散岩层分布区的地热能储存量评价，而且同样适用于基岩地区的地热能储存量评价，故凡是条件具备的地区，均应采用此方法评价地热能储存量。

本项目仅对可直接利用的含水层进行地热资源储量评价。项目评价面积为175 400m^2，根据现场钻井勘察报告显示，结合原位测试成果，本场地在勘察深度范围内共有5层，特征简述如下。

（1）层耕土（Q^{ml}）：黄褐色，稍湿，松散，主要成分以粉质黏土为主，含植物根系，全场均有分布，分布在表层。

（2）粉质黏土（Qh^{al}）：黄褐色，稍湿，可塑，主要成分为黏粒，局部夹粉砂透镜体，切面稍光滑，摇振无反应，稍有光泽，干强度及韧性中等。

（3）粉砂（Qh^{al}）：青灰色，饱和，稍密，主要矿物成分为石英、云母、长石等，颗粒级配差，分选性好，粒径大于0.075mm的颗粒约占90%，有轻微摇振反应。

（4）粉质黏土（Qh^{al}）：灰褐色，稍湿，可塑状，含少量铁锰质氧化物结核，切面光滑，无摇振反应，干强度及韧性中等。

（5）圆砾（Qh^{al+pl}）：青灰色，饱和，中密，成分以石英、燧石、硅质岩为主，粒径一般0.5～2cm，砾石含量50%～60%，局部粒径较大，最大可达4cm，呈次圆状—圆状，级配好，分选性差，磨圆度高，充填物为中细砂及少量黏性土。

根据钻孔编录结果，研究区地层厚度约为9m，该含水层以上均视为隔水层或弱透水层，地质剖面30m之内各层的物质组成以及厚度分布如图5-56所示。

根据以上钻孔结果分析，将第(5)层作为地下水来源的储层，该区域钻孔深度建议值为36～40m。该层主要为河流沉积物。此外，本设计考虑初始地温为18℃，冬季运行时地下温度不能低于7℃，结合式(5-22)可求得项目区地热储量如表5-35所示。

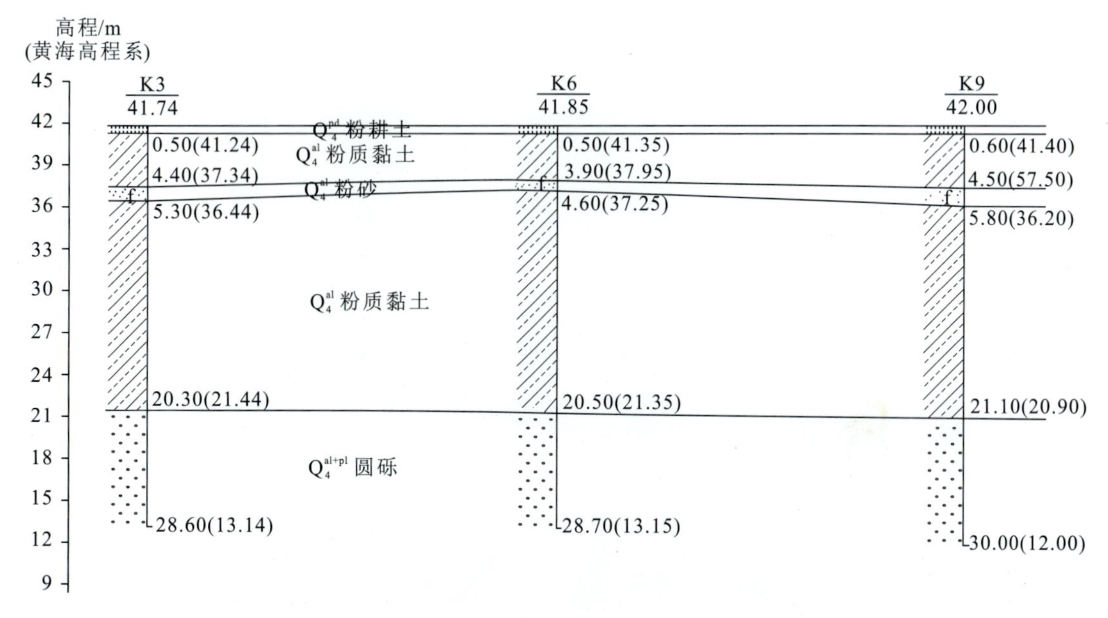

图 5－56 农青园艺 3 期大棚场地工程地质剖面图

表 5－35 农青园艺 3 期大棚可开发地热资源量表

参数	面积/m^2	含水层厚度/m	体积比热容/[MJ·$(m^3·K)^{-1}$]		温差/℃	孔隙率	地热资源量/MJ
			水	岩石			
数值	175 400	9	4.2	2.2	11	0.35	48 620 880

(三)抽水试验

1. 试验过程

通过对钻孔剖面分析，决定对抽水井进行抽水试验(图 5－57)。该钻孔信息揭示，场地存在一处主要的含水层，从上至下根据钻孔信息分为两层，对含水层进行抽水试验。

考虑到实际运行可能对全孔进行抽水试验，分析钻孔深度内的综合水力学参数。抽水试验孔与压水试验孔采用同 1 眼，井深 50m，井径 600mm，管径 377mm；抽水专门观测孔 1 眼(以现有的勘察孔作为观测孔)，井深 128.7m，0～10m 井径为 150mm，10～34m 井径为 130mm，34～50m 井径为 110mm，6m 间距布设 1 眼。

抽水试验采用深井多级潜水泵进行，在正式抽水试验前进行了冲水及提筒抽水洗井，并观测静止水位。每个含水层进行抽水时，均采用从小降深到大降深的顺序进行。

试验时间为 6 月 3 日 9:00—6 月 3 日 22:00(第一降深)；6 月 3 日 22:00—6 月 4 日 11:00(第二降深)；6 月 4 日 11:00—6 月 5 日 00:00(第三降深)；第三降深后进行水位恢复观

测。每次落程降深分别为 8.9m、14.6m 和 19.5m，出水量分别为 40.0m^3/h、61.2m^3/h 和 80m^3/h。

图 5-57　农青园艺 3 期大棚场地抽水试验现场

2. 试验成果

(1)水位、涌水量、降深等观测数据汇总如表 5-36 所示。

表 5-36　农青园艺 3 期大棚场地综合抽水试验基本数据表

项目	降深次序		
	1	2	3
静止水位埋深/m	3.36		
抽水开始时间	6 月 3 日 9:00	6 月 3 日 22:00	6 月 4 日 11:00
抽水结束时间	6 月 3 日 22:00	6 月 4 日 11:00	6 月 5 日 00:00
抽水延续时间/h	13	13	13
稳定抽水时长/h	12.5	12.5	12.5
稳定抽水量/($m^3 \cdot h^{-1}$)	40.0	61.2	80
抽水井降深/m	8.9	14.6	19.5
观测井降深/m	4.1	6.3	7.8

(2)抽水试验历时曲线如图 5-58 所示。

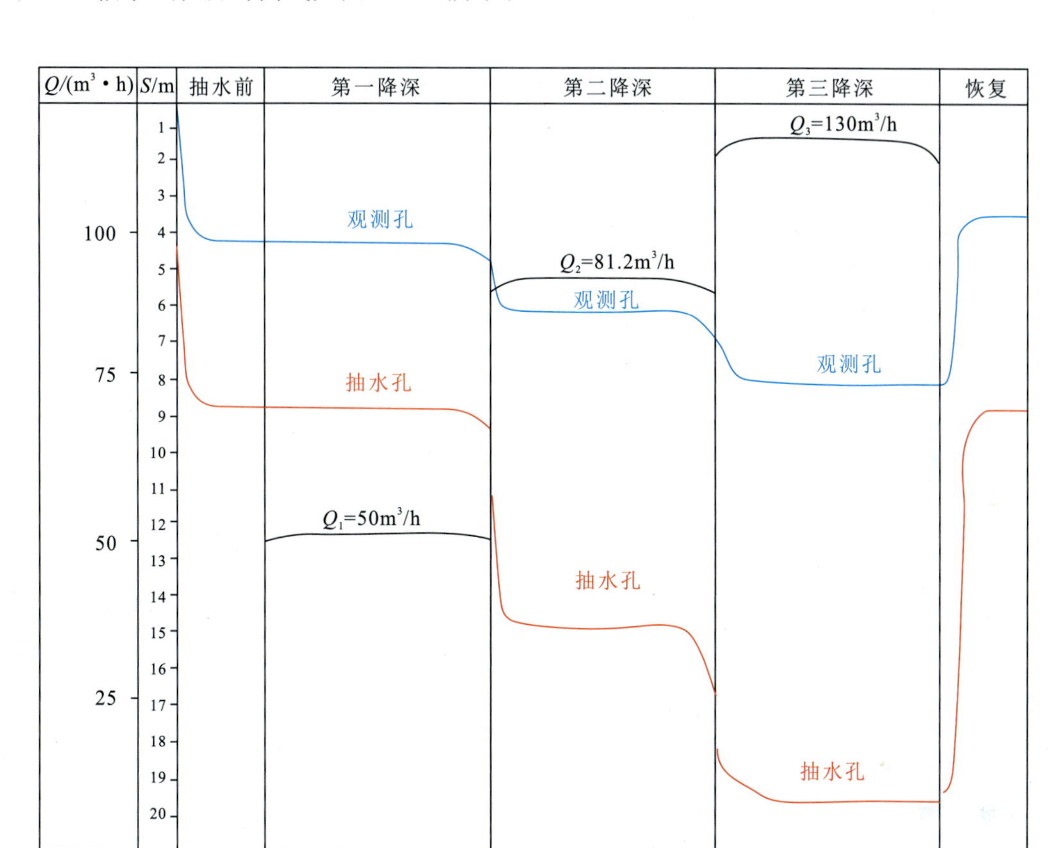

图 5-58 农青园艺 3 期大棚场地抽水试验历时曲线图

根据抽水试验的 3 次稳定降深及稳定流量得出的综合含水层 $Q-S$ 关系曲线如图5-59 所示。

3. 水文参数求取

根据试验资料采用稳定流法进行计算求参数。

1)求参原则

(1)利用现场实际观测孔资料计算渗透系数 k、影响半径 R。

(2)参数计算公式的选择应符合抽水试验场地的水文地质适用条件。

(3)选择接近设计降水深度的水位降深值，并考虑水跃值对计算结果的影响，计算水文地质参数。

2)求参方法

承压水非完整井稳定流抽水确定水文地质参数计算公式如下：

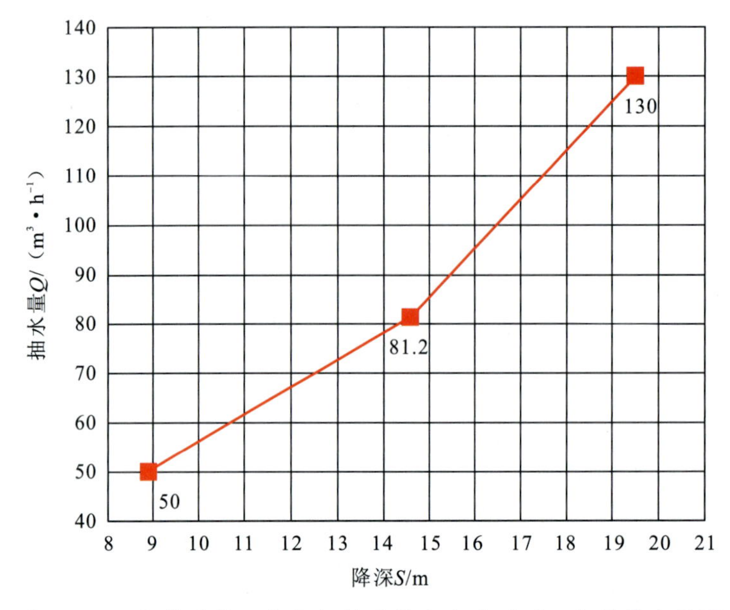

图 5-59　农青园艺 3 期大棚场地综合含水层 Q-S 关系曲线图

$$k=\frac{Q}{2\pi SM}\left[\ln\frac{R}{r}+\frac{M-L}{L}\ln\left(1+0.2\frac{M}{r}\right)\right] \quad (5-17)$$

式中：S 为水位降深值(m)；Q 为抽水井稳定涌水量(m^3/d)；k 为渗透系数(m/d)；R 为影响半径(m)；r 为抽水孔半径(m)；L 为过滤器长度(m)；M 为含水层厚度(m)。

影响半径计算方法：

$$R=10S\sqrt{k} \quad (5-18)$$

根据以上公式计算结果如表 5-37 所示。

表 5-37　农青园艺 3 期大棚场地综合渗透系数及影响半径计算结果表

抽水井降深	S_w/m	S_1/m	$Q/(m^3 \cdot h^{-1})$	M/m	L/m	r/m	$k/(m \cdot d^{-1})$	R/m
第一降深	8.9	4.1	40.0	9	6	0.6	1.92	56.81
第二降深	14.6	6.3	61.2	9	6	0.6	2.39	97.48
第三降深	19.5	7.8	80.0	9	6	0.6	3.45	144.80

3)抽水试验水文地质参数选取

影响试验结果的因素较多，如地层情况存在一定的不均匀性。计算时选取的条件相对均匀且稳定，所以本次试验存在一定局限性。根据本次试验，综合单井最大抽水量为 80.0m^3/h，在抽水井中量测的最大降深为 19.5m，渗透系数 k 值为 1.92～3.45m/d，算术平均值 2.59m/d;影响半径 R 值为 56.81～144.80m,算术平均值 99.70m。因此通过对含水层单元的抽水计算,选取最终水文地质参数为含水层渗透系数 2.59m/d,影响半径 99.70m。

此外,按照工程勘察方案要求,对现有钻孔进行水温测试,每 20m 进行一次测量,温度为(20±0.5)℃。

(四)回灌试验

1. 回灌试验目的及任务

(1)工作目的:查明工作区水文地质条件、工程地质条件及含水层水文地质参数,评价浅层地温能资源量及开发利用潜力,评价开发利用浅层地温能的可行性及适宜性。

(2)工作任务:①充分收集工作区以往水文地质、工程地质资料,查明含水层结构、埋藏条件,查明地下水补径排条件及动态变化特征,查明包气带岩土体特征等;②查明工作区含水层的抽水及回灌能力,计算工作区含水层的抽灌比例。

2. 回灌试验内容

采用自然回灌方法,试验之前应记录静水位,试验时连续测量动水位,试验完成后记录水位恢复至初始状态的时间。水位观测误差为±0.5cm,出水量观测误差为±0.2m^3。试验结果最终换算为单位回灌量,单位为 m^3/d。试验现场照片如图 5－60～图 5－62 所示。

回灌试验孔与抽水试验孔结构相同,井深 50m,井径 600mm,管径 377mm。回灌试验为自然回灌,未施加任何压力,回灌流量为 50m^3/h。回灌试验基本数据如表 5－38 所示。

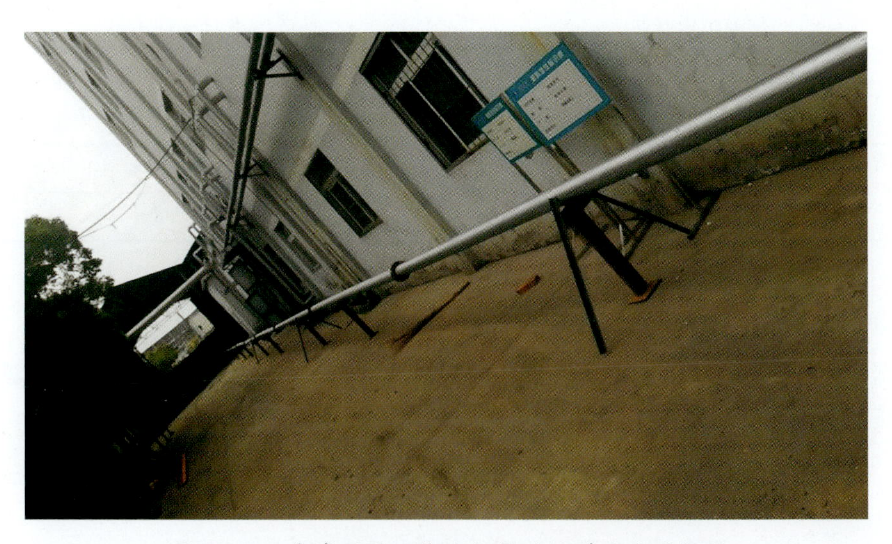

图 5－60　农青园艺 3 期大棚场地回灌试验现场图

图 5-61 农青园艺 3 期大棚场地回灌流量监测现场图

图 5-62 农青园艺 3 期大棚场地水位监测现场图

表 5-38 农青园艺 3 期大棚场地回灌试验基本数据表

静止水位埋深	3.36m
回灌开始时间	6 月 5 日 9:00
回灌结束时间	6 月 6 日 23:00
回灌延续时间	38h
稳定回灌时长	36h
稳定回灌量	50m³/h
动水位	2.88m

3. 数据处理

依据《水利水电工程钻孔抽水试验规程》附录 B，利用抽水井水位下降资料，计算单孔稳定流承压完整井渗透系数 k 及影响半径 R 计算公式如下：

$$k=\frac{0.366Q}{MS}\lg\left(\frac{R}{r}\right)$$

$$R=10S\sqrt{k} \tag{5-19}$$

式中：k 为渗透系数(m/d)；Q 为流量(m^3/d)；M 为含水层厚度(m)；S 为降深(m)；R 为影响半径(m)；r 为抽水孔半径(m)。

计算得到场地回灌渗透系数为 0.98m/d，影响半径为 83.10m。由上述参数求得的抽水回灌比为 $k_{抽}/k_{灌}=2.65$。

(五)温室大棚能量需求

1. 燃煤能量换算

若要利用水源热泵对大棚进行供热和制冷，除了对该地地热资源总量进行计算评估外，还需对温室大棚的能量总需求量进行计算。此处根据已建温室大棚供热的用煤量来进行计算，再根据用煤量折算出的热量，计算出温室大棚所需求能量。表 5-39 是 345 000m² 温室大棚 2016 年 10 月—2017 年 4 月各个月份的用煤量。

表 5-39 345 000m² 温室大棚加温燃料使用表

时间	品名	用量/t	面积/m²
2016 年 10 月	颗粒烟煤	574	345 000
2016 年 11 月	颗粒烟煤	1528	345 000
2016 年 12 月	颗粒烟煤	2819	345 000
2017 年 1 月	颗粒烟煤	3732	345 000
2017 年 2 月	颗粒烟煤	415	345 000
2017 年 3 月	颗粒烟煤	1060	345 000
2017 年 4 月	颗粒烟煤	387	345 000
合计		10 515	345 000

根据现行标准，我国把每千克含热 29 306kJ 的煤定为标准煤，也称标煤。根据项目其他厂房实际每月用煤量来估算单位面积耗能，计算结果如表 5-40 所示。

表 5-40 单位面积能量月消耗量表

月份	煤量/t	单位释热量/(MJ·kg^{-1})	总能量/MJ	总面积/×1000m²	单位面积耗能/(MJ/1000m²)
10	574	29.306	16 821 644	345	48 758
11	1528	29.306	44 779 568	345	129 796
12	2819	29.306	82 613 614	345	239 459
1	3732	29.306	109 369 992	345	317 014
2	415	29.306	12 161 990	345	35 252
3	1060	29.306	31 064 360	345	90 041
4	387	29.306	11 341 422	345	32 873
总计	10 515	29.306	308 152 590	345	893 196

2. 锅炉的热效率

燃煤供热是通过锅炉烧热水的方式对温室大棚进行供热的，然而由于锅炉存在热损失以及燃煤燃烧效率的问题，因此从燃煤到实际供暖存在一个热转换效率的问题。公式表达如下：

$$\eta = 输出热量/输入热量 \times 100\% \tag{5-20}$$

根据现有技术，燃煤锅炉热效率评价取值为0.8，因此，大棚最终实际耗能取燃煤实际放热量乘以锅炉转换率。

热量可以自发地从高温物体传递到低温物体，但不能自发地沿相反方向进行传递。然而，根据热力学第二定律，若以机械功作为补偿条件，热量也可以从低温物体转移到高温物体中去，热泵就是根据这一定律靠消耗一定能量（如机械能、电能）迫使热量由低温热源（物体）传递到高温热源（物体）的机械装置。水源热泵只需消耗少量的逆循环外功，就可获得较大的供热量 Q_h，这是因为伴随着低温热源把一部分热量 Q_l 传递给低温低压的工质蒸汽，热泵消耗逆循环外功 W，把含有热量 Q 的工质蒸汽升压、升温后，连同逆循环外功转化的热量一同传递给高温热源。高温热源获得的热量 $Q_h = Q_l + W$，即高温热源获得的热量总是大于消耗逆循环外功 W 转化的热，因此，热泵具有节能的作用。生产上一般用热泵的供热系数COP来表示热泵的供热性能：

$$\mathrm{COP} = \frac{Q_h}{W} \tag{5-21}$$

式中：Q_h 为高温热源获得的热量(J)；W 为热泵消耗逆循环外功(J)。

可以看出，COP总是大于1，一般压缩式热泵COP都高于3.0，即外界输入热泵的能量为1.0kW·h，高温热源就可得到3.0kW·h的热量。因此，热泵具有“热量倍增”的高效节能特性。根据热力学第二定律，提高蒸发温度能提高热泵效率，对水源热泵冬季制热来说，水源热泵以地下数十米深的井水作为低温热源，地下水温度基本恒定为18℃左右，这正是水源热泵较空气源热泵工作性能稳定、节能效果显著的原因。根据目前湖北省地下水源热泵运行情况调查，目前系统平均COP值为3.5，因此本项目取值3.5（表5－41）。

表5－41　农青园艺公司3期温室大棚月所需地热能表

月份	单位面积/(MJ/1000m²)	锅炉热效率	实际单位面积能量/(MJ/1000m²)	3期面积/(×1000m²)	3期月耗能/MJ	COP	所需地热能/MJ
10	48 758	0.8	39 006.71	175.4	6 841 777	3.5	4 886 983
11	129 795	0.8	103 836.68	175.4	18 212 954	3.5	130 092 525
12	239 459	0.8	191 567.8	175.4	33 600 992	3.5	24 000 708
1	317 014	0.8	253 611.58	175.4	44 483 470	3.5	31 773 907
2	35 252	0.8	28 201.72	175.4	4 946 581	3.5	3 533 272
3	90 041	0.8	72 033.3	175.4	12 634 641	3.5	9 024 743

续表 5-41

月份	单位面积/(MJ/1000m²)	锅炉热效率	实际单位面积能量/(MJ/1000m²)	3期面积/(×1000m²)	3期月耗能/MJ	COP	所需地热能/MJ
4	32 873	0.8	26 298.95	175.4	4 612 836	3.5	3 294 882
总计	893 195	0.8	714 556.73	175.4	1.25×10^8	3.5	89 523 750

(六)井数的确定

1. 单井能提供的能量

地下水抽水井换热系统浅层地温能计算：

$$D=mC\rho\Delta T \tag{5-22}$$

式中：D 为地下水地热能利用量(kW)；m 为地下水循环量(m^3/h)；C 为水的比热容[kJ/(kg·K)]；ρ 为水的密度(kg/m^3)；ΔT 为水的温差(K)。

现场抽水试验表明场地稳定抽水量为 $80m^3/h$，本计算考虑热泵机组进回水温差最大值为 5℃，根据公式计算得出，该地区单井换热效率为 350kW。

2. 井的总数的确定

本计算依据系统耗能和单井功率进行，设计按每月所需的能量进行，计算公式如下：

$$n=Q/q \tag{5-23}$$

根据 3 期大棚每月的能量消耗，结合单井功率，计算结果如表 5-42 所示。

表 5-42　农青园艺 3 期大棚场地月所需抽水井数量表

月份	需要地热能/MJ	功率/kW	用水量/($m^3\cdot h^{-1}$)	井数
10	4 886 983.615	1 885.41	323	5
11	13 009 252.55	5 019.002	860	14
12	24 000 708.73	9 259.533	1587	26
1	31 773 907.41	12 258.45	2101	35
2	3 533 272.126	1 363.145	234	4
3	9 024 743.261	3 481.768	597	10
4	3 294 882.681	1 271.174	218	4

计算结果表明，所需的井数在不同的月份差异较大。满足供热最大的月份在 1 月，根据计算该月需要 35 口井同时运行来满足能量的需求。因此，如果完全需要依靠地热能来实现整个 3 期大棚的供暖，一共需要 35 口井。然而，根据场地地热资源总量评估，全年耗能的总量大于实际地热储存量。因此，建议按照地热资源储量进行水井的设置，在冬季高峰期，地

热系统不能满足温室大棚能源需求的时候，可以采用煤、电或者太阳能辅热的方式来满足大棚的热量需求。

（七）抽注水井的布置

水源热泵系统设备一旦施工完成，再进行维护修理的难度就非常大，因此，必须依靠先进的施工工艺和严格的施工管理进行水源热泵地下埋管的施工。由于场地的限制，水源井间的距离常常为30～60m。本项目依据类似的工程案例和前人的研究成果，考虑了系统长期运行的可持续性，设计场地南北为抽水边界，其中北部抽水边界抽水井的间距为50m，南部可抽水范围较大，设置为60m。北部一共12口井，南部则为18口井。

在具体条件下，回灌井与抽水井之间保持适当距离。间距过小，井间可能形成“热短路”问题，系统能效降低，邻井间过大水头压力差甚至会导致细砂层砂土液化而失稳。大量研究成果表明，水源井的半径大小（井径为0.5～0.7m，管径为0.25～0.325m）对回灌量的影响不大。理论上，当回灌井的间距近似于水井影响半径时，管井回灌量达到最大，单个井的回灌量试验中通常很高，而群井试验中的回灌量却往往较理论值小。

为了保证场地水资源可持续利用，决定对开采的地下水进行回灌。本着“采热不采水”的原则，建议地热水全部回灌，因此，本项目建议采用“一抽一灌”的形式，总共设置了30口回灌井。但是，由于场地距离的限制，注水井之间的距离只能设置为25m。此外，为了防止“热短路”，抽水井和注水井之间的最小距离设置为60m。抽水井和注水井的详细布置参见图5-63。

（八）地下水水质分析与评价

利用水源热泵进行供暖和制冷时，对地下水源条件的基本要求是稳定、水质澄清、不结垢、不腐蚀、不滋生微生物等。地下水对水源热泵机组的有害成分为铁、锰、钙、镁等。现采取地下水样进行水化学元素含量分析，分析结果如表5-43所示。

表5-43　农青园艺3期大棚场地地下水水质检测结果表

样品	样品编号	检测项目	测量值	单位
井水	JRHJ20150154-1	pH值	7.09	无量纲
		浑浊度	1(L)	度
		电导率	973	μs/cm
		铁	0.84	mg/L
		锰	1.38	mg/L
		钙	68.5	mg/L
		镁	20.3	mg/L
		硫化物	0.007	mg/L
		硼	0.20(L)	mg/L

注：结果有(L)表示浓度低于方法的检出限，其数值为该项目的检出限。

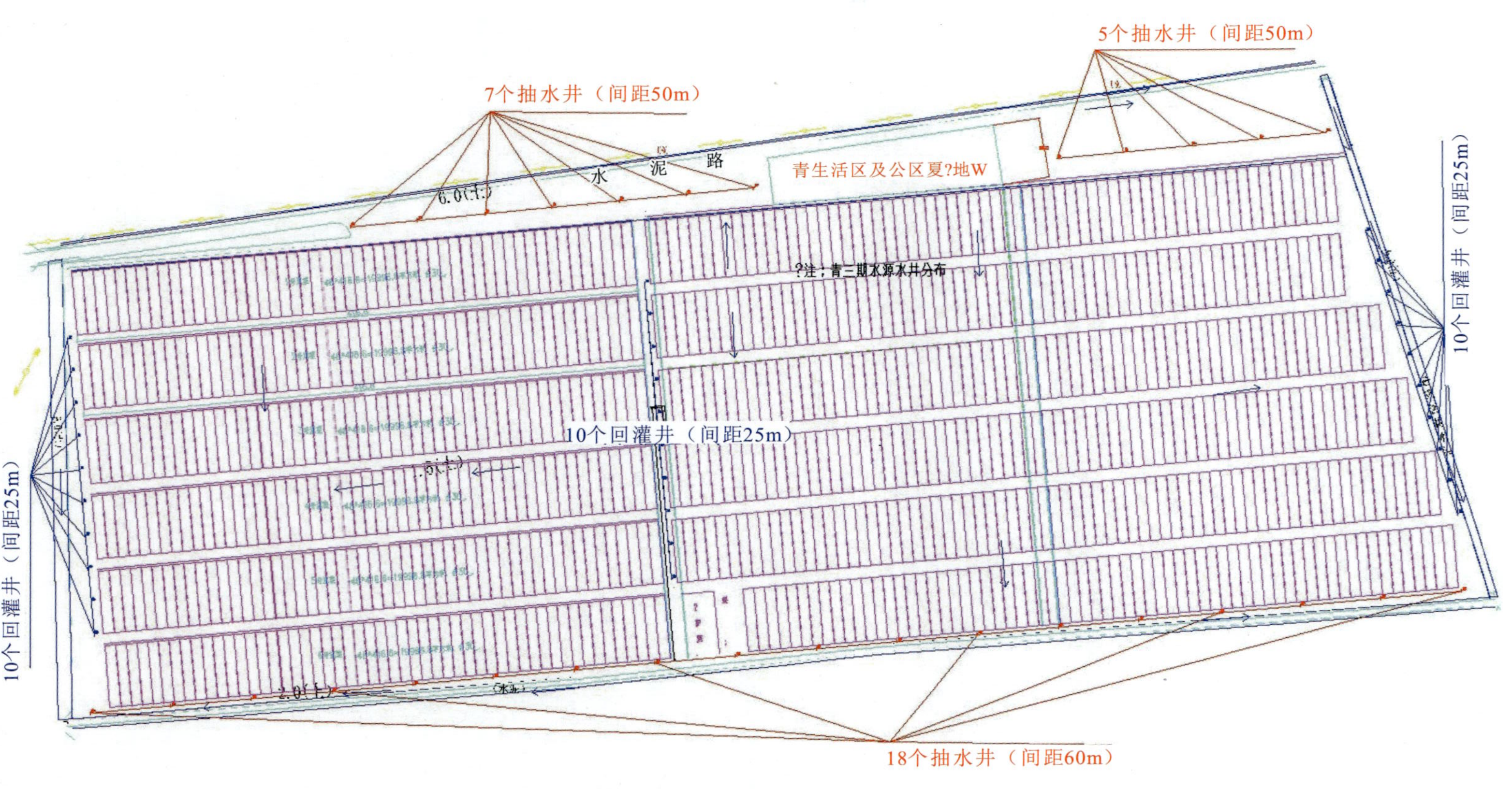

图5－63　农青园艺3期水源热泵系统水井布置图

此外，根据现行国家标准《采暖通风与空气调节设计规范》(GB 50019—2003)，规范对水源热泵地下水的水质要求如表5-44所示。

表5-44 地下水源热泵水质要求表

序号	项目名称	允许值
1	pH值	6.5～8.5
2	浑浊度	≤20NTU
3	电导率	<1000μs/cm
4	铁	<1mg/L
5	钙	<200mg/L
6	镁	<200mg/L
7	硫化氢	<0.5mg/L
8	含沙量	<1：20万
9	矿化度	<3g/L
10	锰	<1mg/L

在利用水源热泵进行供热和制冷时，pH值对水中诸多指标都起着控制作用，影响了Ca^{2+}、Mg^{2+}、Fe^{2+}、游离CO_2、总碱度等形成沉淀物质，此外，其中的Fe^{2+}又是铁细菌的营养源，过多的Fe^{2+}促使铁细菌滋生，从监测点水质分析结果来看，此次检测的pH值为7.09，铁含量为0.84mg/L，钙含量为68.5mg/L，镁含量为20.3mg/L，均在水源热泵水质要求的范围之内。

如果水的浊度过高，就会在水源热泵系统管道沉积，阻塞管道，最终造成堵塞，严重影响机组的使用寿命和系统的正常运行。而本次检测到的浑浊度为1度，远远小于规范要求的20度，所以，也在规范要求的范围之内。

当电导率小于1000μs/cm时，水质基本稳定；电导率小于1500μs/cm而大于1000μs/cm时，轻微结垢；电导率大于1500μs/cm时，冷却水对换热器表面的腐蚀率就增大，造成严重结垢。本次检测的电导率为973μs/cm，小于1000μs/cm，所以，从电导率来判断场址区地下水质基本稳定，不结垢。

总的来看，地下水水质对地下水源热泵的正常运行并不会产生明显影响，大部分水质指标都未超出规范要求。除此之外，密封不好的系统会导致外界游离CO_2不断进入水中，促使水中的沉淀物质不断上升，因此，确保地下水源热泵的完全密封也很重要。

(九)补充说明

(1)地层未进行现场的抽水试验，本书的数据是根据工程类比和地层经验数据，结合以往地下水源热泵运行的数据求得，结论可以为工程设计和施工提供一定的参考，但不作法定的施工文件。

(2)井的出水量以实际抽水量为准，应满足设计总流量要求。例如设计量为 1000m^3/h，井的实际数量应按照抽水井的实际出水量，应在总量上满足该值。

(3)为了保证减小对环境的影响和地热资源的可持续利用，地下水尽量实现全部回灌。

(4)本计算结果没有考虑长期运行可能使地下热不均衡带来的不利影响，建议采取灵活的策略，冬天在供热峰期采取燃煤和太阳能辅热，夏季可以直接用地下水进行温室大棚的冷却，或采取注入热量的形式帮助恢复地下温度。

(5)非高峰期运行，建议采用井与井之间间隔式抽注水，尽量避免群井的热和水干扰出现。

(6)关于运行方式的建议：如果冬季耗能远远大于夏季耗能，建议业主方可考虑采取抽注水井夏季互换的运行方式来提升系统效率。

(十)热泵系统运行性能评价

地下水源热泵系统性能评价分为热泵能效性评价、环境评价、经济性评价以及热泵机组结垢性评价。钟祥市湖北农青园艺公司地下水源热泵系统性能评价基于热泵系统 2018 年至 2019 年运行一个周期的系统监测，其中制冷期为 2018 年 6 月 26 日至 2018 年 8 月 16 日，共 52d；制热期为 2018 年 10 月 19 日至 2019 年 4 月 6 日，共 169d。根据花卉生长规律，热泵系统工作时间均为每日下午 18:00 至次日早上 7:00。

1. 能效性评价

热泵系统能效性评价主要根据系统运行 COP/EER 来进行，系统 COP 主要用于评价制热性能，系统 EER 主要用于评价制冷性能，其计算方法见式(5－24)，所谓系统 COP/EER 为热泵系统制热量与热泵系统耗电量的比值大小，系统制热量计算见式(5－25)(Wang et al,2019;GB/T 50801—2013)：

$$\mathrm{COP/EER}_{\mathrm{gwhp}}=\frac{Q}{\sum Q_{\mathrm{e},i}+\sum Q_{\mathrm{e},j}} \tag{5-24}$$

$$Q=\sum_{i=1}^{n}\frac{V_{\mathrm{i}}\rho_{\mathrm{i}}c_{\mathrm{i}}\Delta T_{i}}{3600}\Delta t_{i} \tag{5-25}$$

式中：$\mathrm{COP/EER}_{\mathrm{gwhp}}$ 为热泵系统性能系数；Q 是系统制热能力(kW·h)；$\sum Q_{\mathrm{e},i}$ 为热泵机组耗电量(kW·h)；$\sum Q_{\mathrm{e},j}$ 为所有循环水泵耗电量(kW·h)；V_i 为循环流量 i(m^3/h)；Δt_i 为第 i 时间段；ΔT_i 为用户侧进水温度差(℃)；ρ 为水密度(kg/m^3)；c_i 为水的比热容[kJ/(kg·℃)]。

系统第一个运行周期井水侧抽注水温度变化见图 5－64 和图 5－65，在制冷和制热工况条件下井水初始出水温度均为 17.9℃，随着热泵系统运行时间的增加，井水出水温度会发生一定的变化，在制冷工况下出水温度有缓慢的上升，制热工况下井水温度有所下降，这是因为井水通过热泵系统热交换回灌至地下后，抽灌井一定程度上改变了地下含水层的温度，注水温度相对来说不是特别稳定，存在一定的波动，原因在于热泵机组热交换时电压和流量的不稳定。

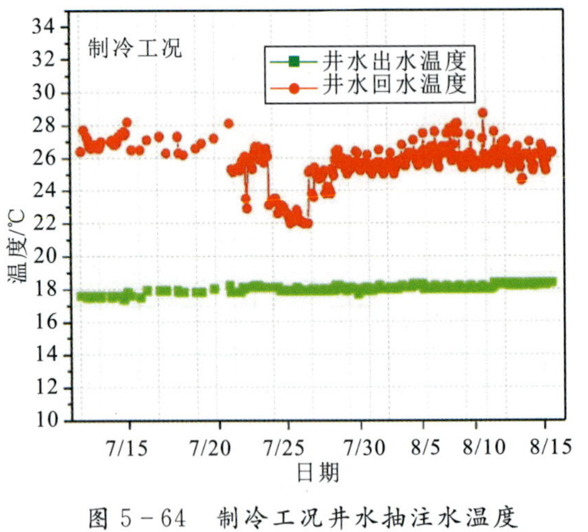

图 5-64 制冷工况井水抽注水温度

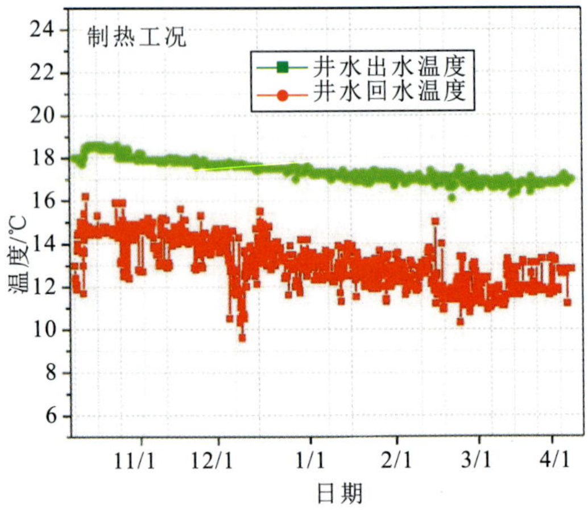

制热工况
井水出水温度
井水回水温度
温度/℃
日期
11/1
12/1
1/1
2/1
3/1
4/1

图 5-65 制热工况井水抽注水温度

温室终端进出水温度监测结果见图 5-66 和图 5-67。制冷工况条件下，温室侧进水温度低于回水温度，进回水温度差最大为 5.9℃，最小温度为 2℃，进回水平均温度差为 4.3℃。冬季制热工况下，进回水温度差相差较大，最大为 13.2℃，最小为 3.1℃，平均温差为 7.6℃。

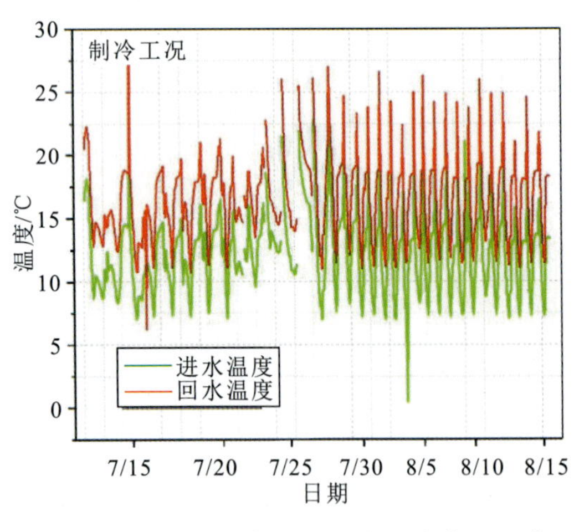

图 5-66 制冷工况温室侧进出水温度

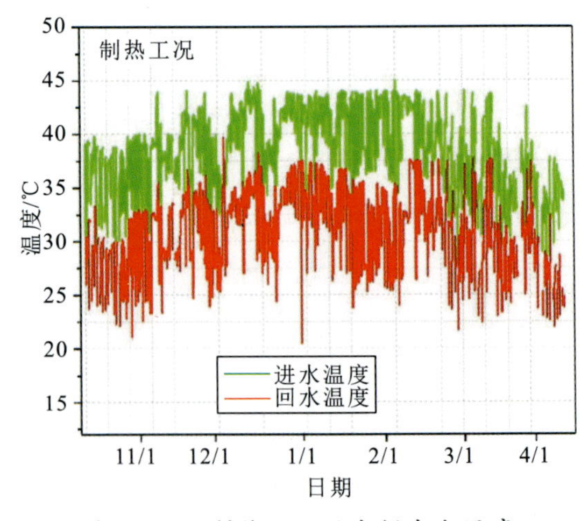

图 5-67 制热工况温室侧出水温度

通过现场监测地下水源热泵系统温室侧在制冷工况和制热工况条件下井水和回水温度，温室侧循环液流量为 $900m^3/h$，根据公式(5-30)和公式(5-31)分别计算出热泵系统制冷性能系数和制热性能系数随时间变化如图 5-68 和图 5-69 所示，制冷工况 EER 在2.5～5.6 之间波动，EER 平均值为 4.1，制热工况 COP 大小为 2.4～5.8，COP 平均值为 3.3。综合来看，该地下水源热泵系统在制冷和制热期系统的性能系数较高，可以满足温室大棚对热量的需求。

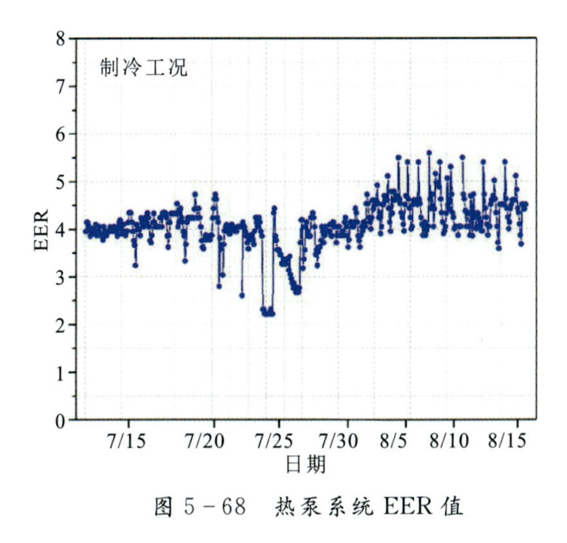

图 5-68 热泵系统 EER 值

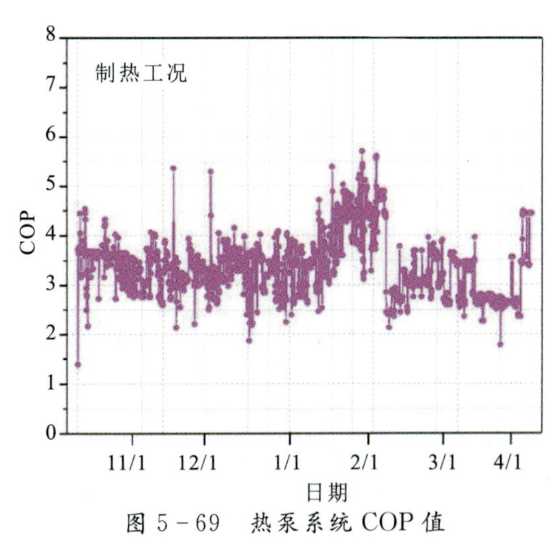

图 5-69 热泵系统 COP 值

2. 环境评价

钟祥湖北农青园艺公司温室大棚系原有燃煤锅炉改造成地下水源热泵系统，因此进行供热制冷时对热泵系统环境评价结合锅炉系统对比展开，评价的主要指标为 CO_2 的排放量。锅炉系统 CO_2 的生产量主要分为两部分，第一部分为锅炉系统运行耗电量间接所产生的，另外一部分为锅炉系统燃煤本身所产生的 CO_2，具体计算方式如下(Liu et al. 2017)：

$$m_{CO_2\_B}=\mu_{elec}\times Q_{e,B}+\mu_{coal}\times Q_t \tag{5-26}$$

式中：$m_{CO_2_B}$为燃煤锅炉 CO_2 排放量(kg/a)；μ_{elec}为一度电排放 CO_2 因子(取 0.968kg/kW·h)；μ_{coal}为标准煤排放 CO_2 因子(取 2.62kg/kg)。

对于地下水源热泵系统，CO_2 的排放量主要取决于机组消耗电量间接产生的，其计算方法如下(Liu et al. 2017)：

$$m_{CO_2\_G}=\mu_{elec}\times Q_{e,G} \tag{5-27}$$

式中：$m_{CO_2_G}$地下水源热泵系统 CO_2 排放量(kg/a)。

对锅炉系统和地下水源热泵系统 CO_2 排放量分析评价由年均排放量和系统全周期运行排放量两部分组成，锅炉系统全生命周期为 10a，地下水源热泵系统全生命周期为 20a。表 5-45 为锅炉系统和热泵系统 CO_2 排量分析结果表，从表中可以看出，在相同制热工况下锅炉系统年均排放量为 1 538 021kg，全周期排放量为 153 802 171kg，而地下水源热泵系统年均排放量为 5 807 100kg，仅为锅炉系统年均排量的 1/3，20a 全生命周期排放量为 116 141 995kg，也小于锅炉系统。除此之外，锅炉系统不具备制冷作用，相反热泵系统可以进行制冷，在制冷期年均 CO_2 排量为 1 544 386kg，全生命周期 CO_2 排量为 30 887 718kg。热泵系统在制冷和制热工况条件下年均排放 CO_2 为 7 351 486kg，仅为锅炉系统的 1/2，热泵系统

全生命周期排放 CO_2 总量也小于锅炉系统，由此可以看出使用热泵系统的环保性优势明显。

表 5－45　锅炉系统和地下水源热泵系统 CO_2 年排放量结果表

排放指标	锅炉系统	地下水源热泵系统		
	制热	制热	制冷	总量
煤消耗量 /$(t \cdot a^{-1})$	5342	0	0	0
耗电量 /$(k \cdot Wh \cdot a^{-1})$	1 429 935	5 999 070	1 595 440	7 594 510
年均 CO_2 排放 /$(kg \cdot a^{-1})$	15 380 217	5 807 100	1 544 386	7 351 486
全周期 CO_2 排量/kg	153 802 171	116 141 995	30 887 718	147 029 714

3．经济性评价

对系统进行总投资一般包括初始投资和运行投资两个方面，初始投资主要由设备费用和安装费用组成，在对钟祥地下水源热泵系统经济性评价时，将锅炉系统与之进行对比分析。锅炉系统和地下水源热泵系统初始投资计算公式见(5－28)和(5－29)所示，锅炉系统初始投资费用主要由燃烧炉、水箱、除尘器等设备费用和安装费用组成；同样地下水源热泵系统初始投资费用由地下水源热泵机组、旋流除砂器、循环水泵等设备以及抽水井和回灌井等施工工艺费用组成。

$$C_{cap\_B}=\sum_{i=1}^{n}P_{com,i}+C_{in} \tag{5-28}$$

$$C_{cap\_G}=\sum_{i=1}^{n}P_{com,i}+\sum_{j=1}^{n}P_{drilling}\times L_j \tag{6-29}$$

式中：C_{cap_B} 为锅炉系统初始投资(元)；$P_{com,i}$ 为设备单价(元)；C_{in} 安装费用(元)；C_{cap_G} 为地下水源热泵系统初始投资(元)；$P_{drilling}$ 为每延米钻孔单价(元/m)；L_j 是第 j 个钻孔单价(元)(Zheng et al，2016)。

系统运行投资主要考虑在使用过程中能源消耗量与设备的维修费用，其中锅炉系统运行投资主要由燃煤量、耗电量以及保养维修费用组成，热泵系统主要由设备耗电量和设备保养和维修费用组成，二者计算方法见公式(5－30)和(5－31)组成：

$$C_{oper\_B,N}=Q_{e,B}\times P_e\times(1+\alpha_e)^{N-1}+Q_t\times P_{coal}\times(1+\alpha_c)^{N-1}+C_{main}\times(1+\alpha_m)^{N-1} \tag{5-30}$$

$$C_{oper\_G,N}=Q_{e,G}\times P_e\times(1+\alpha_e)^{N-1}+C_{main}\times(1+\alpha_m)^{N-1} \tag{5-31}$$

式中：C_{oper_B}为锅炉系统运行投资（元/a）；$Q_{e,B}$为锅炉系统耗电量（k·Wh/a）；Q_t 为锅炉系统燃煤量（t/a）；$Q_{e,G}$为地下水源热泵系统耗电量（k·Wh/a）；C_{oper_G}为地下水源热泵系统运行投资（元/a）；C_{main}为系统设备保养与维修费用（元/a）；P_e 为单位电价（元/k·Wh）；P_{coal}为单位煤价（元/t）；α_e 为电价增长率（$\alpha_e=1\%$）；α_c 为煤价增长率（$\alpha_c=3\%$）；α_m 为运行费用增长率（$\alpha_m=3\%$）；N 为系统运行周期(a)（Teodor et al, 2018 & Hadi et al, 2018）。

锅炉系统和热泵系统经济性评价包含了热泵的总投资和建筑负荷两部分，本文对钟祥两种系统的经济性评价采用平均能源价格 AEP（Anaverage Energy Price）进行，其具体计算方法如公式(5－32)（Kattan et al, 2012）和公式(5－33)所示：

$$AEP=\frac{C_{inv}}{Q_s} \tag{5-32}$$

$$C_{inv}=\begin{cases}\dfrac{C_{cap}}{L_B}+\dfrac{C_{ope}}{(1+d_B)^{N-1}}（锅炉）\\ C_{cap}\times\dfrac{Q_{s,heating}}{(Q_s\times L_G)}+\dfrac{C_{ope,heating}}{(1+d_G)^{N-1}}（热泵制热）\\ C_{cap}\times\dfrac{Q_{s,cooling}}{(Q_s\times L_G)}+\dfrac{C_{ope,cooling}}{(1+d_G)^{N-1}}（热泵制冷）\end{cases} \tag{5-33}$$

式中：C_{inv}为系统总投资（元/a）；Q_s 为系统年均产生的热量（k·Wh/a）；L_B 为锅炉系统全生命周期（$L_B=10a$）；L_G 为热泵系统全生命周期（$L_G=20a$）；d_B 和 d_G 为锅炉系统和热泵系统年贴现率，锅炉系统和热泵系统年贴现率均取 3.0%。

经过对比分析计算，可得锅炉系统与热泵系统年均投资如图 5－70 所示，由于热泵系统由制冷和制热两个部分组成，因此整体上热泵系统的总投资量要高于锅炉系统；图 5－71 为锅炉系统和热泵系统两者年负荷累积量，从中可以看出，热泵系统和锅炉系统制热负荷基本一致，但热泵系统总制热量要高于锅炉系统。

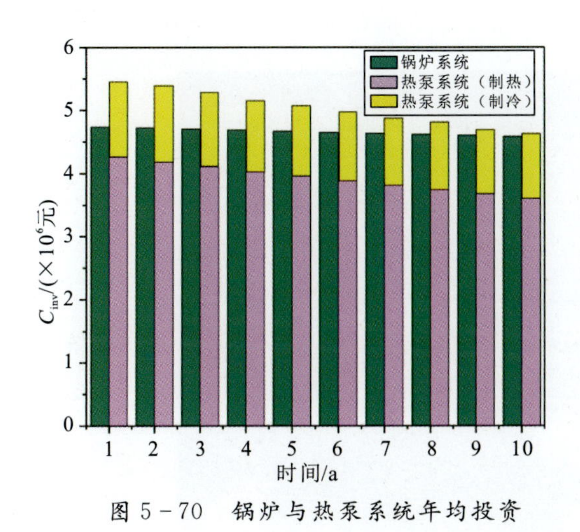

图 5－70　锅炉与热泵系统年均投资

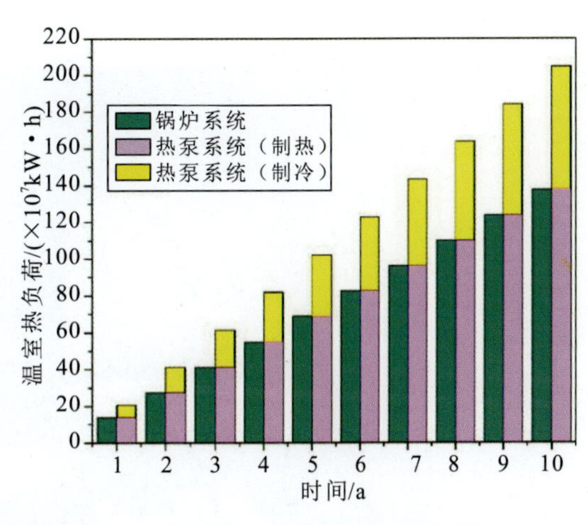

图 5－71　锅炉和热泵温室负荷年累积量

图 5-72 为锅炉系统和热泵系统在未来 10a 的 AEP 值，对比锅炉系统和热泵系统在制热阶段可知，锅炉系统 AEP 值从 0.347 元/k·Wh 降低至 0.333 元/k·Wh，热泵系统 AEP 值从 0.307 元/k·Wh 降低至 0.262 元/k·Wh，对于热泵系统来讲，制冷期 AEP 至由 0.177 元/k·Wh 降低至 0.150 元/k·Wh。

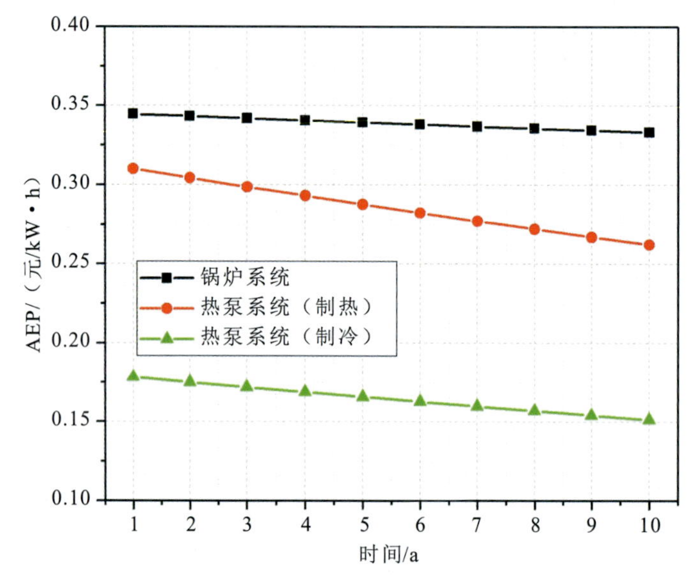

图 5-72　锅炉系统和热泵系统 AEP 值

4. 系统结垢性评价

在地下水源热泵系统实际运行过程中出现了结垢现象，停止运行一段时间再启动系统发现回灌井水浑浊且颜色变红。机组冷凝器管道表面变粗，有被氧化腐蚀的现象，机身周围有红色粉末产生(图 5-73 所示)，根据系统运行的情况来看，由于结垢问题的发生，热泵系统制热、制冷性能会变低，对热泵系统的使用效率产生了很大的影响。

图 5-73　热泵回灌水变浑浊现象

通过现场采集结垢粉末，烘干后并过 0.5mm 筛，进行粉晶 X 光衍射试验(XRD)和 X 射线荧光光谱分析(XRF)，测试结果见图 5-74 和图 5-75 所示，从 XRD 结果中可以看出，结垢的主要成分为 SiO_2 和 $CaCO_3$ 两种晶体。根据系统间歇性运行的特点，在系统停止运行时，抽取地下水中所含的颗粒在静止的水中产生沉淀。根据以上收集的固体沉淀里面有 SiO_2 和 $CaCO_3$ 可以知道，这些沉淀来源于地下水中的细颗粒物质物理沉淀以及 Ca^{2+} 在改变温度和压力的情况下产生的 $CaCO_3$ 化学沉淀。

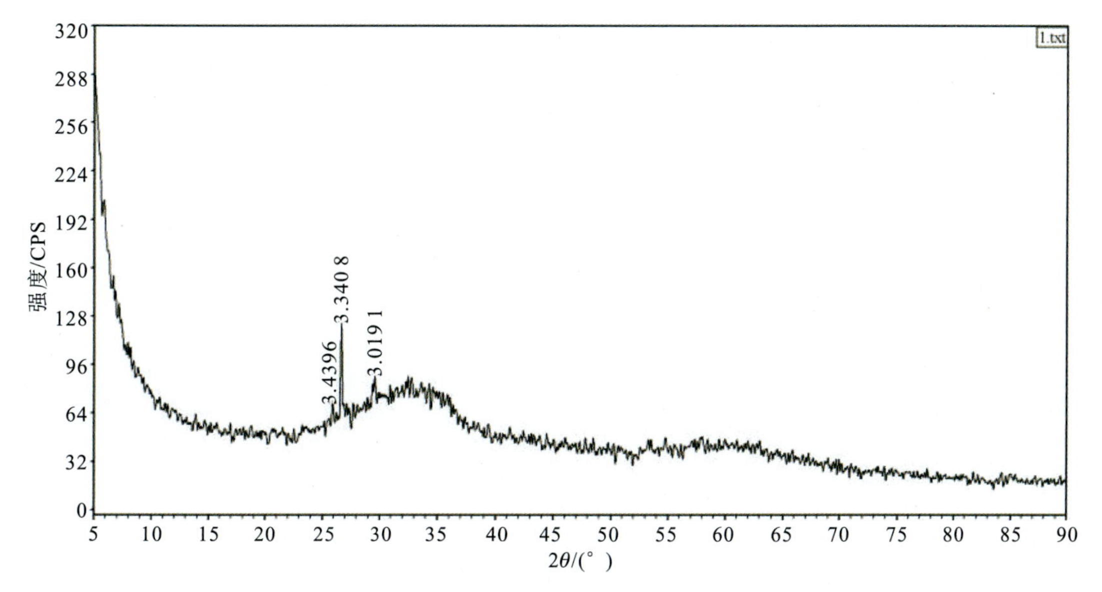

图 5-74　机组结垢粉末 XRD 分析结果

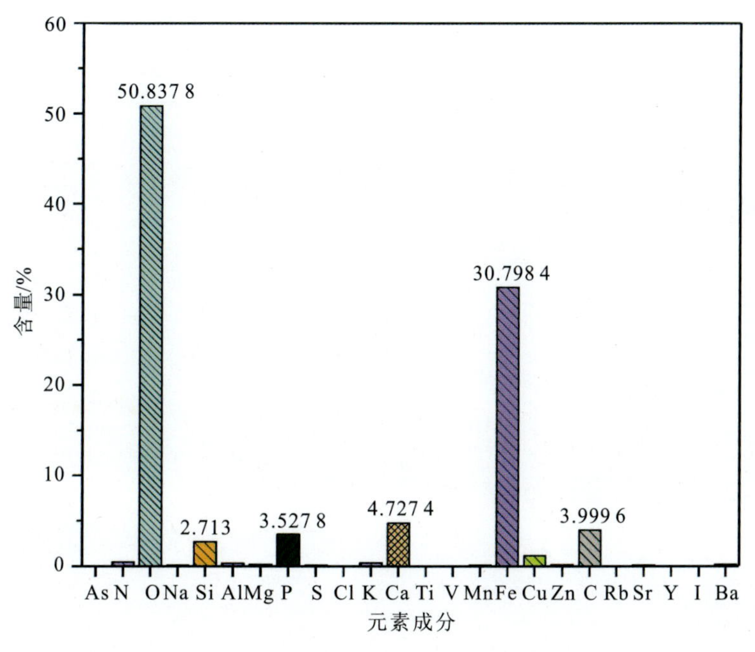

图 5-75　机组结垢粉末 XRF 分析结果

通过 XRF 检测结果可知，结垢成分主要元素为氧元素（占比 50.84%），其次为铁元素（占比 30.80%），通过对结垢观察和 XRF 分析结果可知结垢成分中含有 Fe_2O_3。由此可知，热泵机组产生结垢的原因主要是由于热泵机组密闭性较差导致氧气溶入，因此热泵机组产生了氧化反应，表层生成了导热系数较低的 Fe_2O_3，这一层“膜”对热泵的传热效率产生极大的阻碍作用，造成了系统热效率降低。

主要参考文献

曹伯勋,1995.地貌学及第四纪地质学[M].武汉:中国地质大学出版社.

柴峰,2012.江水源热泵换热器污垢研究[D].重庆:重庆大学.

陈崇希,林敏,1999.地下水动力学[M].武汉:中国地质大学出版社.

程超杰,骆进,项伟,等,2016.地下渗流对砂土热物性参数的影响程度分析[J].水电能源科学,34(12):152-155.

崔萍,刁乃仁,方肇洪,等,2003.地热换热器U型埋管的传热模型及热阻计算[J].暖通空调,33(2):13-16.

地质矿产部地质辞典办公室,2005. 地质大辞典[M].北京:地质出版社.

丁永昌,2016.中深层地热能梯级利用系统优化研究[D].济南:山东建筑大学.

公辉,2016.沈阳市典型区域地下水源热泵系统对地下水温度及水质影响模拟与分析[D].沈阳:沈阳建筑大学.

郭秋,张红,刘贺春,2017.宝鼎矿地质环境模糊层次分析法综合评价[J].金属矿山(08):193-198.

何康,刘瑞龙,等,1986.中国农业百科全书[M].北京:农业出版社.

侯贺晟,王成善,张交东,等,2018.松辽盆地大陆深部科学钻探地球科学研究进展[J].中国地质,45(4):641-657.

胡俊文,闫家泓,王社教,2018.我国地热能的开发利用现状、问题与建议[J].环境保护,46(8):45-48.

黄尚瑶,王钧,汪集旸,1983.关于地热带分类及地热田模型[J].水文地质工程地质(5):1-7.

霍晓敏,2019.地源热泵地埋管换热器热响应测试分析[J].工程地球物理学报,16(2):243-248.

贾子龙,刘爱华,等,2017.浅层地温场常温监测方法研究[J].城市地质,12(1):31-35.

李德威,2012.初论地球自然灾害系统[J].地质科技情报,31(5):69-75.

李德威,王焰新,2015.干热岩地热能研究与开发的若干重大问题[J].地球科学(中国地质大学学报),40(11):1858-1869.

李广信,张丙印,于玉贞,2013.土力学[M].2版. 北京:清华大学出版社.

李丽,赵阳,王琰,等,2017.利用水源热泵开采浅层地热能的问题分析[J].信息记录材料,18(5):60-61.

李新,2011.能量桩的传热研究与工程应用[D].济南:山东建筑大学.

李智毅,杨裕云,1994.工程地质学概论[M].武汉:中国地质大学出版社.

蔺文静,2012.浅部地质环境热调蓄能力及其可利用性研究[D].北京:中国地质科学院.

蔺文静,刘志明,王婉丽,等,2013.中国地热资源及其潜力评估[J].中国地质,40(1):312-321.

刘爱华,郑佳,李娟,等,2018.浅层地温能和地热资源评价方法对比[J].城市地质,13(02):37-41.

刘佑荣,唐辉明,2010.岩体力学[M].北京:化学工业出版社.

龙光利,2017.池塘水位水温实时远距离监测装置的设计[J].现代电子技术,40(18):143-146.

卢予北,李艺,卢玮,等,2018.新时代地热资源勘查开发问题研究[J].探矿工程(岩土钻掘工程),45(03):1-8.

任宪军,2018.长白山玄武岩覆盖区地热资源形成地质条件及分布规律[D].长春:吉林大学.

田信民,于彦,2004.地埋管换热能力测试方法研究[J].太阳能学报,26(6):135-140.

汪集旸,2012.中国大陆干热岩地热资源潜力评估[C]//中国科学院地质与地球物理研究所2012年度(第12届)学术论文汇编.北京:中国科学院地质与地球物理研究所.

汪集旸,2015.地热学及其应用[M].北京:科学出版社.

汪集旸,刘时彬,朱化周,2000.21世纪中国地热能发展战略[J].中国电力,09:87-96.

王秉忱,2008.科学运用地源热泵技术开发地热能[J].水文地质工程地质,35(03):3.

王大纯,张人权,史毅虹,等,2005.水文地质学基础[M].北京:地质出版社.

王贵玲,张薇,梁继运,等,2017a.中国地热资源潜力评价[J].地球学报,38(4):449-459.

王贵玲,张薇,蔺文静,等,2017b.京津冀地区地热资源成藏模式与潜力研究[J].中国地质,44(06):1074-1085.

王慧玲,王文峰,王峰,等,2011.地下水地源热泵系统应用对地温场的影响[J].地热能,38(3):28-32.

王吉庆,2003.水源热泵调温温室研制及试验研究[D].郑州:河南农业大学.

王洋,申建军,2016.基于改进富水性指数法的灰岩含水层富水性评价[J].煤炭工程,48(01):141-144.

吴舒畅,2013.水源热泵回灌技术对地质结构的影响研究[D].武汉:武汉科技大学.

武汉地质工程勘察院,2012.武汉城市地质调查浅层地热能资源调查与评价专题成果报告[R].

武汉市水务局,2014.武汉湖泊志[M].武汉:湖北美术出版社.

项伟,唐辉明,2012.岩土工程勘察[M].北京:化学工业出版社.

薛宇泽,陶鹏飞,张廷会,等,2019.陕西渭南地区岩土热响应测试与分析[J].新能源进展,7(4):354-358.

闫福贵,2013.呼和浩特市浅层地温能开发利用适宜性评价研究[D].北京:中国地质大学.

杨丽芝，杨雪琦，2016.清洁能源地热[M].济南：山东科学技术出版社.

余宏明，张先进，胡新丽，等，2014.秭归产学研基地野外实践教学教程：地质工程与岩土工程分册[M].武汉：中国地质大学出版社.

袁清，刘金侠，2013.水热型地热能开发技术应用与实践[M].北京：中国石化出版社.

张远东，万育生，2009.我国地下水源热泵应用现状和监管措施探讨[J].中国水利(21)：49-51.

赵海丰，2016.能源桩换热性能及结构热-力学特性研究[D].北京：中国地质大学(北京).

赵辉，2011.地下水源热泵工程对浅部地温场的研究[D].阜新：辽宁工程技术大学.

赵军，张程远，刘泉声，2015.地下水源热泵井周颗粒物理阻塞室内试验及模型研究[J].太阳能学报(3)：0581-0586.

郑娇丽，2011.偏最小二乘回归及其在污垢预测中的应用[D].长春：东北电力大学.

郑声涛，2015.延庆盆地浅层地温能资源开发适宜性研究[D].武汉：中国地质大学(武汉).

周红，2006.湖北钟祥张集古镇研究[D].武汉：武汉理工大学.

ABD-ELHADY M S，MALAYERI M R，2013. Asymptotic characteristics of particulate deposit formation in exhaust gas recirculation (EGR) coolers[J]. Applied Thermal Engineering，60(1-2)：96-104.

BALANESCU D T，HOMUTESCU V M，2018. Experimental investigation on performance of a condensing boiler and economic evaluation in real operating conditions [J]. Appl. Therm. Eng (143)：48-58.

BECK A E，JAEGER J C，NEWSTEAD G N，1956. The measurement of thermal conductivities of rocks by observations in boreholes[J]. Australian Journal of Physics (9)：286-296.

BIRCH F，CLARK H，1940. The thermal conductivity of rocks and its dependence upon temperature and composition[J]. American Journal of Sciences，238(8)：529-558.

CHIASSON A C，REES S J，SPILTER J D，2000. A Preliminary assessment of the effects on gorund-water flow on closed-loop ground-source heat pump system [J]. ASHRAE Trans，106(1)：380-393.

CHIASSON A，O'CONNELL A，2011. New analytical solution for sizing vertical borehole ground heat exchangers in environments with significant groundwater flow：Parameter estimation from thermal response test data [J]. HVAC&R Research，17(6)：1000-1011.

CHIASSSON A D，1999. Advances in modeling of ground-source heat pump systems [D]. Oklahoma：Graduate College of the Oklahoma State University.

DIERSCH H J G，2014. Discrete feature modeling of flow，mass and heat transport processes[M].Berlin：Springer-Verlag.

GHAEBI H, BAHADORI M N, SAIDI M N, 2014. Performance analysis and parametric study of thermal energy storage in an aquifer coupled with a heat pump and solar collectors, for a residential complex in Tehran, Iran[J]. Applied Thermal Engineering, 62(1): 156 - 170.

HADI F A, FUJII H, HIROYUKI K, 2018. Cooling tests, numerical modeling and economic analysis of semi-open loop ground source heat pump system [J]. Geothermics (71): 34 - 45.

HOSSEINZADEH M, MPHAMMADI M, AMIRI A, et al, 2018. The effects of ground heat exchanger parameters changes on geothermal heat pump performance - A review[J]. Applied thermal engineering: Design, processes, equipment, economics (129): 1645 - 1658.

HOU J C, CAO M C, LIU P K, 2018. Development and utilization of geothermal energy in China: Current practices and future strategies[J]. Renewable Energy (125): 401 -412.

KATTAN P, RUBLE I, 2012. An economic assessment of four different boilers forresidential in Lebanon [J]. Energy Build (50): 282 - 289.

LIU S C, LI Z, DAI B M, 2017. Energy, Economic and Environmental Analyses of the CO_2 Heat Pump System Compared with Boiler Heating System in China [J]. Energy Procedia (105): 3895 - 3902.

LUO J, LUO Z Q, XIE J H, et al, 2018. Investigation of shallow geothermal potentials for different types of ground source heat pump systems (GSHP) of Wuhan city in China [J]. Renewable Energy (118): 230 - 244.

LUO J, XUE W, SHAO H B, 2020. Thermo - economic comparison of coal-fired boiler-based and groundwater-heat-pump based heating and cooling solution-A case study on a greenhouse in Hubei, China[J]. Energy & Buildings, 223.

MILNES E, PERROCHET P, 2013. Assessing the impact of thermal feedback and recycling in open-loop groundwater heat pump (GWHP) systems: A complementary design tool [J]. Hydrogeology Journal, 21(2): 505 - 514.

RASOULI P, 2010. Shallow geothermal modeling-numerical verification of shallow geothermal models using FEFLOW [D]. Tübingen: University of Tübingen.

WAGNER V, BAYER P, KÜBERT M, et al, 2012. Numerical sensitivity study of thermal response tests[J]. Renewable Energy (41): 245 - 253.

WAGNER V, BLUM P, KÜBERT M, et al, 2013. Analytical approach to groundwater-influenced thermal response tests of grouted borehole heat exchangers [J]. Geothermics (46): 22 - 31.

WANG G L, WANG W L, LUO J, et al, 2019. A assessment of geothermal

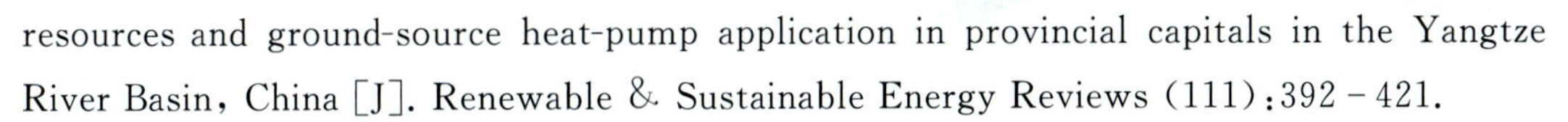

resources and ground-source heat-pump application in provincial capitals in the Yangtze River Basin, China [J]. Renewable & Sustainable Energy Reviews (111):392 - 421.

WANG K,ZHANG Y,SEKELJ G,et al,2019. Economic analysis of a field monitored residential wood pellet boiler heating system in New York State[J]. Renewable Energy (133):500 - 511.

ZHANG L F, ZHANG Q, HUANG G, et al, 2014. A p(t)-linear average method to estimate the thermal parameters of the borehole heat exchangers for in situ thermal response test[J]. Applied Energy (131): 211 - 221.

ZHENG T Y,SHAO H B,SCHELENZ S,et al,2016. Efficiency and economic analysis of utilizing latent heat from groundwater freezing in the context of borehole heat exchanger coupled ground source heat pump systems [J]. Appl. Therm. Eng. (16): 314 - 326.